과학, 삶, 미래

과학, 삶, 미래

김성원 · 최경희 · 허 명 지음

이화여자대학교출판부

책을 펴내며

"하나님이 그들에게 복을 주시며 그들에게 이르시되 생육하고 번성하여 땅에 충만하라. 땅을 정복하라. 바다의 고기와 공중의 새와 땅에 움직이는 모든 생물을 다스리라 하시니라."

이 글은 성경의 창세기 1장 28절에 있는 구절인데, 여호와가 맨 처음 사람에게 주는 선물이자 명령이다. 이를 일부에서는 서구적인 과학관의 입장에서 자연을 정복하라는 적극적인 의미로 해석하기도 하지만 이에 동의하고 싶지는 않다. 우리나라를 비롯한 동양적인 자연관에서는 이와는 전혀 다르게 해석되기 때문이다. 우리 인간이 이 세상에 태어나서 살아가는 기간은 극히 짧지만 자연은 훨씬 더 긴 세월을 존재해 오지 않았는가? 자연이 있는 곳에 인간이 있고 인간이 있는 곳에 과학이 있는 것이다.

인간은 결코 자연의 주인이 될 수 없고 잠시 빌려 쓰고 있는 것일 뿐, 이 세상에 사는 동안 자연과 어울려서 자연을 이해하고 더 나아가 탐구하고 배우라는 의미로 위의 말을 이해할 수 있다. 이는 하늘과 땅과 사람이 하나라는 의미와도 일맥상통한다고 볼 수 있다.

'과학,' '인간,' '미래.'

이 세 단어는 21세기의 중요한 키워드로서 과거에도 과학과 인간의 관계가 중요했던 것처럼 현재에는 과학과 인간의 삶이 어떻게 설정되고 있으며 또 미래는 어떤 관계를 가지게 될는지 답을 구해야 한다. 미래학자나 예언자가 아니더라도 우리는 우리가 살아야 할 미래가 과연 밝을 것인지 어두울 것인지에 대해 전망을 할 수 있어야 한다. 이것이 이 시대를 살아가는 우리들의 숙제인 셈이다.

이에 대한 답을 얻기 위해 지난 수 년 동안 강의를 준비하고 또 수업을 통해 학생들과 토론해 왔다. 그리고 우리들의 상상력에 보탬이 되면서 질문의 답에 필요한 다양한 정보를 찾기 위해 애를 써 왔다. 대부분의 학생들은 과학에 대한 지식이 전혀 없었지만 이에 대한 해답을 얻기 위해 고민하고 문제를 해결하려고 노력하였다.

"과학으로 인해서 인간의 미래가 보장될 것인가 아니면 예측할 수 없을 만큼 암담해질 것인가?"

이제 이에 대한 답을 내려야 할 때가 온 것 같다.

2009년 1월

저자 일동

차례

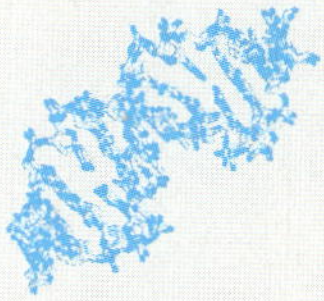

제2부 과학과 인간 의식의 변화

제3부 과학과 인간 삶의 변화

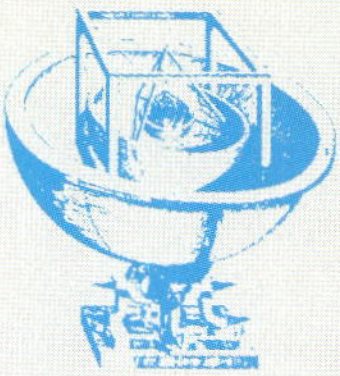

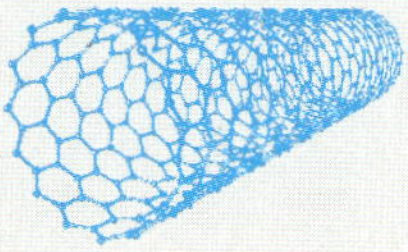

제4부 과학과 미래 사회

제1부

과학의 역사

EFFIGIES TYCHONIS BRAHE O.F
ÆDIFICII ET INSTRUMENTORVM
ASTRONOMICORVM STRVCTORIS
Aº DOMINI 1587 ÆTATIS SVÆ 40

제1장

과학이란 무엇인가?*

1. 과학의 속성

과학의 속성은 정의, 구성 요소 또는 측면, 과학의 가치와 목적, 태동한 배경과 발달되어 온 과정 등을 통해서 알 수 있다. 과학의 'science'는 '안다(to know)'를 뜻하는 라틴어 'scientia'에 그 어원이 있다. 과학은 일반적으로는 인간이 수행하는 포괄적인 활동과 그 산물을, 방법론적으로는 과학자가 가설을 검증하는 방법 및 그 과정을 통해 형성된 과학 지식을 뜻한다. 과학은 이외에 인간이 알고 있는 내용의 진위와 그 타당성에 관한 질문에 대답하는 방식으로 정의할 수도 있다. 또한 과학은 과학자에 따라, '우주의 규칙성을 탐색하는 활동', '실험과 관찰의 결과로 서로 연결된 개념 체계', '조직화된 지식', '과학자가 하는 일' 등 다양한 특성으로 규정되고 있다.

과학은 인식론자나 방법론자에 따라서 다른 의미로 정의되기도 한다. 경험주의자와 실증주의자는 과학을 과학자들이 발견할 수 있는 과학 지식 체계로, 현대의 과학철학에서는 과학을 탐구 활동과 그 과정을 통해 구성된 설명 체계로 정의하기도 한다. 과학은 또한 크게 사회학 · 심리학 · 철학의 세 가지 관점(aspects) 또는 차원(dimensions)으로 구성되어 있다(Ziman, 1984). 사회학적 관점에서는 과학의 본성을 사회 · 제도 · 규준 · 흥미 등의 사회학적 용어로, 심리학적 관점에서는 동기 · 지각 · 지능 등 개인적 특성과 관련된 용어로, 그리고 철학적 관점에서는 이론 · 원인 · 법칙 등 인식론적 용어로 기술한다. 따라서 과학은 어떤 관점에서 보느냐에 따라 그 모습을 다르게 기술할 수 있다.

과학의 측면(facets)은 이외에 기술적 · 경제적 · 윤리적 · 정치적 · 방법론적 · 도덕적 · 실용적 측면 등으로 이루어져 있다. 이와 같이, 과학은 여러 측면으로 이루어져 있어서 그 의미도 그것을 보는 관점이나 견해에 따라 다양하게 해석된다. 인식론적 관점에서는 과학 지식이 중요하게 보이고, 방법론적 관점에서는 과학적 방법과 탐구 과정이 상대적으로 커 보인다. 또한 윤리적 관점에서 보면 과학의 부정적인 측면만이 눈에 띄게 된다.

과학은 겉모습뿐만 아니라 내적으로도 다양한 구성 요소로 이루어진 논리적 체계이다. 그러므로 과학의 본성을 제대로 이해하기 위해서는 각 구성 요소의 특성과 그 구성 요소들 사이의 관계를 모두 파악해야 한다. 과학자와 과학철학자들은 나름의 견해에 따라 여러 가지 구성 요소를 제시하고 있다. 전통적으로는 과학 지식을 가장 중요시하였으며, 1960년대에 이르러서는 지식 체계로서 과학 이외에 과정으로서 과학과 과학에 대한 태도를 중요시하였다. 현재는 과학의 구성 요소에 과학자도 포함시키며, 과학자의 역할과 책임을 강조한다(조희형과 최경희, 2001).

2. 과학적 방법의 의미와 종류

일반적인 의미의 방법은 어떤 목적을 달성하거나 그 과정에서 생기는 문제를 해결하는 원리를 말한다. 이에 비추어, 과학적 방법은 과학적 문제를 해결하기 위한 방법 · 절차 · 원리 등과 관련되어 있다. 과학적 탐구(scientific inquiry)는 경험 · 관찰 · 사고 · 추리 · 연구 등을 통해 과학적 진리를 추구하는 활동 또는 자연 세계에 대한 질문을 던지고 자연현상을 조사하는 일련의 통합적 과정을 의미한다. 특별히, 과학적 연구는 과학 지식을 구성하거나 정당화하기 위한 체계적인 실험 · 탐색 · 조사 활동과 그에 필요한 자료를 수집 · 분석 · 해석하는 등의 절차와 준거를 따르는 탐구를 지칭한다. 과학적 탐구와 연구는 일정한 원리와 준거에 따라 이루어지는데, 과학자들은 그런 원리와 준거를 일컬어 과학적 방법(scientific method)이라고 한다. 그러나 과학적 방법의 구체적인 의미는 과학자나 과학철학자에 따라 서로 다르게 해석되기도 한다.

아래에서는 과학적 방법의 종류로서 귀납법, 연역법, 가설-연역법, 그리고 사회적 적응과 합의에 관해 알아본다.

1) 귀납법

귀납은 구체적인 증거에서 결론을 도출하는 과정이다. 또한 특수한 사례를 바탕으로 일반적인 원리를 이끌어내는 과정을 귀납적 추리라고 한다.

아리스토텔레스(Aristotle, 384~322 BC)는 귀납적 추론을 특수한 사례들로부터 진리를 확립할 수 있는 보편적 추리의 한 형식으로 인식하였다. 영국의 베이컨(Francis Bacon, 1561~1626)은 아리스토텔레스와 자연철학자들이 단지 몇 가지의 특수한 사실들을 바탕으로 곧바로 일반화를 도출하는 우를 범했다고 가정함과 동시에 귀납적 추리만이 자연의 진리에 이르는 이상적인 과학적 방법이라고 생각하고, 다음과 같은 단계와 절차로 이루어진 귀납적 추론 과정을 이상적인 과학적 방법의 원리로 제시하였다(Downs, 1982).

- 가능한 한 모든 사실을 기록한다.
- 가능한 한 모든 현상을 관찰한다.
- 모든 실험을 수행한다.
- 관찰 결과 또는 실험 결과를 수집 · 정리하여 현상들 사이의 관계를 결정한다.
- 그 관계로부터 보편 법칙을 도출한다.

귀납은 크게 보편적 일반화(universal generalization)와 통계적(statistical) 일반화로 나뉜다. 보편적 일반화와 통계적 일반화는 몇 개의 사례를 바탕으로 모든 사례를 언급하는 귀납적 추리 형식이다. 보편적 일반화는 일부의 사례를 열거하고 그것을 증거로 나머지 전체를 미루어 짐작하는 추론 방법을 말한다. 이와 대조적으로 통계적 일반화는 일부의 사례를 바탕으로 집단의 일정 비율만을 지칭한다.

과학적 방법으로서 귀납법은 실험적이고 질적인 특성을 지닌다. 귀납적 추리는 비록 그 일반화의 바탕이 되는 전제와 결론 사이가 개연적이지만, 과학적 연구와 탐구에서 새로운 정보를 수집하기에는 매우 효과적인 방법이다. 더욱이 자연을 관찰하고 그 자료를 수집하여 의미를 찾는 등 귀납적 추리 과정은 누구나 수행할 수 있을 정도로 쉽다. 따라서 과학의 대중화에 크게 이바지하였다.

현대의 과학철학자들은 과학적 방법으로서 귀납적 추리가 문제와 한계를 지니고 있음을 지적하고 있다. 현대의 과학철학에 따르면, 관찰과 그 결과 그리고 과학적 사실은 관찰자가 과거에 겪은 경험, 그의 기대감, 그가 가지고 있는 이론(관찰의 이론 의존성) 등에 의존한다. 그런데 관찰자의 과거 경험과 기대감은 관찰자에 따라 상대적이며, 그가 파지하고 있는 이론은 언제라도 틀릴 수 있는 잠정적 언명에 불과하다. 따라서 그것들을 과학적 법칙의 절대적 검증 수단으로 이용하기 어렵다.

그리고 귀납적 추리의 본성과 관련된 문제는 관찰할 수 없는 분야의 과학 지식, 수학 공식으로 나타내는 과학적 법칙, 관찰과 증거의 확률성 등에서 비롯한다. 원자나 DNA 등과 같이 직접 관찰할 수 없는 속성과 그에 관한 지식은 귀납적 추리를 통해 확립할 수 없다. 한편, 만유인력의 법칙과 같이 수학 공식으로 나타내는 법칙은 정확한 자료를 요구하지만 관찰과 측정으로 수집한 자료에는 오차가 포함될 수밖에 없다. 상식적으로는 어떤 가설을 지지하는 결과가 많이 나올수록 그 가설이 맞을 확률이 높다고 말할 수 있다. 그러나 아무리 여러 번(N) 관찰할지라도 관찰해야 할 경우가 무한대(∞)이기 때문에 맞을 확률은 0(N/∞)에 지나지 않는다.

2) 연역법

과학철학에서는 연역적 추리를 과학 지식의 이상적인 한 방법으로, 또는 가설의 제시에 효율적인 방법으로 인식한다.

연역법은 전제들로부터 결론을 이끌어내는 과정이다(Lacey, 1996). 연역적 논증에서는 그 과정이 타당하고 그 전제들이 참이면, 결론도 참일 수밖에 없다. 연역적 논증의 전형적인 형식으로는 그리스 시대의 아리스토텔레스가 처음으로 개발했다고 알려져 있는 삼단논법(syllogism)을 들 수 있다. 삼단논법은 아래와 같이 세 가지의 판단, 곧 대전제 · 소전제 · 결론으로 이루어져 있다.

사람은 누구나 죽는다 · · · · 대전제
소크라테스는 사람이다 · · · · 소전제
→ 그러므로 소크라테스는 죽는다 · · · · 결론

연역적 논법의 대전제는 보편적인 명제로 진술하고, 소전제는 특수한 조건이나 상황을 나타내는 세부적인 명제로 진술한다. 연역적 논증의 전제들과 결론은 필연적인 관계를 맺고 있다. 그러므로 앞에서 서술한 바와 같이, 연역적 논증에서는 전제가 참이고 논증의 과정이 타당하면 반드시 참의 결론이 추론된다. 반면에, 그 전제가 참일지라도 추론의 과정이 타당하지 않으면 허위의 결론이 도출된다. 또한, 전제와 결론이 허위일지라도 그 논증 과정은 타당한 경우가 있다. 다음의 논증은 전제와 결론이 허위이거나 전제와 모순되는 결론이 도출되지만, 논증 과정이 타당한 예를 보여준다(Salmon, 1995).

(가) 대전제가 허위이고, 소전제와 결론이 참이다.

어떤 포유류도 날지 못한다.
모든 개는 포유류이다.
→ 어떤 개도 날지 못한다.

(나) 대전제가 허위이고, 소전제는 참이며, 결론이 허위이다.

어떤 포유류도 날지 못한다.
모든 박쥐는 포유류이다.
→ 어떤 박쥐도 날지 못한다.

(다) 대전제 · 소전제 · 결론이 모두 허위이다.

어떤 포유류도 날지 못한다.
모든 새는 포유류이다. ⟶ 어떤 새도 날지 못한다.

(라) 대전제와 소전제가 허위이고, 결론이 참이다.

모든 새는 날 수 있다.
모든 박쥐는 새이다. ⟶ 모든 박쥐는 날 수 있다.

이 예들이 보여주는 바와 같이, 연역적 논증에서는 논증이 타당할지라도 하나의 전제가 허위이면 허위의 결론이 도출된다. 또한 전제가 참일지라도 논증 과정이 타당하지 않으면 허위의 결론이 도출되며, 전제가 허위일지라도 논증 과정이 타당하지 않으면 참의 결론이 도출될 수도 있다. 연역적 추론 과정은 이런 전제와 논증의 속성에서 생기는 문제들 때문에 이상적인 과학적 방법으로 받아들이기 어렵다. 그것은 전제의 참을 검증할 타당한 논리적 방법이 없는 문제도 안고 있다.

3) 가설-연역법

실제의 귀납적 논증은 가설을 설정하고 그것을 바탕으로 결론을 도출하며, 관찰과 경험을 통해 그 결론의 진위를 검증하는 가설-연역적(hypothetico-deductive) 과정에 따라 이루어진다(Lacey, 1996). 연역법이 전제를 참으로 가정하는 것과 대조적으로, 가설-연역적 방법은 전제의 진위에 관심을 둔다. 또한, 귀납법이 가설을 내세우지 않음에 비해, 가설-연역적 방법은 가설을 세움으로써 시작된다.

가설-연역적 방법은 새로운 개념이나 이론을 바탕으로 잠정적이고 아직 정당화되지 않은 가설을 제시하고, 그것에서 논리적 추론을 통해 결론을 이끌어내는 과정으로 진행된다(Richards, 1987). 이 방법은 관찰 사실을 설명하기 위한 가설의 제시, 초기 조건의 설정, 가설과 초기 조건에서 예상의 연역, 예상 검증의 네 단계로 구성되어 있다. 예를 들어, "구리는 전기를 통한다"는 가설과 "이 전선은 구리로 만들어져 있으며 전기회로에 적절하게 연결되어 있다"는 초기 조건에서 "이 전선에는 전기가 흐를 것이다"는 관찰 언명을 추론한 다음, 그 전선에 전기가 정말로 흐르는지 확인함으로써 그 가설의 진위를 판정한다. 검증 결과가 가설을 지지하지 않으면 그 가설을 그냥 기각한다.

가설-연역적 방법이 이상적인 과학적 방법으로 적용되기 위해서는 선결되어야 할 몇 가지 문제점을 안고 있다. 먼저, 가설-연역적 방법은 과학이 지니는 논리적이고 합리적인 특성만을 강조하고 있으므로 상상력과 호기심이 과학 지식의 형성 및 발달에 미치는 영향을 경시하고 최초에 가설이 어떻게 설정되었는지도 밝히지 못한다. 따라서 이 방법은 과학 지식을 구성하는 단계보다는 그 정당화 단계에서만 적절히 이용될 수 있는 방법으로 인식되기도 한다.

4) 사회적 적응과 합의

전통적 과학철학에서 말하는 과학은 합리적 학문으로 인식되어 왔다. 전통적 과학철학은 그 이론적 배경으로 절대론과 실재론을 받아들였으며, 과학적 방법으로 귀납법 · 연역법 · 가설-연역법 등을 제시하였다. 이런 과학적 방법은 객관적인 자료나 절대적 근거를 바탕으로 이루어지는 논리적 추리인데, 전통적 과학철학자들은 과학이 이와 같은 과학적 방법을 통해서 발달해 왔다고 주장한다. 한편, 전통적 과학철학에서 의미하는 과학적 방법의 특성은 과학을 합리적인 학문으로 보는 근거가 되고 있다.

그러나 현대의 과학철학자들은 과학을 주관적이고 이념적인 학문으로 간주한다. 그들에 따르면 과학적 이론은 당시의 사회적 환경이나 가치관에 가장 잘 어울리는 것만 살아남고, 과학은 그런 진화 과정을 통해서 발달한다. 또한 과학은 당시에 제기된 문제를 가장 효율적으로 해결하는 법칙과 이론 등이 계속 나타남으로써 발달한다. 한마디로 말해서, 과학은 부단히 변화 · 발달한다는 것이다.

과학의 기능, 효율성 등의 가치는 사회적 합의 과정을 통해서 판단된다. 즉, 한 이론과 문화적 · 사회적 가치관의 일치도, 그 이론이 과학 및 기술과 관련이 있는 문제를 해결할 수 있는 정도 등은 토론이나 의사소통과 같은 민주적 합의 절차를 통해서 결정된다. 따라서 사회적 합의 과정을 과학적 방법으로 생각할 수 있으며 그것을 근간으로 이루어지는 과학과 과학 지식은 이념으로 생각할 수 있다(조희형과 최경희, 2001).

3. 과학의 가치와 목적

지적 활동은 그것을 수행하는 사람의 가치관이 반영된 것이다. 과학자들이 수행하는 과학적 연구도 지적인 활동으로서 과학의 가치에 대한 그들의 인식이 반영되어 있다. 과학의 가치는 과학의 바람직한 원리 · 기준 · 질 등으로서 과학의 본성이자 그것이 추구하는 궁극적 이상이기도 하다. 과학의 가치는 또한 과학 지식, 가설을 설정하고 자료를 수집 · 분석하고 현명한 의사를 결정할 수 있는 능력, 사회적 · 개인적 신념, 객관성 · 정직

성 등 과학자의 지식 · 기술 · 태도에 영향을 미치는 요인을 말한다.

과학의 가치는 진리 · 자유 · 의심 · 독창성 · 질서 · 의사소통 등으로 나뉘기도 한다. 이런 과학의 가치는 과학의 한 가지 중요한 구성요소인 가치관과 태도를 형성함으로써 과학의 본성을 드러내는 근원이 된다(Abruscato, 2000). 또한, 이렇게 형성된 가치관을 가진 과학자들은 자유롭게 사고하고, 언제나 호기심이나 의심을 가지고 자연을 탐구하며, 자연에 존재하는 진리와 자연현상에 나타나는 질서를 찾는다. 그들은 독창적으로 연구를 수행하며, 그 결과를 자신의 공적으로 인정받기 위해서 다른 과학자들에게 발표한다. 갈릴레이나 아인슈타인이 유명한 과학자로 남게 된 것은 그들이 바로 이런 가치를 추구하였기 때문이다.

과학의 가치는 상대적인 개념으로서 자연관과 과학관에 따라 다르다. 전통적 인식론에서는 과학을 자연에서 발견된 절대적 지식 체계로, 현대의 인식론에서는 사회적 과정을 통해 구성된 설명 체계로 본다. 현대의 과학철학에서는 과학을 사회학 또는 인문학적 성격의 학문으로 보기도 한다(Hurd, 2000). 과학이 인간 생활과 사회를 떠나서 존재할 수 없으며 그에 절대적인 영향을 미친다는 생각이다. 현대의 과학철학은 또한 과학이 여러 가지 측면으로 구성되어 있으며, 그에 의해 야기된 문제는 반드시 가치관과 집단 이익이 관련되어 있다고 주장한다.

과학의 목적은 사물과 현상의 기술 · 설명 · 이해 · 예상 · 통제에 있다(Kitchener, 1999). 그러나 추구하는 목적은 그 영역에 따라 다르다. 또한, 예상과 통제는 상관관계의 바탕 위에서 이루어지지만, 설명과 이해는 인과관계를 통해야 한다.

기술(description: 記述)은 관찰이나 측정을 통해 수집한 자료로 자연을 기록하는 행위, 즉 자연의 사건 · 현상 · 사물에 대한 경험적 사실들을 단정적으로 묘사하거나 사실들의 특징을 조직적으로 밝혀 직설적으로 표현하는 행위이다. 자연현상에 관한 관찰과 측정의 결과는 일차적 정보로서 과학 지식의 기본 바탕이 된다. 암석학 · 분류학 · 고생물학 등의 영역에서는 일차적 정보가 이론의 형성에 필수적인데, 이와 같은 자료를 바탕으로 형성된 과학 지식은 직관이나 형식적 사고에 의해 얻어진 형식적 지식과 구분된다.

한편, 아리스토텔레스는 현상의 본질을 설명으로 규명할 수 있다고 보고 최초로 자연의 설명 체계를 개발하였다(Klee, 1997). 일반적으로 자연에서 일어난 현상의 원인을 발견했을 때 그 현상을 설명했다고 말한다. 그러나 일상생활과 실제의 과학적 연구나 활동에서는 설명을 이 밖의 여러 가지 의미로 해석한다. 예를 들면, 단어나 문구의 뜻을 명백히 기술하는 것, 자신의 신념이나 행동을 정당화하는 것, 사건 · 상태 · 과정 등의 원인을 제시하는 것, 이론으로부터 법칙을 논리적으로 도출하는 것, 생물의 기관 혹은 개체의 기능에 대한 해석을 제시하는 것을 설명이라고 한다. 저자들에 따라서는 사물에 이름을 붙이는 것, 정의하거나 실례를 제시하는 것, 감정의 이입, 권위에의 호소, 경험적 원리에의 호소 등도 설명에 포함시킨다.

이해는 주어진 정보와 자료의 의미를 파악하여 적용하고 분석하거나 다른 의미와 관련짓는 과정이다. 주어진 과학 지식을 단순히 기억하는 것이 아니라 기존의 과학 지식과 통합하여 체계화하는 것, 제시된 정보 · 자료 · 과학 지식을 다른 말로 표현할 수 있는 것, 내 · 외연을 통해 새로운 의미를 추리해 내는 것 등을 이해라고 한다. 표의 의미를 도표로 나타내는 것, 표나 그래프가 나타내는 의미를 자신의 말로 표현하는 것 등도 이해의 한 형태이다. 이해는 논리적 추리를 통해서 대상을 아는 경우를 말하기도 한다.

과학적 연구는 몇 가지의 원인을 근거로 하여, 그리고 관측이 가능한 자연현상을 예상할 목적으로 수행되기도 한다. 예상은 주로 미래의 현상과 사건을 다루며, 흔히 다루려는 현상이나 사건이 일어나기 전에 수행된다.

예상은 통제할 수는 없지만 정확한 인과율적 설명이 필요한 영역의 연구에 유용한 수단이다. 천문학자들은 천체에서 일어나는 갖가지 현상의 원인을 정확하게 예상할 수 있으나 통제할 수는 없는데, 이 영역의 주된 과학적 활동은 사실을 예상하고 관찰을 통해서 그 예상된 사실의 진위를 검증함에 있다. 기상학자나 지질학자들은 일식, 유성의 출현, 태풍의 진로, 지진의 발생 등을 정확하게 예상할 수는 있지만 그것들을 통제하지는 못한다. 이와 같이, 예상은 현상이 일어난 원인을 제시함으로써 위험에 대한 경고를 하며 과학적 문제의 해결에 도움을 준다.

통제는 비교적 실제적인 과학적 활동으로서 순수과학보다는 공학 · 농학 · 의학 등 응용과학과 기술 분야에서 더 중요시하는 과학의 목적이다. 어떤 일이나 사건을 통제한다는 말은 그것이 일어나도록, 또는 일어나지 못하도록 억제하거나 어떤 목적에 맞게 조절할 수 있다는 것을 의미한다(조희형과 최경희, 2001).

* 이 장은 '조희형 · 최경희(2001)'의 책 중에서 인용한 것임.

제2장

과학의 태동과 중세의 과학

1. 과학의 기원

과학에 대한 기원은 과학에 대한 인식론적 관점과 그 의미 및 정의에 따라 다양하게 제시된다. 그러나 일반적으로 과학의 기원은 자연관 및 과학적 방법의 기원과 같으며, 고대의 문명이 발생된 시점, 과학혁명이 완성된 시점, 20세기 이후의 과학 기술 시대에 그 기원을 두고 있다.

과학의 기원을 인류의 문명이 발생된 시점에 두는 이유로는, 과학은 인간이 자연에 대해 호기심과 흥미를 가지고 그에 따라 자연을 이해하려는 마음에서 생겨났다고 믿는 관점에 따른 것이다. 이와 같은 정의는 오늘날에도 순수과학을 정의할 때, 또는 순수과학과 응용과학 및 기술을 구분할 때 그대로 적용되고 있다.

과학과 기술이 상보적인 관계를 맺고 있다는 관점에서 본다면, 과학의 기원은 과학혁명기에 둘 수 있다. 근대과학(modern science)은 과학혁명에서 비롯하였다. 근대과학은 기술과 상보적인 관계를 맺고 있으며, 기계론적 세계관이 그 바탕을 이룬다. 베이컨과 데카르트는 각각 귀납적 추리와 연역적 추리를 과학적 방법으로 적용할 것을 강조하였으며, 그들에 이어 갈릴레이와 뉴턴도 과학적 방법을 제시하였다.

과학자에 따라서는 과학의 기원을 20세기에 두기도 한다. 이 때의 과학은 기술과 상보적인 관계를 맺고 있는 것이 아니라 서로 통합되어 있는 과학 기술을 뜻한다. 한걸음 더 나아가 현대의 과학은 STS(Science-Technology-Society)로 인식되고 있는데, 이런 의미의 과학은 1980년대 이후에 형성되었다고 말할 수 있다(조희형, 2003).

이와 같이, 과학의 기원은 과학의 본성에 대한 기본적 관점에 따라 다른 의미로 해석할 수 있다. 즉, 과학의 기원은 과학에 대한 의미에 따라 고대의 그리스 시대, 과학혁명, 20세기 이후라고 할 수가 있다. 특히, 현대의 과학은 통합적인 특성을 지니는데, 그런 의미의 과학은 최근에 형성되었다.

2. 지중해에서 싹튼 초기 자연과학

1) 만물의 기원은 무엇인가?

기원전 6세기 이오니아 지방의 밀레투스에서는 자연현상을 신화 속의 신들이 아니라 자연 그 자체 안에서 현상들의 원인을 찾고 설명하려는 시도가 일어나기 시작하였다. 밀레토스 학파라고도 불리는 이들에게는 주로 사물의 원인에 대해 고민하고, 살아 있는 근본 물질에서 우주가 어떻게 형성되었는가를 해명하는 일이 중요한 과제였다. 그리스 최초의 철학자이며 밀레토스 학파의 시조인 탈레스(Thales, BC 624?~548/545?)는 생명과 우주

현상의 근본 물질에 대해 처음으로 고민한 철학자이다. 그가 만물의 근원을 물이라고 한 이유에 대해서는 물이 생명현상에 필수적인 요소이기 때문에 그렇게 생각하지 않았을까라고 추정할 수 있다. 탈레스는 만물의 근원을 설명할 때 처음으로 신화에 의존하지 않고 자연에 근거하여 설명했다는 점 때문에 최초의 과학자, 자연철학의 개척자라고 불린다. 이 외에도 탈레스는 지구를 물에 떠 있는 원반이라고 했으며, 달의 운동을 관측하여 일식을 예언하기도 하였다.

탈레스의 제자 아낙시만드로스(Anaximandros, BC 610~546)는 어떤 단일한 근본 재료로부터 만물이 발생한다고 하는 점에 있어서 탈레스와 견해를 같이했다. 그러나 아낙시만드로스는 근본 물질이 물이라면 물과 대립되는 불은 어떻게 만들어질 수 있을까라는 의문을 제시하면서 스승의 우주관을 부정하였다. 또한 그는 근본 재료가 물과 같은 구체적인 요소일 수 없으며, 물을 포함한 모든 물질들은 좀더 근본적인 어떤 것에서부터 변형이 되거나 파생되어 생긴 것이라고 믿었다. 그래서 그는 근본적인 것을 특정한 물질이 아닌 '무한(無限: boundless)'이라고 불렀다. 그는 씨앗으로부터 나무의 모든 부분들이 성장하듯이 '무한'으로부터 온갖 것들이 생겨난다고 했다. 그가 주장한 우주 생성론을 예로 들자면 태초에 '따뜻함'과 '차가움'의 종자(씨앗)가 '무한'으로부터 분리되고 이것으로부터 둥근 형태의 불길이 일어나 마치 나무 둘레의 껍질처럼 지구 주위의 공기를 둘러쌌다는 것인데, 이 주장의 요지는 우주도 생물처럼 종자로부터 성장한다는 것이다. 탈레스가 자신의 근본 물질인 물에 어떤 일이 일어나는가에 대해 고려하지 않았다는 점에서 아낙시만드로스의 주장은 탈레스의 사고보다 진전된 사고 체계라고 할 수 있다.

이 밖에도 탈레스가 지구는 물 위에 떠 있다고 말한 것에 대해서 아낙시만드로스는 물이 지구를 지탱한다면 물을 지탱하는 것은 무엇인가라는 의

문을 제시하면서 원통 모양의 지구는 허공에 떠 있고, 모든 것들로부터 같은 거리에 있기 때문에 그 자리에 머물러 있다고 주장하였다. 또한 인간을 포함한 모든 생명은 물고기 일종에서 생겨난 것이며, 처음에는 바다에서 태어났으나 시간이 흐르면서 바다로부터 땅으로 나왔다고 주장하였다. 인간이 다른 종류의 피조물로부터 진화되었다고 주장하는데, 그 이유에 대해 인간은 출생 후 오랜 기간 동안 양육되어야만 자립할 수 있으므로 현재의 인간이 인간의 원형(原型)이었다면, 결코 살아남을 수 없었을 것이기 때문이다.

아낙시만드로스의 제자 아낙시메네스(Anaximenes, BC 585?~525)는 만물의 근원을 자기 스승이 주장했던 바와 같은 신비스럽고 지각할 수 없는 '무한'이 아니라 일상적 경험에서 느낄 수 있는 '공기'라고 생각하였다. 또한 그는 공기가 엷어지면 따뜻한 불이 생기고, 짙어지면 차가운 물이나 흙·돌 등이 생긴다고 주장하였다. 공기(수증기)가 농축되어 구름이 되는 것은 이 과정의 좋은 예이다(그 당시에는 수증기와 공기의 차이를 알지 못했으므로). 이와 같이 아낙시메네스는 농축과 희박이라는 가역과정을 통해 만물이 형성된다고 하였으며, 영혼이 신체를 이루고 있는 것과 같이 공기가 우주 전체를 싸고 있다고 주장하였다. 아낙시메네스의 주장은 탈레스처럼 만물의 근원을 물과 같이 구체적인 요소에서 찾았다는 면에서 퇴보한 것처럼 느껴질 수도 있겠으나, 아낙시만드로스의 주장에서 무한으로부터 구체적인 사물이 형성되는 과정이 다소 임의적이고 관념적인 점을 보완하여 자연에서 관찰할 수 있는 구체성을 통해 사물의 형성을 제시했다는 점에서 더 진전된 이론이라 할 수 있다.

만물의 근본을 찾는 데 있어서 밀레토스의 철학자들은 고대의 사상가들과 크게 구분되는 특징이 있다. 첫째, 자연의 여러 가지 현상들이 신에 의해 일어나는 무질서하고 임의적인 영향력의 산물이 아니라 규칙적이며, 원인과 효과로 규정될 수 있는 순서에 따라 일어난다고 믿은 것이다. 즉, 이들은 자연의 모든 현상을 신이 다스리는 것으로 인식하였던 고대의 믿음과는 다르게 자연이 신으로부터 분리되어 스스로의 법칙에 의해 운행되는 존재라고 믿었다. 예를 들어 고대 그리스인들은 바다의 신 포세이돈이 화가 나서 지진을 일으킨다고 믿었으나 탈레스는 물에 떠 있는 땅덩이가 물에 의해 생긴 파도의 진동 때문에 흔들려서 일어난 것이라고 주장했다.

이 외에도 신들의 사랑 · 미움 · 의지 · 열정 등이 밀레토스인의 자연의 기술에는 빠져 있는데 이에 대해 페링튼(Benjamin Farrington)이라는 학자는 밀레토스인들이 "신을 내몰았다"라고 표현했다. 또한 고대 그리스인들은 특정한 지진이나 특정한 번개에 대한 설명을 한 반면 밀레토스인들은 일반적인 지진, 일반적인 번개에 대해 관심을 가졌다. 물론 밀레토스인들의 생각 중에 그 이전의 신화들과 관련있는 것도 많긴 하지만 신의 초자연적인 힘에 대한 언급이 빠져 있다는 점에서 고대의 신화적 믿음과 엄격히 구분된다. 이들의 과학은 신에 의한 우연적인 것이 아니라 보편적이고 본질적인 것을 탐구하는 것이었기 때문에 현대의 과학과 철학은 고대 그리스에서 시작되었다고 이야기할 수 있다.

둘째, 합리적 비평과 토론의 전통이다. 그들은 가장 좋은 설명, 가장 적절한 이론을 찾으려고 노력했고 자신의 생각을 뒷받침하는 증거를 대려 했으며, 반대 이론에 대한 약점을 고려했다. 이러한 전통 덕분에 근본 물질에 대한 밀레토스인들의 견해는 한 철학자에서 다음 철학자로 넘어가면서 발전하게 되었다. 이와 같이 밀레토스인들의 비판적 정신과 초자연적 인과관계의 배척은 최초의 철학자들을 배출하게 하였고, 이는 현대와 같은 과학이 그리스에서 싹틀 수 있게 하는 밑거름이 되었다.

2) 피타고라스 학파의 수학적 관점

만물의 근원을 주로 물질에서 찾은 학자들과는 대조적으로 사모스 섬 출신의 피타고라스(Pythagoras, BC 580?~500?)는 "만물은 수(數)이다"라고 하며 우주를 이루는 근본을 '수'라고 주장하였다. 이는 물질보다는 수적인 구조가 본질적이라는 것을 의미하는 것으로서, 우리가 사물의 본성을 이해하기 위해서는 이러한 수적인 구조를 발견해 나가야 한다는 것이 그의 주장이다.

예를 들어, 피타고라스는 음악에서 그의 관점을 만족시키는 감동적인 사실을 발견하였는데, 바로 소리의 화음이 1, 2, 3, 4와 같은 수의 비율로 구성되어 있다는 것이었다. 줄의 양 끝을 팽팽하게 걸고 튕기면 소리가 나는데, 이 때 줄의 길이를 절반, 즉 2 : 1의 비율로 줄이면 한 옥타브 높은 소리가 나며, 줄의 길이를 3 : 2의 비율로 줄이면 5도 음정(예를 들어 도에서 솔)의 차이를, 줄의 길이를 4 : 3의 비율로 줄이면 4도 음정(예를 들어 도에서 파)의 차이를 나타낸다. 이는 음악 소리의 본성 안에 단순한 수적인 구조가 존재한다는 것을 의미하는 것이며, 소리뿐만 아니라 모든 만물도 이와 같은 수적인 질서하에 있다는 계시로 받아들여졌다. 즉 수학의 원리가 만물의 원리라는 것이다. 따라서 우주에도 수학적인 질서가 내재되어 있다고 확신하였다. 피타고라스 학파는 우주의 천체들과 우주 전체가 완전한 구형이며 천체들은 원운동을 한다고 보았는데, 왜냐하면 구형과 원은 모든 기하학적

〈그림 2-1〉 피타고라스

입체와 도형 가운데 가장 완전하기 때문이다. 또한 음악적 화음이 현 길이의 수적인 비율로 설명될 수 있는 것처럼 천체들간의 거리와 움직임도 수적인 비례를 갖는다고 여겼다. 피타고라스 학파는 실제로 그러한 비율을 구하지는 못하였으나 이와 같은 관점은 우주의 근본 구조를 수학으로 인식하고자 하는 사상이며 인류가 우주를 수학적으로 바라보는 전통을 형성하게 된 것이다.

또한 피타고라스는 우주를 수학적 조화들로 가득 찬 거대한 악기로 보았다. 단순한 현의 길이의 비가 조화로운 화음을 만들어 내는 것처럼 수학적인 질서를 갖고 있는 천체의 움직임도 완벽한 조화를 이루며 아름다운 소리를 낸다고 설명하였다. 그러나 그 소리가 들리지 않는 이유는 태어날 때부터 그것에 익숙해져 있기 때문이라는 것이다. 이와 같이 수학적인 구조를 통해 질서와 조화를 이루는 세계를 피타고라스는 코스모스(cosmos)라고 불렀다. 코스모스는 일반적으로 '우주'를 지칭하는 이름으로 사용되고 있는데, 우리가 우주라는 이름을 부를 때마다 피타고라스가 주장한 우주의 수학적 조화를 함께 언급하고 있는 것이다. 또한 피타고라스는 우리들 각자가 하나의 소규모의 우주라고 믿었으며, 따라서 우리가 행복하기 위해서는 영혼을 우주의 질서와 잘 조율시켜 질서 정연하고 조화로운 코스모스 상태로 만들어야 한다고 설명하였다. 피타고라스의 수학적 관점은 이후 철학자와 과학자들에게 지대한 영향을 끼쳐 그들로 하여금 수학적 방법을 채택하도록 하였다.

3) 변하는 것은 없다

기원전 5세기 초부터는 사람들이 '변화'라는 문제에 관심을 기울이기 시작했다. 변화라는 문제에 처음 관심을 가진 사람은 헤라클리투스

(Heraclitus, BC 540~475)와 파르메니데스(Parmenides, BC 515?~445?)였으며, 이들은 서로 완전히 상반되는 주장을 했다.

헤라클리투스는 이 세상의 모든 사물이 끊임없이 변화한다고 하였으며, 겉보기에 정지해 있거나 평형인 상태도 사실은 서로 반대되는 것들 사이의 대립이나 상호작용이 숨어 있을 수 있다고 했다. 시위가 당겨진 활은 정지해 있는 것처럼 보이지만 사실은 긴장 상태에 있는 것이 이러한 예에 해당한다. 반면, 파르메니데스는 변화가 일어날 수 있다는 것 자체를 부인했다. 파르메니데스는 "있으며 동시에 있지 않을 수는 없다"고 했는데 이것은 생성 · 소멸 · 변화가 모두 똑같이 불가능한 것이라는 뜻을 내포한다.

엠페도클레스(Empedocles, BC 493~433)와 아낙사고라스(Anaxagoras, BC 500?~428?)는 어떤 것도 비존재로부터 생겨날 수 없다는 파르메니데스의 말을 지지했다. 엠페도클레스는 모든 사물이 흙 · 물 · 공기 · 불로 이루어져 있다고 주장했다. 이들 네 가지 물질은 과거에서부터 현재까지 존재해 왔으며, 사랑과 싸움으로 서로 섞이고 분리되면서 변화를 일으킨다고 주장했다. 즉, 비존재로부터 생겨나는 것은 아무것도 없지만 이미 존재하는 물질들의 혼합과 분리로부터 변화는 일어날 수 있다는 것이다. 엠페도클레스의 흙 · 물 · 공기 · 불은 모든 것의 존재에 앞서 항상 존재해 온 물질 즉, 원소에 해당하며 이들 원소는 서로 다른 비율로 결합해서 서로 다른 물질들을 만든다.

아낙사고라스도 파르메니데스의 주장을 받아들여 어떤 것도 생성되거나 소멸되는 것이 아니라 존재하는 것들이 섞이고 분리되는 것이라고 주장했다. 그러나 엠페도클레스는 섞이고 분리되는 것에 네 가지 근원 물질을 주장했으나, 아낙사고라스는 거의 모든 종류의 자연적 물질들이 섞이고 분리된다고 하였다. 여기에는 털 · 금 · 돌 같은 물질뿐만 아니라 뜨거움 · 차가움 · 습함 · 건조함과 같은 성질도 포함된다. 아낙사고라스의 주장에 따르면 털이 아닌 것으로부터 털이 생겨날 수 없고 살이 아닌 것으로부터 살이 생겨날 수 없기 때문에 사람이 먹는 음식 가운데 어떤 형태로든 이미 털과 살이 존재해 있어야 한다. 또한 나무의 잎사귀와 각종 과일들도 식물의 양분이 되는 흙과 물 속에 이미 존재해 있어야 한다. 아낙사고라스의 이론을 일반적인 형태로 표현하면 "모든 것에는 모든 것의 일부분이 들어 있다", 즉 "자연의 어떤 물질도 다른 물질보다 더 원소적이지 못하다"라고 말할 수 있다.

〈그림 2-2〉 데모크리토스

4) 원자론의 등장

레우키푸스(Leucippus, BC 5세기경)와 데모크리토스(Democritus, BC 460?~370?)는 원자론을 주장했다. 이들이 주장한 원자도 파르메니데스가 주장한 변하지 않는 존재와 공통된 특성을 지닌다. 이들의 주장에 따르면 원자와 진공만이 존재하며, 각각의 원자들은 파괴되거나 변화되지 않고 단단하며 쪼갤 수 없다. 그리고 물질간의 차이점은 원자들의 모양과 배열·위치의 차이에 기인한다. 이들이 주장한 원자론은 기원전 5세기경 이루어진 학문 중에서 가장 후대까지 영향을 미친 이론이다.

3. 고대 과학의 발달과 특징

1) 헬레니즘 과학

마케도니아가 그리스 전역의 패권을 쥐게 되고 알렉산더대왕이 동방 원정을 통해 여러 국가를 정복함으로써 고대 사회에 여러 가지 근본적인 변화가 생기게 되었다. 그리스에서 인도에 이르는 넓은 지역이 한 통치자 아래에 존재하게 되었고, 또한 그리스 문화와 오리엔트 문화의 융합을 강력하게 시도함으로써 전 시대와는 다른 새로운 헬레니즘 문화가 형성된 것이다. 과학의 경우도 그리스 안에서만의 과학이 아닌 넓은 헬레니즘 세계의 과학이 되었다. 다른 민족과의 접촉을 통해 지적 영역이 확대되었으며, 방대한 영토 속에서 수집된 다양한 정보를 통해 보다 경험적이고 실질적인 성격도 일부 나타나게 되었다.

헬레니즘 시기에는 왕에 의해 개인적 후원이 이루어지기도 하였다. 특히 프톨레마이오스 왕조의 도시 알렉산드리아에는 왕들의 재정적 지원하에 도서관과 박물관이 세워졌으며, 학자들이 공동체를 이루어 연구를 수행하였다. 수많은 학자들이 알렉산드리아로 몰려들었으며, 과학의 중심은 아테네에서 알렉산드리아로 옮겨졌다. 과학이 이와 같은 지원을 받음에 따라 국가의 요구를 수용한 실용적인 과학도 수행했는데, 그 대표적인 것이 군사 무기 개량이었다. 그러나 이러한 실용적인 연구가 주된 흐름이라고 볼 수는 없다. 대부분의 경우 고도의 지적 능력이 요구되는 연구를 수행함으로써 얻어지는 명예가 그들 연구의 주된 유인이었다. 또한 왕의 재정적 지원도 일부의 학자들에게만 해당되고 지속적으로 이루어진 것이 아니었기 때문에 일반적으로 과학 활동을 하기 위해서는 별도의 생활 수단이 있어야 했다.

알렉산드리아의 최초의 과학자는 유클리드(Euclid, BC 330~275)라고 할 수 있다. 그는 아테네에 있는 플라톤 학파의 아카데미에서 교육을 받았으며, 알렉산드리아가 학문의 중심이 될 때 그곳으로 옮겨가 활동을 하였다. 그를 흔히 기하학의 아버지라 부르기도 하나, 그가 기하학을 창시했다는 의미는 아니다. 유클리드의 업적은 여기저기에 흩어져 존재하였던 기하학 사상들을 체계적으로 정리하고 자신의 독창적인 아이디어를 가미하여, 각각의 것들을 서로 연관된 통일된 체제로 완성시킨 것이다. 이러한 내용은 그의 『기하학 원론*Stoikheia*』에 잘 나타나 있으며 수학 사상 최고의 성전으로 성서 다음으로 많이 읽혔다고 한다. 『기하학 원론』에는 기하학적 도형뿐만 아니라 완전수와 무리수에 관한 내용들도 포함되어 있다. 특히, 그는 공리(증명없이 자명한 진리로 인정되는 원리)로부터 결과를 이끌어 내는 연역적 추리 방법을 발전시켰으며 이는 근대 수학의 근간을 형성하였다.

유클리드에 대해 몇 가지 일화가 전해지고 있다. 당시 왕이 유클리드에게 기하학을 배웠는데, 너무 어려워하며 좀더 쉬운 방법이 없냐고 물어보자 "기하학에는 왕도가 없습니다"라고 했다고 한다. 또한 기하학을 배우는 한 학생이 "이런 것을 배워 도대체 무슨 이득을 얻을 수 있습니까?"라고 하자, 유클리드는 즉시 하인에게 "이 사람에게 동전 몇 푼을 주어 보내라. 배우는 것에서 이익을 찾는다니"라고 했다고 한다. 그는 학문을 통해 현실적인 이익을 추구하는 것을 좋지 않게 여겼던 것이다.

헬레니즘 시대의 유명한 과학자로 시라쿠사의 아르키메데스(Archimedes, BC 287~212)가 있다. 그의 위대한 공헌은 물리학과 수학을 결합하였다는 것이다. 이전에는 수학이 주로 천문학에 적용되었으나 아르키메데스는 땅 위에 일어나는 현상에도 수학을 적용한 것이다. 여기에서 가장 유명한 예가 지레의 원리를 수학적으로 도출해 낸 것이다. 그는 시라쿠사 왕 히에론 앞에서 충분히 긴 지레만 있다면 지구도 들어올릴 수 있다고 장담하였다.

또한 아르키메데스는 왕의 명령에 따라 왕관이 순금인지를 확인하기 위해 고심하던 끝에 욕조에서 목욕을 하다가 물이 넘쳐흐르는 것을 보고 "유체 속의 물체는 그 물체가 밀어낸 유체의 무게와 같은 힘을 받아 뜬다"는 원리를 발견하였다. 이것이 곧 '아르키메데스의 원리'이며 유체역학의 기본 원리이다. 이를 발견한 그는 너무나 기쁜 나머지 알몸으로 뛰쳐나와서 "Eureka(발견했다)"라고 외치며 거리를 질주했다고 한다.

아르키메데스는 실제적으로 여러 가지 기계를 제작하기도 하였다. 그가 나선의 원리를 이용하여 만든 양수기는 '아르키메데스의 나사'로 불리며 오늘날에도 이집트에서 사용되고 있다. 또한 겹도르래를 사용하여 무거운 배를 진수시키기도 하였다. 기술자로서의 진면목을 보여준 부분은 바로 전쟁에서의 군사 기술이었다. 로마가 시라쿠사로 쳐들어오자 그는 지레의 원리를 이용한 투석기와 기중기 등을 개발하여 로마 함대를 산산이 부서뜨렸으며, 오목거울을 이용하여 태양빛을 모아 적의 배를 태워 버렸다고 한다. 그러나 그는 기술자로 불리기를 꺼려했으며, 그의 가장 큰 관심은 기하학에 있었다. 그는 원주율 계산을 위해 구분구적법을 사용하였는데, 이는 뉴턴이나 라이프니츠의 시도보다 2천여 년이나 앞선 것이다. 또한 공의 겉면적과 체적이 각각 $4\pi r^2$, $\frac{4}{3}\pi r^3$임을 밝혀내고, 구에 외접하는 원기둥의 체적이 1.5배가 된다는 것을 증명하는 등 많은 업적을 이루었다.

수학자로서의 아르키메데스의 모습은 그의 최후에서도 나타난다. 여신 아르케미스 축제날, 시라쿠사인들이 만취해 있을 때 로마 군사가 시라쿠사로 쳐들어왔다. 그날 아르키메데스는 모래 위에 도형을 그리며 기하학에 몰두하고 있었는데, 로마 병사가 다가오자 "물러서거라. 내 도형이 망가진다"라고 외쳤다고 한다. 로마군은 아르키메데스에게 예우를 갖출 것을 명령받은 상황이었지만 그를 몰라본 병사는 단칼에 베어 버렸다. 화이트헤

드(Whitehead, 1861~1947)는 로마가 수학을 발달시키지 못한 사실을 빗대어 "로마에는 수학의 작도에 몰두했기 때문에 생명을 잃은 사람이 하나도 없다"라고 했다. 또한 아르키메데스 이후, 물리학에 수학이 적용되기까지 1천5백 년이나 기다려야 했다.

헬레니즘 시대는 천문학의 발전이 절정에 이르렀다. 사모스의 아리스타르코스(Aristarchos, BC 310?~230?)는 지구가 태양 주위를 돈다는 태양 중심설을 주장하였다. 그러나 주류로 인정받지는 못하였다. 또한 에라토스테네스(Eratosthenes, BC 273?~192?)는 지구의 둘레를 측정하기도 하였다. 그는 태양광선이 평행 광선이며 지구가 구형이라는 가정하에 기하학적 원리를 이용하여 지구의 둘레를 계산하였는데, 오늘날과 비교해 보았을 때 20% 정도의 오차를 보이는 상당히 정확한 값을 얻었다. 그는 지도상에 위도와 경도를 최초로 표시하기도 하였다.

중세 동안 많은 사람들에게 인정받았던 우주 체계는 천동설이며 이는 프톨레마이오스(Ptolemaeos, BC 85?~165?)의 『알마게스트*Almagest*』에 자세히 저술되어 있다. 이는 그리스 천문학을 집대성한 것으로서 여러 학자들의 관측 결과와 제안들을 종합하여 천문 체계를 수학적으로 완성하였다. 프톨레마이오스의 체계는 여러 천체의 운동들을 설명해 줄 뿐만 아니라 지구가 우주의 중심이라는 기독교적인 교리도 만족시켜 줌으로써 오랫동안 진실로 받아들여져 왔다.

헬레니즘의 의학은 고대 그리스 히포크라테스의 과학적 의학을 계승하여 크게 발전하였다. 더욱이 이전에는 금지되었던 해부가 알렉산드리아에서는 허용됨으로써 인체에 대한 지식이 풍부해졌다. 최초로 인체를 해부한 학자는 헤로필로스(Herophilos, BC 335~280)로 알려졌다. 아리스토텔레스가 지성이 심장에 존재한다고 한 반면 헤로필로스는 뇌에 존재한다고 하여 뇌를 정신작용의 중추로 보았다. 그는 최초로 인체 내장 기관들의 체계를 정확히 묘사하였고, 소장에서 십이지장을 구분하여 명명하기도 하였다. 또한 동맥과 정맥을 분류하였으며 맥박의 중요성을 강조하였다. 헬로필로스의 연구를 이은 에라시스트라토스(Erasistratos, BC 310?~250)는 대뇌와 소뇌를 구분하였으며, 뇌에 주름이 많을수록 지능이 높다고 하였다. 그는 심장 구조에 대한 연구를 발전시켰으며, 또한 음식물이 위장의 근육 작용으로 으깨짐으로써 소화가 일어난다고 설명하였다.

고대의 의학의 업적들은 갈레노스(Galenos, 129~199)에 의해 집대성되었다. 그는 히포크라테스 · 아리스토텔레스 · 헤로필로스와 에라시스트라토스 등의 의학적 지식 및 생명에 대한 관점을 종합하여 해부학 · 생리학 · 병리학에 걸치는 방대한 의학 체계를 만들어 냈다. 그는 마치 천문학에서의 프톨레마이오스처럼 중세와 르네상스 시대를 걸쳐 의학에서의 최고 권위를 차지하였다. 그는 모든 생명 과정이 신에 의해 정해진 목적에 따라 생겨났다고 보았는데, 그로 인해 그의 이론은 기독교에서 받아들여지기 쉬웠다. 그러나 그의 시대에는 인체 해부가 허용되지 않았으므로 동물들의 해부를 통해 인체에 대한 식견을 얻었다. 따라서 부정확한 부분이 존재하였는데, 이는 16세기에 이르러서 인체 해부 활동이 활발해지면서 오류로 인식되기 시작하였다.

2) 로마의 과학

기원전 2세기 로마가 지중해를 완전히 장악함으로써 그리스는 사라지고 로마가 강력한 제국으로 등장하기 시작하였다. 로마인은 그리스인과는 달리 실생활의 유용성을 추구하는 실용적인 성향이 강했다. 따라서 이론적이고 추상적인 과학보다는 수로와 도로 등의 방대한 토목 공사, 건축, 전쟁 무기 제작 등의 현실적인 부분을 발전시켰다.

로마 시대를 통해 그리스 과학은 더 이상 발전하지 못하였으나 로마의 상류층은 그리스 과학에 깊은 존경심을 가지고 있었다. 따라서 이들에게 그리스 학문을 소개하는 안내서가 등장하게 되었으며, 이는 백과사전 형태로 나타났다. 백과사전의 전통은 바로(Varro, BC 116~27)에 의해 시작되었다. 세네카(Seneca, BC 4?~AD 65)는 『자연의 질문들*Naturales Quaestiones*』에서 기상학과 지리학을 다루었다. 플리니우스(Plinius, 23~79) 는 326명의 그리스인과 146명의 로마인이 쓴 2천여 권의 책에서 내용을 추출하여 37권의 『자연사*Natural History*』를 집필했다. 그의 열정은 대단하였으나 당시 로마인들이 그렇듯이 그리스 과학에 대한 이해의 부족으로 혼동과 모순된 내용이 많았다. 플리니우스 이후에도 백과사전이 편찬되었으나 대부분 플리니우스로부터 표절한 것에 불과하였다.

로마제국 말기에 사회가 혼란해짐에 따라 과학은 더욱 쇠퇴하게 되었다. 더욱이 기독교가 유입되어 국교로 정해지자 기독교의 자연관이 그대로 받아들여지게 되었다. 과학은 기독교의 교리를 합리화하는 데 사용되어 신비주의적인 색채로 흘렀으며, 그리스 과학은 이교도의 학문으로 박해를 받았다. 이로써 그리스 과학의 전통은 유럽에서 사라지게 되었다. 그러나 그리스 과학은 아랍으로 전파되었고 12, 13세기에 다시 유럽으로 전해졌다.

4. 중세의 과학과 기술

1) 중세는 과학과 기술의 암흑기인가?

중세는 로마제국이 동서로 분열된 5세기부터 르네상스에 이르는 유럽의 약 10세기 동안을 말하는 것으로 이 시기에는 로마제국이 쇠퇴의 길을

걷기 시작하면서 게르만 민족의 대이동이 일어났고 기독교의 권력이 증대되었다. 이러한 상황 아래, 그리스나 로마의 과학과 기술은 그 명맥만 유지되면서 쇠퇴의 길로 접어들었고 오랫동안 과학의 침체기가 이어지면서 이 시기를(특히 중세 초기) '과학과 기술의 암흑 시대'라고 말하기도 한다. 많은 역사학자들은 중세 동안 과학과 기술의 발달이 이루어지지 못한 것은 이 시기에 서양 사회에서는 기독교의 막강한 권위가 사람들의 사고와 행동을 지나치게 억압했다는 데에 그 원인을 찾기도 한다. 하지만 그러한 견해는 역사를 단선적으로 바라보는 생각에 지나지 않음을 알 수 있다.

실제로 11세기까지는 유럽의 과학이 가장 침체되어 있었던 시기로 순수과학의 발달은 거의 이루어지지 못했다. 하지만 농업 기술, 기계 제조 기술, 제지술, 인쇄술 등의 과학 기술은 획기적으로 발전하였는데 그 출발은 바로 수도원에서 시작되었다. 그중에서 가장 큰 역할을 한 곳은 성 베네딕투스(Benedictus, 약 480~543년경)가 6세기 전반에 문을 연 몬테카시노 수도원으로 기독교 권위에 맞는 엄격한 생활이 이루어지긴 했지만 일상생활에서는 노동이나 생산 기술을 중요시하였고 효율적인 노동을 위해서 기계류를 이용하였다. 이런 노력으로 12세기경에는 기계 기술, 옷감 짜기, 병기의 제조, 항해 · 농경 · 수렵 · 의술 · 공연 등이 장려되기도 하였다. 즉, 중세는 과학과 기술의 암흑 시대가 아니라 오히려 새로운 과학혁명의 태동을 위한 준비 기간으로 볼 수 있는 것이다.

2) 아랍 과학의 발전

그리스 시대에 한창 발달했던 유럽의 과학은 로마가 서양 문명을 주도하면서 주춤거리기 시작했는데 그 이유는 로마 문명이 과학이나 철학보다는 실용적인 부분을 매우 중요시하였기 때문이었다. 한편, 유럽 지역에서

로마가 쇠퇴하고 중세 시대가 시작될 때 아랍 지방에서는 마호메트(571~632)가 회교 운동을 일으키면서 시들해지고 있던 과학과 철학의 전통을 아랍의 세계로 옮겨와 아랍 문명의 수준을 끌어올리기 시작했다.

아랍 과학이 가장 발달한 것은 8세기 후반부터 9세기에 걸친 압바스 왕조 시대였다. 2대 칼리프인 알 만수르(al-Mansur, 775년 사망)는 수도 바그다드를 건설하고 동로마로부터 많은 그리스 책을 얻어 아라비아어로 번역하도록 장려했고, 5대 칼리프인 하룬 알 라시드(Harun al-Rasid, 약 763~809년)도 번역 사업을 계속했으며, 7대 칼리프인 알 마문(al-Mamun, 813~833년 재위)은 813년부터 833년까지 아랍 세계를 통치하는 동안 수도 바그다드에 과학연구소인 '지혜의 집(Bayt al-hikma)'과 천문대를 건설하고 과학과 문예를 집중적으로 육성하였다. 특히 알 마문은 그리스의 과학이나 다른 학문 분야의 서적들을 아랍어로 번역하는 데 주력함으로써 아랍 과학의 발전에 큰 공을 세웠다.

이러한 노력으로 9세기경 아랍 세계는 여러 과학 분야에서 높은 수준을 보여주었다. 수학에 있어 계산 기술을 발전시켜 누구나 쉽게 계산할 수 있는 방법을 찾아냈고, 특히 그들이 인도로부터 받아들여 발전시킨 숫자 표기 방법은 나중에 서양에 전해져 '아라비아숫자'로 불렸다.

천문학과 의학 분야에서도 아랍 사람들은 많은 업적을 남겼다. 천문대를 만들고 정확한 천문 계산표를 만들었으며, 알 자갈리(Al-Zargali, 1029~1087)는 역사상 처음으로 행성의 궤도가 원이 아니라 타원이라는 주장을 발표하기도 하였다. 의학 분야에서는 아랍의 의학자이며 과학자였던 이븐 시나(Ibn Sinā, 라틴어 이름 Avicenna, 980~1037)는 중세 동안 서양 의사들이 꼭 읽어야 했던 『의학정전』이라는 책을 저술하기도 하였다. 그러나 무엇보다도 아랍 과학 가운데 가장 두드러지게 발달한 분야는 연금술이었다. 아랍 사람들은 모든 금속은 생명을 지니고 있다고 여겨 다른 금속들이 시간이 지나면서 금으로 변해 간다고 생각하였다. 그래서 연금술사들은 온갖 수단을 동원해서 금을 만들기 위해 노력했는데 이런 연금술 연구는 아랍 과학이 새로운 분야를 개척할 수 있는 소중한 기반이 되었다. 예를 들면 연금술을 시행하는 과정에서 알코올과 같은 여러 가지 약품들이 생겨났고 소주를 만드는 방법도 이 과정에서 밝혀진 것으로 알려져 있다. 뿐만 아니라 아랍의 연금술사들이 연구 과정에서 고안해 낸 많은 실험 도구들은 지금도 화학 실험실에서 사용되고 있다.

3) 새로운 기술의 전파

11세기 이후 유럽에서는 새로운 지적 부흥 운동이 시작되었고, 12세기와 13세기에 집중적으로 아랍을 통해 그리스 과학 서적이 유입되면서 과학의 진보가 빠르게 진행되었다. 7세기경 페르시아에 있었던 수직축이 붙은 풍차(제분기와 양수기의 동력원이었음)가 12세기경에는 바람방아의 형태로 유럽에 유입되었고, 12세기에는 대형 범선이 등장하였으며, 13세기에는 섬유 분야에서 발로 돌리는 베틀이 발명되었고, 14세기와 15세기에는 이탈리아 피렌체에서 직물 생산이 급증하였다. 또한 초보적인 증기기관과 기계시계가 13세기에 등장하기도 하였다. 이렇듯 과학의 진보와 함께 기술문명이 급속하게 발전하였는데 그 많은 것들 중에 대표적으로 나침반 · 인쇄술 · 화약의 발명을 들 수 있다. 이것은 17세기 서양의 유명한 과학자이자 철학자였던 프란시스 베이컨에 의해 '3대 발명'으로 불렸는데 이들 세 가지의 공통점은 서양을 근대 사회로 바꾸는 데 중요한 공헌을 했다는 점뿐 아니라 세 가지 모두 동양에서 먼저 발명되고 그것이 서양에 보급되면서 더 큰 발전을 이루었다는 점이다.

화약(초석 · 유황 · 목탄으로 만든 흑색 화약)은 이미 9세기부터 중국에서 만들어졌는데 14세기 원나라로 갔던 이탈리아 상인 마르코 폴로(Marco Polo, 1254~1324)에 의해 유럽으로 전해졌다고 한다. 당시 중국에서는 불꽃놀이나 간단한 로켓 · 불화살 등에 화약이 사용되었는데 서양에 전해지면서 화약 무기로 발달하였고, 이것은 말을 타고 싸우는 기사 중심의 봉건 사회를 무너뜨리는 중요한 도구로 작용했다.

인쇄술의 발달은 13세기경 중국의 인쇄술이 유럽에 전해진 후 구텐베르크(Gutenberg, 1394?~1468)에 의해 활판인쇄술로 발전되면서 이루어졌다. 구텐베르크가 최초로 인쇄한 것은 32행의 라틴어 성서(1357~1358)였는데, 이어서 활자를 좀더 작고 세련되게 개량하여 42행의 라틴어 성서를 인쇄했다. 그 후 활자를 작고 부드럽게 만들어 면죄부를 인쇄하기도 하였다. 이러한 인쇄 기술의 발달은 곧 많은 책의 인쇄와 보급으로 이어졌으며 자연스럽게 서양 사회에서는 지식 계층이 생겨나게 되었다. 누구나 성서를 자유롭게 읽을 수 있게 되었고 그 외에 많은 책을 읽으면서 더 깊이 있는 사고를 할 수 있게 되었다. 그런데, 이런 문화의 형성은 당시 기독교의 일방적 권위에 대한 도전을 낳았다. 사람들은 교황청이 일방적으로 기독교를 해석하여 권위를 집행하는 것에 대해 문제의식을 가질 수 있게 되었고 이후 종교개혁 운동에 많은 사람들이 앞장설 수 있도록 하였다.

나침반이 처음 만들어진 것은 10세기 무렵 중국으로 알려져 있는데 13세기경 서양에 전해지면서 먼 바다로 배를 타고 나갔다가 안전하게 돌아오는 데 나침반을 사용하기 시작했다. 중국과 달리 서양은 해양 문명이 발달하여 고대에는 지중해가 중심이 되었는데 대서양으로 진출하면서 넓은 바다를 항해하는 데 나침반은 중요한 도구가 되었다. 그리고 나침반의 발명과 함께 자연스럽게 나침반과 해도를 이용한 새로운 항해술도 발전하였다. 이 항해술은 14세기 이후 인도양으로의 진출을 가능하게 하였고 1492년에 콜롬부스가 아메리카를 발견하는 데 큰 공헌을 하였다.

4) 12세기의 르네상스

쇠퇴하던 그리스 과학은 중세 동안 아랍 과학으로 재탄생되고 12세기 이후가 되면서 아랍 과학은 다시 유럽으로 확산되었다. 특히 십자군 전쟁 이후 서양 사람들은 새롭게 과학에 눈뜨기 시작하였고 고대 그리스의 학문적 전통을 발견하기 시작하였다. 10세기 말 십자군에 의해 스페인의 톨레도가 함락되면서 유럽에 이슬람 문화가 유입되었고, 이후 12세기와 13세기에 걸쳐 아랍 과학이 유럽 언어로 활발하게 번역되었으며 그리스의 책들도 유럽 사람들에 의해 번역되기 시작하였다. 이런 경로를 통해 처음으로 플라톤·아리스토텔레스의 철학은 물론 아리스토텔레스의 동물학, 톨레미의 천문학, 유클리드의 기하학, 히포크라테스와 갈레노스의 의학에 관한 책들이 널리 읽히게 되었다.

역사가 하스킨즈(Ch. H. Haskins, 1870~1937년)는 이 시기를 '12세기의 르네상스'라고 불렀다. 물론 실제 르네상스는 15세기 이탈리아를 중심으로 꽃을 피웠지만 이미 훨씬 앞서 '12세기의 르네상스'가 경험되면서 이는 근대과학의 중요한 기초로 자리잡았다.

이 시기에 가장 두드러진 것은 새로운 과학에 눈을 뜬 지식인들이 새롭게 발견된 문헌들을 보면서 당시까지 교회가 받아들였던 기독교적인 자연관과는 다른 견해를 가지기 시작했다는 점이다. 당시 유럽에서는 기독교를 기반으로 한 스콜라철학이 성직자들에게 커다란 영향을 끼치고 있었는데 많은 스콜라철학자들 중 대표적인 인물로, 토마스 아퀴나스(Thomas Aquinas, 1227~1274년)를 들 수 있다. 그는 이탈리아인으로 도미니크수도회에 속해 있었으며 기독교의 교리와 아리스토텔레스의 철학을 결합하여 교회를 방어하는 데 주력했다. 당연히 그 당시 자연관은 스콜라철학에 기반한 자연관이었는데 이것은 경험에 근거를 둔 과학이 수용할 수 없는 중요한 결점을 가지고 있다. 즉, 스콜라철학은 새로운 진리를 탐구하는 데 목적이 있는 것이 아니라 진리란 신앙 속에 처음부터 주어진 것이기 때문에 하나의 권위로서 받아들일 것을 강조했던 것이다. 일례로 중세의 신학자이자 과학자였던 니콜 오렘(Nicole d'Oresme, 1325~1382)은 지구가 하루 한 번씩 자전해서 낮과 밤이 생긴다는 생각을 했지만 '성서' 어디에도 그런 내용이 없고 많은 기독교 학자들이 지구는 움직이지 않는다고 알고 있기 때문에 자신의 지구 운동설을 부정하였다. 독실한 기독교인이었던 오렘은 오히려 기독교에 어긋나는 생각을 한 자신을 반성하였다.

이는 중세의 많은 학자들이 기독교의 권위를 얼마나 절대적인 것으로 믿었는지를 잘 보여주고 있다. 이를 비판적 시각으로 바라보던 당시의 학자들은 진리가 신앙 속에 권위로서 존재하는 것이 아니라 끊임없는 탐구의 경험을 통해 얻어진다는 견해를 보이면서 기독교적 자연관을 비판하였다. 이러한 흐름에 의해 교회를 벗어나 성직자가 아닌 전문 지식을 가진 사람들이 과학을 해야 한다는 주장이 대두되었고 이는 막 생겨나기 시작하는 대학들을 중심으로 새로운 학자들을 형성하기 시작했다. 결과적으로 교회에 속하지 않은 학자들은 더욱 자유롭게 자신의 의견을 주장하게 되었고, 그것은 고대 그리스로부터 당연하게 받아들여져 왔던 과학과 기술에 대해 다른 견해를 가지도록 했으며 다른 신학적 배경과 지리학적 경험으로 아리스토텔레스와 프톨레마이오스의 학설에 대해 의심을 품도록 만들었다.

그리고 이런 노력들은 15세기 후반과 16세기 초에 진행되던 고대 그리스와 라틴 문헌의 발굴과 재발견에 자극을 받으면서 17세기 초까지 르네상스 부흥을 이루었고 과학혁명의 중요한 기반을 이루게 된다.

제3장

자연관의 변화와 과학혁명

1. 자연관의 변천과 과학의 발달

인간은 자연관 또는 세계관을 통해서 자연을 보며, 세계를 해석하고 평가한다. 자연관은 자연에 대한 관념이나 견해, 또는 세계를 보고 의의를 부여하는 관점을 말한다. 과학사는 과학이 자연관의 변천과 함께 변해 왔다고 본다.

자연관은 목적론(teleology)과 기계론(mechanism)으로, 또는 물활론(animism) · 형식론(formism) · 상황론(contextualism) · 유기체론(organicism) 등으로 분류할 수 있다. 목적론은 자연과 과정에 이미 결정된 목적이 있다고 보는 자연관이며, 기계론은 우주를 자연법칙에 따라 움직이는 기계로 보는 세계관이다. 목적론은 고대의 자연관으로서 데카르트에 의해 기계론이 확립되기까지 인류의 지배적인 과학관이었다. 현대 과학의 기원은 목적론적 관점을 버리고 기계론을 적용하는 시점에 두고 있다(조희형과 최경희, 2001).

물활론은 세상의 모든 물질에 생명 · 영혼 · 마음이 있다고 주장하는 범심론(panpsychism)으로서 내면적 직관과 직접적인 체험으로 절대자를 인식하고 그와 교감할 수 있다고 보는 종교적 · 철학적 신념을 말한다. 한편, 형식론은 플라톤의 형식과 실재론에 바탕을 둔 자연관이며, 상황론은 형식론과 반대되는 입장으로서 절대적 영원성을 부정함과 동시에 변화를 본질로 보고 사건을 상황과 관련시켜 이해할 것을 강조한다. 마지막으로, 유기체론은 생물체를 구성하는 물질과 그 조직에 의해 생명현상의 평형과 발달이 유지된다고 보는 신념으로서 현대 생물학의 핵심적 관점이다.

1) 고대의 자연관과 과학

소크라테스(Socrates, BC 470～399) 시대의 그리스 자연철학자들은 물 · 불 · 흙 · 공기와 같이 관찰이 가능한 물질과 자연의 힘 그리고 확실하게 알려져 있지 않은 여러 가지 원리를 이용하여 자연현상들 사이의 인과율적 관계를 설명하려 했는데, 그들의 그러한 노력은 자연과학이 형성되는 원동력이 되었다. 자연현상에 대한 당시의 설명에는 오늘날의 자연관처럼 신과 신비주의 사상이 어느 정도 배제되었고, 그 자리를 자연법칙이 차지하였다. 레우키푸스와 데모크리투스의 원자론에도 잘 나타나 있듯이, 그들은 자연세계가 영원히 불변하는 기본 물질과 그 물질들 사이의 상호작용 및 결합에 의해서 변화무쌍한 현상이 일어나게 하는 본질로 구성되어 있다고 보았다. 이런 자연관은 일종의 기계론적 세계관으로서 근대 이후의 경험론과 실재론의 바탕이 되었다. 고대 그리스의 자연철학자들이 자연을 비인격적 실체로 취급하고자 노력했음에도 불구하고, 그들의 자연관은 물활론적 세계관을 완전히 벗어나지는 못하였다.

동 · 서양을 막론하고 고대의 자연관은 기본적으로 목적론을 바탕으로 형성되었다. 목적론적 관점 때문에, 그리스의 과학이 기계론적 자연관에 기초한 현대 과학으로 직접 발달할 수 없었다. 또한, 그리스 시대와 그 이후 약 2,000여 년 동안 자연과학은 아리스토텔레스의 목적론적 자연관과 스콜라철학의 종교적 세계관을 완전히 벗어날 수 없었다. 특히, 아리스토텔레스의 목적론적 자연관은 인간이 자연을 보고 해석하는 기본적 관점을 이루어 근대적인 의미의 자연과학이 형성되고 발달하는 과정에서 저해 요인으로 작용하기도 하였다.

2) 기계론과 과학혁명

고대의 자연철학자들이 지니고 있었던 물활론적 · 목적론적 자연관은 르네상스 이후에는 기계론적 자연관으로 대체되었다. 이 때의 기계론은 그 특성상 물리주의(physicalism)로 불리기도 한다. 17세기 프랑스의 데카르트(René Descartes, 1596~1650)는 물리적 현상을 자연의 법칙과 원리에 따라 설명함으로써 기계론의 아버지로 일컬어지고 있는데, 그가 확립한 기계론적 자연관은 다음과 같은 몇 가지의 특이한 가정들을 기초로 이루어져 있다(Sattler, 1986). 당시의 자연철학자들은 인간이 자연에 관해 알 수 있는 것은 영원히 변하지 않는 물질과 자연법칙이며, 이것들이 바로 자연과학에서 취급해야 할 대상이라고 주장했다.

- 자연세계는 하나의 커다란 기계로서 거기에서 일어나는 제반 현상은 신이 아닌 자연법칙의 통제를 받는다.
- 자연법칙의 통제를 받는 자연은 관찰되는 현상만을 통해서 이해할 수 없고 그 현상을 지배하는 자연법칙에 대한 인식을 통해야 가능하다.

• 자연에는 영원히 변하지 않는 본질로서 물질이 있으며, 그러한 물질들이 차지하고 있는 위치의 변화와 재정돈에 의해서 나타나는 다양한 현상들이 자연에 존재하는 실재를 반영한다. 그런 자연현상은 자연법칙으로 설명된다.

기계론은 과학혁명기에 코페르니쿠스 · 갈릴레오 · 케플러 · 뉴턴 · 데카르트 · 라이프니츠 등 여러 자연철학자들을 통해 발달하였으며, 이런 이유 때문에 과학 사학자에 따라서는 현대 과학의 기원을 과학혁명기에 두기도 한다. 기계론적 자연관은 모든 자연현상을 물질의 운동 및 그 법칙과 같은 기계적 원리를 이용하여 설명할 수 있다는 신조이다. 그러나 현대 과학의 모든 영역이 반드시 기계론적 세계관에만 기초하고 있는 것은 아니다. 기계론적 자연관이 환원론과 같은 극단적인 기계론으로 변한 면도 없지는 않으나, 대부분의 기계론적 관점은 현대적인 의미의 목적론이나 상대주의의 인식론과 같은 현대의 자연관으로 바뀌었다.

2. 코페르니쿠스의 천문학

1) 지구는 온 우주의 중심

지구를 우주의 중심으로 두고 행성들이 움직이는 원리를 설명하는 천동설은 지금으로부터 1,800여 년 전 알렉산드리아에 살던 천문학자인 프톨레마이오스 시대에 절정을 이루었다. 특히 프톨레마이오스는 하늘에서의 운동을 가장 이상적이며 완전한 도형인 원의 형태라고 상상하고, 자신이 상상한 우주의 기하학적 구조를 수학을 이용하여 이해하려고 시도하였다.

그러나 프톨레마이오스의 설명은 일관성이 없었다. 프톨레마이오스의 계산에 의하면 대부분의 천체와 수많은 별자리들은 프톨레마이오스의 상상대로 원운동을 했다. 그러나 예외가 있었는데 그것은 바로 해, 달, 그리고 행성들의 운동이었다. 이를 해결하기 위해 프톨레마이오스는 원의 둘레를 따라 움직이는 또 다른 원운동, 즉 주전원을 도입하여 예외적인 것들의 움직임을 원운동에 끼워 맞추려고 했다. 그러나 주전원 역시 행성들의 운동에 잘 들어맞지 않자 관측 결과에 행성의 위치를 꿰어 맞추기 위해 주전원과 주전원의 중심이 되는 큰 원의 상대적 크기와 속도를 때에 따라 바꾸어 모든 행성의 궤도를 설명하려 하였다.

프톨레마이오스는 천체의 운동을 설명하는 데 정확한 계산만을 중요시하고 자신의 법칙들이 일관성을 갖지 못하고 경우에 따라 다르게 적용된다는 것에는 크게 문제삼지 않았다. 프톨레마이오스의 이러한 생각은 문제의 정답을 알고 나서 그 답이 나오도록 공식을 짜맞추는 것과 다를 바가 없었다. 그럼에도 불구하고 그의 이론은 1,400여 년 동안이나 절대적으로 믿어졌으며, 달력을 제작하거나 항해에 필요한 천문표를 만드는 데 유일하게 사용되는 기준이었다.

〈그림 3-1〉 코페르니쿠스

한편, 코페르니쿠스(Copernicus, 1473~1543)는 지동설을 주장하였다. 사실 지동설을 최초로 주장했던 사람은 알렉산드리아에 살던 아리스타르코스(Aristarchos, BC 310~230)라는 사람으로 프톨레마이오스보다도 수백 년 전 사람이었다. 그는 지구가 축 주위로 자전하며 정지해 있는 태양 주위로 공전을 한다고 주장하였다. 그러나 당시 지식인들 사이에서 그의 주장은 철저히 무시당했고 묻혀질 수밖에 없었다. 지동설은 어리석고 위험한 생각으로 취급당했지만 몇몇 천문학자에 의해 조심스럽게 그 맥이 계속 이어져 왔다.

2) 코페르니쿠스의 의심과 과학혁명

코페르니쿠스는 폴란드의 한 성당에서 일하던 신부였다. 코페르니쿠스는 교황으로부터 달력을 바로잡는 임무를 맡아 프톨레마이오스의 체계에 대해 연구하던 중 그의 체계가 너무 복잡하다는 생각이 들었다. 여러 개념들이 일관성없이 사용되고 있었고, 관측 결과에 끼워 맞춰져 있었다. 그래서 그는 천오백여 년 전 아리스타르코스가 제안한 태양중심설을 검토해 보았다.

> "태양은 움직이지 않고, 지구는 다른 행성들과 똑같이 태양 주위를 돌며, 달만 지구 주위를 돈다. 그리고 태양에서 멀리 떨어져 있는 행성일수록 태양을 한 바퀴 도는 데 걸리는 시간이 더 오래 걸려서, 행성을 좇아가던 지구가 행성을 앞지르는 순간 행성의 역행이 관측되며, 행성이 움직이는 속도가 일정하지 않게 보인다. 즉, 태양 주변을 도는 행성들의 속도가 제각기 다르기 때문에 지구에서 행성들을 관측했을 경우 행성은 속력이 일정하지 않은 운동을 하며 심지어 거꾸로 돌아가는 역행까지 하는 것처럼 보이는 시각적인 착오가 생긴다."

그 전까지 복잡하게만 보이던 우주에서 행성들의 운동은 우주의 중심을 지구에서 태양으로 옮기자 아주 간단해졌다. 코페르니쿠스는 천체의 일주운동을 지구가 23시간 56분마다 자전하기 때문이라고 설명하였으며, 천문 관측 자료들의 분석을 토대로 하여 수성이 가장 태양 가까이에 있고, 그 뒤로 금성 · 지구 · 화성 · 목성 · 토성 등이 있다는 행성 배열 순서를 정확히 알아냈다. 그리고 지구와 태양 사이의 거리가 약 1억5천만km라는 상당히 정확한 값도 계산해 낼 수 있었다. 그러나 태양중심설은 수학적으로는 아무런 문제가 없어 보였는데도 행성들이 실제 나타나는 시간과 장소를 예측하는 데 있어서는 실패했다. 심지어 프톨레마이오스 이론에서 예측하는 것보다도 훨씬 부정확했다. 이것은 실제 행성들이 원 궤도를 따라 움직이는 것이 아니라 훗날 케플러에 의해 밝혀진 바와 같이 타원 궤도를 따라 움직이기 때문이었다. 그리고 코페르니쿠스가 사용한 천문 관측 자료들은 대부분 부정확한 옛날 천문 관측 자료들이었다.

지구와 행성들이 '완전한 도형'인 원 궤도로 움직인다는 생각을 버릴 수 없었던 코페르니쿠스는 결국 행성들의 운행을 정확하게 예측하기 위해 프톨레마이오스가 사용한 주전원 개념을 자신의 이론에 도입하게 되었다. 코페르니쿠스의 이론은 프톨레마이오스의 방법보다 더 일관성있게 개념들을 사용하려 노력하였고, 프톨레마이오스가 계산에서 사용한 70개의 원보다 훨씬 적은 46개의 원만을 사용하여 계산하기 다소 쉽다는 장점이 있긴 했지만, 전반적으로는 프톨레마이오스의 이론보다 나은 점이 없어 보였다. 당시 상황으로 보았을 때 지동설을 받아들여야 할 이유는 전혀 존재하지 않는 듯했다.

코페르니쿠스는 자신의 연구를 완성했지만 성직자의 신분이었기 때문에 교회가 인정하지 않는 어떠한 행동도 하기를 원치 않았으며, 자신의 연구를 발표했을 경우 받게 될 혹독한 비난을 염려했다. 그 시대에는 신학이 학문의 꽃이었으며, 성경을 문자 그대로 해석해야 한다는 입장이 강하였다. "여호수아가 태양을 멈추라고 명령하였다"는 성경의 구절은 태양이 움직인다는 것을 증명하는 근거로 받들어졌다. 코페르니쿠스의 연구 결과를 책으로 엮은 『천구의 회전에 관하여』라는 책의 출간은 계속 미루어지다가 결국 그가 세상을 떠나던 날에야 인쇄가 되어 나오게 되었다. 이 책의 서문에는 다음과 같은 글이 쓰여져 있다.

> "이 책의 내용을 심각하게 받아들이지 말기 바란다. 이것은 단지 수학적인 것이며, 수학은 수학자들을 위한 것이다. 천체들의 움직임을 이와 같은 방식으로 설명하면 우연히 그 설명이 간단해진다. 여기 있는 설명은 글자 그대로 믿지 말기를 바라며, 천체들의 위치를 계산하는 데 유용한 방법 중 하나로 여겨야 할 것이다."

코페르니쿠스의 천문학에 대한 열정과 우주를 정확하게 설명하기 위하여 천동설에 도전한 행동은 다른 과학자들에게 복잡하고 일관성 없는 프톨레마이오스의 이론에 계속 만족해 있기만 해서는 안 된다는 생각을 심어주었다. 그리하여 훗날 갈릴레이 · 케플러와 같은 위대한 인물들에 의해 새로운 우주관인 지동설이 완성되게 되었다.

모든 사람들이 지구가 우주의 중심이라고 확고하게 믿고 있을 때 지구가 태양 주위를 도는 행성 중의 하나일 뿐이라는 코페르니쿠스의 주장은 충격적이지만 그만큼 많은 사람들에게 진리를 향한 용기와 도전 의식을 불러일으켰다. 이후 사람들은 상식을 뒤엎는 창의적인 생각을 '코페르니쿠스적인 발상'이라고 부르게 되었다.

3. 무르익는 혁명의 분위기

1) 케플러의 혁명적 사고

케플러(Johannes Kepler, 1571~1630)는 코페르니쿠스의 태양중심설의 정당성을 증명하기 위해 아주 기발한 착상을 하였다. 코페르니쿠스 우주 구조에서는 태양을 중심으로 6개의 행성 즉, 수성 · 금성 · 지구 · 화성 · 목성 · 토성이 돌고 있다(그 당시 천왕성 · 해왕성 · 명왕성은 발견되지 않았었다). 이에 비해 천동설을 주장한 프톨레마이오스의 우주 구조에서는 지구가 중심에 있고 그 주위를 총 7개의 행성 즉, 달 · 수성 · 금성 · 태양 · 화성 · 목성 · 토성이 돌고 있다. 케플러는 행성의 개수는 6개가 될 수밖에 없으므로 코페르니쿠스의 우주 구조가 옳다고 주장하였는데, 그 이유는 세상에 존재하는 정다면체가 5개이기 때문이라는 것이다. 이것이 무슨 말인가? 행성이 6개라는 이유는 행성과 행성 사이의 공간이 5개임을 의미하는데, 그 공간을 정다면체 5개가 차지하면 딱 맞는다는 것이다.

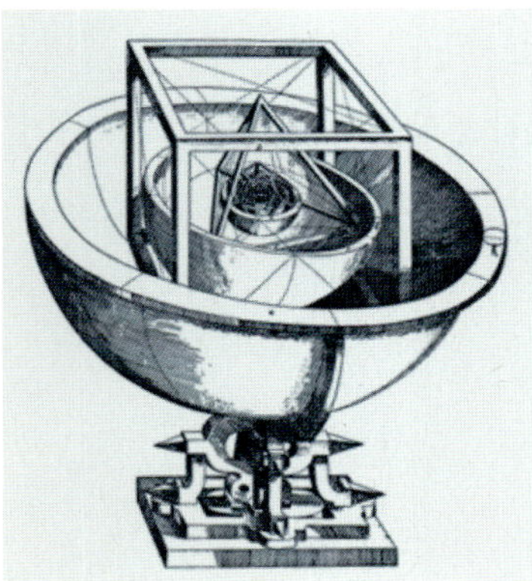

〈그림 3-2〉 케플러가 정다면체를 이용하여 설명한 우주 구조

케플러는 5개의 구와 정다면체를 차례로 내접시키면 총 6개의 구가 존재하게 되는데 이는 행성의 수와 일치하며 각 행성은 자신에게 해당하는 구 위를 운동한다고 설명한 것이다. 그는 토성 구를 제일 바깥쪽에 위치시키고 구의 안쪽에 정육면체를 내접시켰다. 그 다음 정육면체의 안에는 목성 구를 내접시키고 목성 구 안에 정사면체를 내접시켰다. 케플

러가 배치한 순서를 밖에서부터 안쪽으로 간략하게 나타내면, 토성 구 → 정육면체 → 목성 구 → 정사면체 → 화성 구 → 정십이면체 → 지구 구 → 정이십면체 → 금성 구 → 정팔면체 → 수성구이다.

케플러는 신이 우주를 수학적 원리로 조화롭게 설계하는 수학자라고 확신하였다. 따라서 행성을 만들고 그 위치를 정할 때 완전한 입체인 정다면체를 도구로 사용했을 것이라고 생각하였다. 케플러의 모형은 이와 같이 수학적으로 아름다움을 지니고 있다. 그러나 실제 관측 자료와 정확히 일치하지는 않아 실패하였다.

케플러는 우주의 실제 모습을 얻고자 하는 욕망이 강했으며 이를 위해서는 정확한 관측 자료가 필요하였다. 그 당시 그것은 바로 최고의 관측 천문학자인 브라헤(Tycho Brahe, 1546~1601)가 가지고 있었다. 브라헤는 온갖 정교한 기구들을 사용하여 매일밤 하루도 거르지 않고 천체를 관측하였으며 그렇게 모은 자료는 그 당시 어떤 관측 자료보다 정확하고 방대하였다. 브라헤는 케플러가 뛰어난 능력을 지녔음을 알아보고 그를 조수로 채용하였다. 그러나 18개월 후에 브라헤는 죽고 케플러가 그의 방대한 자료를 물려받게 되었다.

케플러는 코페르니쿠스의 우주 구조를 브라헤의 정확한 관측 자료를 통해 완성하려 하였다. 행성이 당연히 원운동을 한다고 믿었던 그는 관측 자료와 일치하는 행성 궤도를 구하기 위해 수많은 원운동을 조합시켜 보았으나 8분 이상의 오차를 내면서 번번이 실패하였다(1분은 60분의 1도이다). 브라헤의 관측 자료의 정확성을 확신한 그는 이 정도의 오차를 받아들일 수가 없었다. 거의 10년 동안의 고생 끝에 그는 대단한 결단을 내렸는데, 그가 그때까지 고수하면서 노력을 기울였던 행성의 원궤도를 포기하는 것이었다. 즉 행성의 궤도는 원이 아닌 다른 도형이라는 사실이다.

행성의 원운동은 2천년이 넘도록 당연한 것으로 받아들여진 것이며 케플러 자신도 열렬한 피타고라스의 추종자였음을 참작한다면 그러한 결단이 얼마나 큰 혁명이었는지 짐작할 수 있다. 케플러는 신중히 검토한 끝에 관측 자료와 가장 잘 부합하는 행성 궤도는 타원임을 알아내었다. 케플러에 의해 드디어 인류는 관념에 부합하는 우주의 모습이 아닌 실제 관찰 자료와 부합하는 우주 모습을 알게 된 것이다.

케플러는 이외에도 행성의 속도에 대한 법칙을 발견하였으며 또한 태양과 행성 간의 거리와 행성 속도와의 상관관계를 찾아내었다. 케플러가 알아낸 법칙을 정리하면 다음과 같다.

제1법칙 : 행성이 태양을 두 개의 초점 가운데 하나의 초점으로 하는 타원 궤도를 돈다. ―타원궤도의 법칙

제2법칙 : 행성과 태양을 연결한 선은 같은 시간 동안에 같은 면적을 휩쓴다. 따라서 행성이 태양과 가까이 있을 때는 속도가 빠르고 멀리 있을 때는 속도가 느리다. ―면적속도 일정의 법칙

제3법칙 : 행성이 궤도를 일주하는 데 드는 시간(공전주기)의 제곱은 태양과 행성 사이의 평균 거리 세제곱에 비례한다. ―조화의 법칙

특히 제3법칙은 우주의 수학적인 규칙성에 대한 확신의 결과이다. 단순히 각 행성의 공전주기와 태양-행성 간의 거리에 대한 관측 값을 볼 경우 표면적으로는 그 어떠한 상관관계도 드러나 보이지 않는다. 그러나 케플러는 관측 값들을 대상으로 여러 가지 수적 관계를 시도하였다. 그러한 노력 끝에 행성의 공전주기를 제곱한 값과 태양-행성 간의 평균거리를 세제곱한 값이 일치한다는 간단한 수학적 상관관계를 얻어낼 수 있었던 것이다.

그러나 케플러의 법칙들은 심각한 문제를 야기했는데, 바로 행성을 움직이게 하는 원인이 무엇이냐 하는 것이다. 행성이 일정한 속도로 원운동

을 한다고 했을 때 운동의 원인은 문제시되지 않았다. 왜냐하면 일정한 속도의 원운동은 자연스러운 운동으로서 행성을 움직이도록 하는 원인이 없어도 끊임없이 운동할 수 있다고 받아들여져 왔기 때문이다. 케플러는 힘에 의해 행성이 운동하는 것이며 그 힘은 태양으로부터 나온다는 설명을 하기도 했다. 그러나 이 정도로는 행성들이 케플러의 법칙에서 제시한 방식대로 운동하는 이유에 대해 충분한 설명이 되지 못하였다. 이에 대한 해결은 뉴턴의 만유인력이 등장할 때까지 기다려야 했다.

2) 갈릴레오의 역학

갈릴레오(Galileo Galilei, 1564~1642)는 망원경을 통해 우주를 관찰함으로써 코페르니쿠스의 우주 구조를 지지해 줄 만한 증거를 찾아내기 위해 노력하였다. 그가 발견한 사실 중 가장 대표적인 것이 바로 금성의 위상 변화이다. 프톨레마이오스의 우주 구조에 따르면 금성은 항상 태양과 지구 사이에 있으므로 초승달 모양만 관측되어야 한다. 그러나 갈릴레오가 망원경으로 관측한 바에 따르면 달과 비슷한 위상 변화를 보이며 크기도 달라지는데, 코페르니쿠스의 우주 구조에서는 금성이 지구와 마찬가지로 태양 주위를 돌게 되고 태양보다 더 먼 곳에 있게 되기도 하므로 금성의 위상과 크기 변화는 당연한 것이다.

그러나 그의 진정한 공헌은 지상의 운동에 대한 연구였다. 코페르니쿠스의 우주 구조는 지상의 물체의 운동에 대해서도 여러 가지 골치 아픈 문제들을 안겨 주었다. 지구가 회전한다고 하는 경우 우리의 일상 경험과 가장 부합되지 않는 것이 바로 위로 던진 물체가 다시 제자리로 떨어지는 현상이다. 지구가 서에서 동으로 회전한다면 위로 던진 물체는 당연히 서쪽으로 치우쳐서 떨어져야 할 것이다. 이 문제를 어떻게 해결해야 할 것인가? 갈릴레오는 떨어지는 물체가 외부에 수평의 힘이 가해지지 않더라도 지구의 회전속도와 동일한 속도로 운동을 하게 되므로 제자리로 떨어질 수 있다고 설명하였다. 이것이 오늘날 우리가 아는 '관성' 개념의 시초인 것이다. 즉, 외부 힘이 존재하지 않아도 물체가 수평운동을 할 수 있다는 것이다.

지금까지 최고의 권위를 누리던 아리스토텔레스에 의하면 물체가 자연스러운 운동인 수직 운동 이외의 운동을 하기 위해서는 반드시 힘이 필요하였다. 그리고 이는 확실히 사람들의 상식에도 부합한다. 따라서 투사체의 경우, 물체가 인간의 손을 떠난 후 손이 계속 물체를 밀고 있지 않음에도 불구하고 움직일 수 있는 이유는 어떠한 형태로든 힘이 계속 작용하기 때문이라고 여겨졌다. 아리스토텔레스의 경우 공기가 뒤에서 밀어주기 때문이라고 설명하였고, 중세 말기에는 던져진 물체에 '임페투스(impetus)'라는 비물질적인 운동의 원인이 형성되어 계속 움직일 수 있게 된다는 설명이 등장하였다. 갈릴레오가 열렬한 임페투스 추종자임을 생각했을 때 그가 '관성'의 개념을 이끌어 내기가 얼마나 어려웠던가를 알 수 있다. 우리는 현재 교과서에서 '관성'을 당연한 것으로 배우고 있다. 그러나 그것이 우리의 일상 경험과 상당히 어긋나는 것이며, 이러한 비상식적인 개념은 새로운 우주 구조를 받아들이기 위한 노력의 과정에서 인위적으로 도출된 것임을 알아야 한다.

갈릴레오의 관성 개념은 철저히 이상화된 관념으로서 아리스토텔레스의 감각적 경험에 근거한 설명과 대비된다. 이러한 그의 성향은 다른 물체의 운동에도 적용되었다. 갈릴레오는 '마찰없이 움직이는 배' '진공 중의 낙하' 등의 이상화된 조건을 설정하여 상상 속에서만 가능한 실험들을 먼저 생각하였다. 그리고 그 후에 '마찰' 등과 같은 실제적인 조건을 첨가하여 설명하였다. 그가 설정한 이상화된 조건은 플라톤의 이데아의 세계와 같은 것이다. 플라톤이 이데아에 진리가 있다고 믿었던 것처럼, 갈릴레오도 이상적 상황에 본질이 존재하며, 따라서 물질의 세계를 이해하기 위해서는 이상적 상황을 먼저 고려해야 한다고 생각한 것이다. 이를 통해 아리스토텔레스 역학이 설명하지 못하였던 많은 문제들을 해결하는 성과를 거두었다.

또한, 갈릴레오는 물체 운동 설명에 대해 '왜(why)'가 아닌 '어떻게(how)'를 추구하였다. 아리스토텔레스처럼 돌이 떨어지는 이유가 그의 원래의 고향으로 돌아가기 위함이라는 목적론적인 설명을 배제하고, 단지 어떻게 떨어지는지에 대해 정확한 수학적인 기술이 필요하였던 것이다. 그는 낙하하는 물체의 속도가 일정하지 않음을 관찰하고 등속운동과 등가속도운동의 개념을 정의하여 이를 수학적인 방법을 통해 기술하였다.

이와 같이 갈릴레오는 지상의 운동을, 케플러는 천체의 운동을 설명하였으나 두 가지를 별개의 것으로 여겼을 뿐 그 누구도 그 사이에 어떤 관계가 있다고 생각하지 못하였다. 그러나 뉴턴에 의해 하늘과 땅에서의 모든 운동이 동일한 법칙을 따르는 같은 종류의 것이라는 설명이 나오게 되었다. 고대 아리스토텔레스부터 철저히 분리되었던 천상과 지상은 뉴턴에 의해 하나의 세계가 된 것이다.

4. 뉴턴의 프린키피아와 고전역학의 완성

갈릴레이가 죽은 후에 많은 과학자들은 여러 가지 증거를 통하여 종교의 교리가 말하는 자연의 법칙이 지구에 존재하는 물리적 법칙을 설명하지 못함을 알게 되었다. 그러나 그들은 과학자이기 전에 독실한 신자였기 때문에 이 모순을 어떻게 받아들여야 하는지에 대해 갈등하였다. 이러한 혼돈의 상태는 뉴턴(Isaac Newton, 1642~1727)이라는 위대한 과학자에 의해

〈그림 3-3〉 뉴턴

질서를 찾게 된다. 뉴턴이 만유인력이라는 힘을 도입함으로써 지구를 포함한 천체의 운동들을 수학적 방법을 통해 정확히 기술해 낼 수 있게 된 것이다.

뉴턴은 자신이 발견한 우주 보편적인 물리학 법칙을 『자연철학의 수학적 원리*Philosophiae Naturalis Principia Mathematica*』('프린키피아'라고 불림)라는 제목으로 출판하였다. 이 책은 총 세 권으로 나누어져 있다. 제1권에는 진공 속에서 물질입자의 운동을 다음과 같은 운동의 세 가지 법칙을 바탕으로 다루고 있다.

- 모든 물체는 그 상태를 변화시키기 위한 힘이 외부에서 작용하지 않는 한 정지 상태이거나 등속직선운동을 계속한다. —관성의 법칙
- 운동의 변화는 물체에 작용한 힘의 방향으로 일어나며, 힘의 크기에 비례한다. —가속도의 법칙
- 힘이 작용할 때는 언제나 작용한 힘과 크기가 같고 방향이 반대인 반작용이 있다. —작용-반작용의 법칙

제2권은 저항이 있는 공간에서 물질입자의 운동을 취급하고 있는데 이는 당시 유행하던 데카르트의 우주관을 비판하려는 목적으로 쓴 것이다. 그리고 제3권에서는 태양 주변을 돌고 있는 천체의 운동을 기술하기 위해 거리의 제곱에 반비례하는 만유인력을 도입하고, 케플러가 제시한 바와 같

이 행성의 운동 경로가 타원이라는 것을 계산을 통해 증명해냈다. 『프린키피아』의 제3권은 코페르니쿠스가 지동설을 주장한 후 브라헤 · 케플러 · 갈릴레오를 거쳐 진행되어 온 천문학 분야에서 이루어진 과학혁명의 완성이라고 볼 수 있다.

1) 『프린키피아』가 완성되기까지

고전역학의 종합이라고 볼 수 있는 『프린키피아』를 뉴턴이 집필하기까지는 핼리혜성의 발견으로 유명한 천문학자 에드먼드 핼리(Edmund Halley, 1656~1742)의 공이 크다. 당시 핼리를 비롯하여 훅(Robert Hooke, 1635~1703)과 같은 유명한 과학자들 사이에는 케플러의 법칙을 증명해 내기 위한 방법을 알아내는 것이 큰 고민거리였다. 케플러가 말한 대로 행성들이 태양 주위를 타원궤도를 그리며 회전한다는 것은 분명한 사실인데, 행성들이 왜 태양 주위를 하필 타원궤도를 그리며 회전하는지 그 이유를 알 수 없었다. 행성이 태양으로부터 멀어질수록 거리의 제곱에 반비례하는 힘을 받는다는 것도 이미 짐작하고 있었으나, 행성이 태양으로부터 이러한 힘을 받을 때 행성의 운동 경로가 타원이 되어야 하는 이유를 증명해 내지 못한 것이다. 당시 유명한 건축가였던 르엔경은 이 문제를 풀 수 있는 사람을 찾기 위해 현상금까지 걸었다고 한다.

당시 과학자들의 가장 큰 관심거리였던 케플러 법칙의 원인에 대해 핼리가 뉴턴을 찾아가 물었을 때 뉴턴은 이미 케플러 법칙을 계산으로 증명했다고 말해 핼리를 놀라게 했다. 뉴턴은 뛰어난 수학 실력으로 미분과 적분을 스스로 창안하여 자연법칙에 수학을 적용함으로써 진정한 의미의 자연법칙인 만유인력의 법칙을 발견한 것이다. 뉴턴으로부터 문제 풀이가 담긴 노트를 받은 핼리는 정성적 기술에서만 머물렀던 당시의 물리학이 뉴턴에 의해 정량적으로 기술되었다는 것을 알게 되었다. 핼리는 뉴턴의 연구가 지닌 중요성을 인식하고 이 내용을 책으로 발표하라고 권유했다. 그뿐만 아니라 뉴턴이 집필을 할 수 있도록 자료 제공, 출판비 부담, 교정까지 보아주는 등 뉴턴의 집필에 전폭적인 지지를 아끼지 않았다. 당시 케플러의 발견을 완벽히 설명할 수 있는 물리적 통찰력과 수학적 능력을 겸비한 사람은 뉴턴뿐이었지만 평소 폐쇄적인 성격으로 미루어 보았을 때, 뉴턴은 결코 스스로 자신의 이론을 세상에 발표하려 하지 않았을 것이다. 그러나 신은 뉴턴의 이론을 세상에 드러내고 싶었던 모양인지 뉴턴보다 14년이나 어리지만 그의 능력을 알아볼 수 있는 안목을 지닌 친구 핼리가 우연히 뉴턴의 노트를 보게 만들었다. 핼리는 그 시대에 뉴턴의 계산을 이해할 수 있는 몇 안 되는 사람 중의 하나였고 그 사실로 인해 위대한 『프린키피아』가 세상의 빛을 보게 되었다.

2) 과학혁명의 완성

핼리의 권유와 도움을 받으며 책을 집필하기로 마음먹은 뉴턴은 18개월 동안 집필에 전념한 끝에 1687년 고전역학의 완성판이라고 불리는 『프린키피아』를 출판할 수 있었다. 신의 손으로 짜여졌으나 만유인력의 법칙 아래서 모든 역동적인 움직임들이 결정되는 우주에 관해 서술한 이 책은 고도로 함축된 일련의 기하학적인 공리들과 증명으로 이루어져 있다. 뉴턴이 『프린키피아』를 통해 만든 물리학은 19세기 말까지 당시 측정 가능한 모든 자연현상에 적용되어 자연을 서술하는 진리임이 증명되었다. 훗날 사람들이 핼리의 가장 큰 공적은 뉴턴으로 하여금 『프린키피아』를 출판하도록 설득한 일이라고 할 만큼 이 책은 현존하는 책 중 가장 위대하고 물리학 역사상 가장 큰 영향을 미친 저서이다. 뉴턴 이전에는 물리학이 없었다고 말할 수 있을 만큼 단순히 위대한 과학자 중 한 사람이 아니라 물리학의 기초를 세운 특별한 과학자임에도 불구하고 뉴턴은 "내가 멀리 볼 수 있었던 것은 거인들의 어깨 위에 올라섰기 때문이다"라고 말하며 자신의 위업을 코페르니쿠스 · 갈릴레이 · 케플러와 같은 선배 과학자들에게 돌리는 겸손함을 보였다.

한편, 핼리는 뉴턴의 이론을 적용하여 혜성도 정해진 궤도를 따라 도는 행성의 일종이며, 단지 심하게 찌그러진 타원궤도를 돌고 있는 것뿐이라고 말했다. 당시 사람들은 혜성이 나타나는 것을 매우 두려워했다. 수십 년마다 혜성이 찾아오는데 그 때마다 전염병이나 홍수 등 재해가 일어나곤 했기 때문에 혜성은 신이 인간을 벌하는 예고라고 믿었다. 또한 혜성의 꼬리는 죽음의 기체로 이루어져 있어서 지구가 이 꼬리 속을 지나가게 되면 죽음의 사신이 지구를 뒤덮게 될 것이라고 믿었다. 그러나 핼리는 어느 한 혜성이 76년 후에 다시 지구로 돌아올 것을 예견하였고, 그가 죽은 후 그 혜성은 핼리가 계산한 해에 다시 발견되었으며 이로써 뉴턴 이론이 옳다는 것을 뒷받침하였다. 뉴턴과 핼리의 이론은 당시 사람들의 혜성 출현에 대한 두려움을 단숨에 씻어 주었을 뿐만 아니라 수학을 적용한 자연법칙을 통해 자연현상을 정확하게 예언할 수 있음을 보여주었다.

3) 뉴턴 과학의 영향

뉴턴이 『프린키피아』를 통해 보여준 과학의 방법이란 자연에서 일어나는 일련의 현상들을 일어나게 하는 가상적인 힘을 도입한 후 그 힘으로부터 수학적인 방법에 의해 원래의 현상들을 추론해 내고 다른 현상들까지 설명하는 방법을 말한다. 이러한 방법은 '뉴턴 과학'의 골자가 되어 전기, 자기, 화학 현상, 심지어 사회현상에까지도 적용되었으며 쿨롱(Charles A.

〈그림 3-4〉 볼테르

de Coulomb, 1736~1806)의 법칙 발견과 같이 일부 성공한 것도 있고 실패로 끝난 것도 있다. 18세기의 '뉴턴주의'는 서로 분리된 채 독자적으로 존재하던 자연세계에 대한 다양한 지식들을 하나의 방법, 하나의 관점으로 접근하게 함으로써 '뉴턴 과학'이라는 이름 아래 중요한 분야로 인식되었다. 또한 합리적 · 경험적 · 실험적 방법을 사용하는 뉴턴 과학은 18세기 유럽의 사조를 특징짓는 계몽사조의 원천이 되기도 했다.

계몽사조기의 대표적인 사상가인 볼테르는 자신의 조국인 프랑스를 억울하게 떠나 영국으로 망명하였다. 그는 프랑스의 상류 계층이 편견과 독단에 젖어 있고 하류 계층은 무지와 미신에 싸여 있다고 생각한 반면, 영국에서 행해지고 있는 뉴턴 과학은 세상이 어떻다는 것을 이성을 바탕으로 경험적으로 보여주며, 사실이 독단에 우선한다고 하는 점 때문에 관심을 갖게 되었다. 또한 볼테르는 뉴턴의 영향을 받은 로크의 저술을 읽고 그의 입헌정치관에 감명을 받은 후 종교의 자유, 입헌정치, 자유주의, 그리고 경험주의적인 뉴턴 과학이 서로 연결된 것이라는 생각을 하게 되었다.

영국에 머무는 동안 볼테르는 뉴턴 과학의 우수성을 인식하게 되어 시인으로 영국에 갔지만 철학자가 되어 프랑스로 귀국하였다. 그 후 그는 편견이나 독단 없이 경험과 이성을 바탕으로 해서 설명하려는 뉴턴 과학을 공부하고 이를 번역하여 소개하는 데 몰두했다. 또한 볼테르는 디드로 · 루소 등과 함께 『백과전서(百科全書)』를 집필하고 간행하는 운동을 지원하였으며 백과전서파의 한 사람으로서 중요한 역할을 하였다. 『백과전서』

는 단지 지식을 수집해서 보존하는 것이 목적인 그 이전의 백과전서와는 근본적으로 다른 것으로 당시 학문과 과학 기술을 집대성하는 대규모의 출판 사업이었다. 『백과전서』는 이성을 기반으로 하여 신학과 교회에 대한 강한 비판을 담았기 때문에 단순한 지식의 집합체라 할 수 없으며 지식을 바탕으로 하여 인간 사고의 형태를 바꾸고 세상을 바꾸는 것을 추구하였다. 따라서 『백과전서』는 이념적인 색채를 띤 책으로 여겨져 발행 금지가 되기도 했으나, 당시로서는 거의 유례가 없는 2만5천여 질이나 판매되었다. 근대적인 지식과 사고 방법으로 당시 사람들을 계몽하고 권위에 대하여 비판적인 태도를 취한 『백과전서』 속에 담긴 개혁의 이념은 유럽 사회에 큰 영향을 미쳐 1789년 프랑스대혁명의 사상적 배경이 되었다는 데 그 의의가 있다.

이와 같이 뉴턴 과학이 사색적 · 독단적 · 형이상학적인 면을 배격하고 가설이나 독단 없이 합리적 · 수학적 · 경험적 · 실험적인 방법을 사용한 것은 과학 분야뿐 아니라 18세기 유럽 사상 전반에 영향을 미쳤다. 또한 2000년이나 서구를 지배해 온 아리스토텔레스의 과학 체계를 뒤엎으면서 양자역학이 나오기 전까지 수백 년 동안 자연세계를 설명하는 데 이용되었다.

5. 현대 과학의 형성

자연과학의 주요한 영역으로 분류되는 물리학 · 화학 · 생물학 등은 각 분야에 고유한 기본 가정에 기초하고 그에 따른 독특한 방법 및 과정과 개념 체계로 이루어져 있다. 아래에서는 물리학 · 화학 · 생물학 · 지구과학 그리고 간학문적 과학이 형성된 과정을 알아본다.

1) 물리학의 형성과 발달

물리학은 물질과 에너지로 우주의 구조를 결정하는 법칙에 관한 학문으로서 물체 사이에 존재하는 힘, 물질과 에너지 사이의 상호작용 등에 관심을 갖는다. 그러나 물리학의 대상은 고대로부터 지금까지 계속 변해 왔다. 아리스토텔레스에서 중세까지의 물리학에서는 자연현상을 질적으로 탐구하였으며, 우주론 · 물상 · 화학 · 기상학 · 생물학 · 심리학 등으로 이루어져 있었다. 물리학의 대상은 18세기 이후부터는 고전역학 · 유체역학 · 정역학 · 광학 · 전자기학 · 기상학 등 쉽게 관찰하거나 측정할 수 있고 실험해 보일 수 있는 영역에 한정되었다.

18세기 이후에는 물리학적 탐구에 수학을 적용하여 자연에서 일어나는 제반 현상을 양적으로 기술하기 시작하였다. 19세기 중엽에는 고급 수학이 필요한 문제를 다루는 이론물리학이 형성되었으며, 그 결과로 기상학이 물리학의 대상에서 떨어져 나갔고, 물 · 공기 · 불의 성질은 물리학에서 분리된 화학에서 다루게 되었다. 20세기에는 방사성과 미시세계에 대한 연구로 양자역학 · 원자물리학 · 핵물리학 등 새로운 분야가 형성되었으며, 오늘날의 물리학에는 천체물리학 · 지구물리학 · 생물물리학 등 여러 과학이 통합된 분야도 포함된다.

물리학은 이론 외에 보편법칙(universal law)과 원리로 구성된 특징을 지닌다. 그러나 물리학의 법칙은 다른 분야, 특히 생물학의 법칙과 다르다(Sober, 2000). 생물학의 법칙은 관찰 자료에 바탕을 두어 일반화한 진술로서 생명현상의 규칙성을 언급하지만, 지구에 살고 있는 생물이나 특정 지역의 생물에 한정된다. 이와 달리, 물리학의 법칙은 중력의 법칙과 열역학 법칙이 보여주듯이 시 · 공간을 초월하는 보편적 명제이다. 물리학의 법칙은 사실로 불리기도 하며, 아르키메데스의 원리가 보여주듯이 관찰 자료와 직접적인 관계가 없는 원리의 특성도 지닌다.

2) 화학의 형성과 발달

화학은 야금 · 양조 · 염색 · 무두질 · 석회 등 경험적 기술, 물질은 결코 변하지 않는다는 절대론적 생각, 또는 언제나 변한다는 그리스의 사변적 철학, 비금속을 금속으로 만들려는 연금술, 화학적 성질 및 질병에 관심을 가진 의화학에 그 기원이 있다. 그러나 화학은 화학적 현상의 복잡성, 순수 물질을 판단할 준거의 결핍, 원소의 확인과 그 정의의 불확실성, 기체 개념의 부재 등으로 인하여 18세기까지는 학문으로 성립되지 못했다. 화학자들은 1730년대의 기체화학을 이용해 비로소 원자에 의한 화학적 반응과 그 현상을 설명할 수 있게 되었다.

19세기의 화학자들은 유기화학을 탄생시켰다. 그 이후 원자가와 분자의 구조 그리고 주기율표가 개발되어 전통적인 원소의 개념이 확립되었다. 1880년대에는 화학과 물리학이 통합되기 시작하였으며, 전자를 발견함으로써 화학적 친화도와 관련된 문제를 해결할 수 있었다. 전통적 화학은 서로 다른 물질들의 속성과 반응을 다루는 과학으로 정의되었다. 그러나 현대의 화학은 전통적인 무기화학과 유기화학 이외에 생화학 · 물리화학 등으로 나뉜다. 현대의 화학은 물질의 조성과 구조를 다루기도 한다. 이와 같은 정의에 비추어 볼 때, 화학은 원소와 그것의 화합물에 관한 학문, 즉 궁극적으로는 원자의 바깥 궤도에 있는 전자에 의해서 나타나는 효과에 관심을 가진 학문으로 볼 수 있다. 부분적으로 화학의 주제와 물리학의 주제가 겹치는 이유도 이 때문이다.

3) 생물학의 형성과 발달

생물학은 브루다흐(Karl. F. Burdach, 1776~1847)가 1800년 인간에 관한 연구를 지칭하기 위해 처음으로 사용한 용어이다. 브루다흐 이후에는 트레비라누스(Gottfried Treviranus, 1776~1837)가 생물학을 생명의 과학으로 정의하였으며, 라마르크(Jean-Batiste Lamarck, 1744~1829)는 생물학을 육상 물리학의 한 분야로 규정함으로써 생물학의 의미를 한층 더 확장시켰다. 오늘날에는 이런 고전적 의미의 생물학이 생명과학(bioscience 또는 biological science)으로 불린다(Hurd, 1997).

생물학은 생물계에 대한 연구, 또는 생명과학(science of life)이다. 전통적으로는 생명을 물리주의나 생기론의 관점에서 설명하였으나 오늘날에는 유기체설로 기술한다. 물리주의는 생물과 무생물이 동일한 물질로 이루어져 있다고 본다. 이에 비해, 생기론은 생명이 원형질과 같은 물질 또는 콜로이드 상태와 관련되어 있으며 모두 생명력을 지닌다고 본다. 유기체설은 생물의 특성이 그 조직에 의해서 나타난다고 주장하며, 생명체의 특성으로 구조의 복잡성과 유전 프로그램의 진화를 중요시한다(Mayr, 1997).

고전적 의미의 생물학은 생물의 구조와 기능, 그 기원과 진화 · 분류 · 상호작용 및 분포 등을 주요한 대상으로 삼았으나, 현대의 생명과학은 생물의 발달과 분화, 세포학 · 유전학 · 분자생물학 · 생태학 등을 다룬다. 그러나 생물학은 지금도 자연철학이나 박물학의 일부로 인식되고 있다. 생물학은 이론보다 개념들로 조직된 체계라는 생각이다. 실제로, 분류학 · 형태학 · 생태학 등은 이론보다 개념 위주로 구성되어 있어서 생물학을 기술적(descriptive) 학문으로 인식하는 근거가 되고 있다. 생물학사는 새로운 개념이 발견 · 분화되는 과정으로 이루어져 있다. 이는 생물학이 개념적 학문임을 의미한다. 그렇다고, 생물학이 전적으로 개념으로만 구성되어 있는 것은 아니고 세포학 · 유전학 · 생리학 · 진화론 등은 주로 이론들로 구성되어 있다.

생물학은 현대 과학의 핵심으로, 또는 모든 과학이 통합된 종합 과학으로 인식되기도 한다. 종합 과학으로서의 생물학은 과학적 측면뿐만 아니라 개인적 · 경제적 · 사회적 · 문화적 · 정치적 특성도 띤다. 이와 같이 정의되는 생명과학은 현대의 과학철학에서 강조하는 STS로서의 과학관과도 일치하며, 특별히 인간을 다룸으로써 도덕 · 윤리 · 가치 · 위험 등에 관한 문제를 야기하기도 한다(Hurd, 1997).

4) 지구과학의 형성과 발달

지구과학은 고대의 그리스 시대 이후 계속 발달해 온 분야로서, 20세기에는 컴퓨터를 포함한 첨단 기술이 개발되고 판구조론과 같은 새로운 이론이 제기됨으로써 과거의 어느 때보다 획기적인 수준으로 발달할 수 있었다. 첨단 기술은 방사 분석에 의한 연대 측정, 결정학, 암석의 화학적 분석, 고생물학 등 새로운 연구법과 분야의 형성에 큰 영향을 미쳤으며, 판구조론은 20세기 지구과학의 패러다임이 되었다.

중고등학교의 교과서만 보더라도 지구과학에는 물리 · 화학 · 생물 등 다른 분야와 겹치는 부분이 많음을 알 수 있다. 그러나 지구과학의 개념적 구조와 방법론적 전략은 다른 분야의 그것들과 다르며, 당연히 서로 다른 과정을 통해 발달해 왔다. 지구과학은 지구에 관하여 통합적으로 다루는 교과목으로서 개념적으로는 지구와 이를 둘러싸고 있는 대기, 우주의 공간에서 일어나고 있는 자연현상과 그 구조 및 물질, 지구와 우주의 역사를 시간적으로는 우주의 기원에서 미래까지, 그리고 공간적으로는 지구의 중심부에서 우주의 끝까지를 주요한 대상으로 삼는다.

현재, 지구과학은 지구를 대상으로 하는 여러 분야의 과학을 총칭한다. 따라서 지구과학은 그것을 구성하는 여러 과학 분야의 연구법을 적용하는 복합적 학문으로 규정할 수도 있다. 포괄적인 의미로 지구과학의 목적은 지구의 특성과 그 진화 과정의 기술 · 설명 · 이해에 있다. 지구과학은 원래 지질학 · 수문학 · 대기학의 세 영역을 골간으로 구성되었지만, 현대의 지구과학은 해양학 · 지질학 · 기상학 · 금속학 · 지구물리학 · 천문학 · 지구화학 등으로 세분화된다.

5) 간학문 분야의 형성

현대의 과학은 간학문적 특성을 띤다. 간학문 과학(interdisciplinary science)은 물리학 · 화학 · 생물학 · 천문학 · 지질학 등 전통적 의미의 학문 분야들이 통합된 조정 과학(coordinate science)을 말한다(Carin, 1997). 물리화학 · 생화학 · 생물물리학 등이 그 예이다. 근래에 중등학교에서 중요시하는 환경 교과와 STS 접근법도 간학문적 속성을 지닌다.

물리화학(physical chemistry)은 화학의 구조가 물리적 성질에 미치는 영향에 관심을 가지는 화학의 한 분야로서 화학열역학 · 전기화학 등을 다룬다. 생화학(biochemistry)은 생물의 화학, 특히 단백질 · 탄수화물 · 지방 · 핵산 등의 화학적 구조와 기능을 다룬다. 생화학은 크로마토크로피 · X-회절 · 전자현미경 등의 발달로 20세기 중반에 형성되었다. 그리고 생물물리학(biophysics)은 생물의 물리학적 측면을 다루며, 물리학적 원리와 기술을 응용하여 생명현상을 탐구하는 분야이다(Isaacs, & Daintith, & Martin, 1996).

제2부

과학과 인간 의식의 변화

제4장

진화론에 의한 사고의 변화

1. 진화란 무엇인가?

진화론은 생물학의 발달에 큰 역할을 했을 뿐만 아니라, 사회학 · 종교 · 우주관을 비롯한 인간의 사고 체계에도 큰 영향을 미쳤다. 이러한 점에서 진화론은 토마스 쿤(Thomas Kuhn, 1922~1996)이 말한 패러다임을 바꾼 과학혁명이라고 할 수 있다. 진화론의 발달 초기에는 생물 종의 탄생에 초점이 맞추어졌으나, 현재는 분자생물학 · 형태학 · 유전학 · 생리학 · 생태학 등 생물학의 거의 모든 분야와 다른 여러 가지 학문 분야에 적용이 되고 있다. 전에는 설명이 안 되던 현상이 진화론을 도입함으로써 설명이 잘 되는 경우가 점점 많아지게 된 것이다.

진화(evolution)는 혁명(revolution)과 대응되는 용어로서, '점진적인 변화'를 의미한다. 종래에는 생물종이 창조에 의해 어느 날 갑자기 생겼다는 생각이 지배적이었으나, 진화론에 의하면 지구상의 모든 생물 종은 공통 조상으로부터 서서히 변화하여 현재에 이르렀다는 것이다. 이러한 진화론이 초기에 많은 공격을 받은 이유는, 증거가 부족하다는 것과 반복 가능성(repeatability)이 없다는 점 때문이었다. 현재는 진화론을 뒷받침하는 많은 증거들이 축적되었으나, 진화 과정을 재현해 보일 수 없다는 문제는 그대로 남아 있다. 아마도 이 문제는 진화론 자체의 성격과 관련된 것으로 생각된다. "진화는 역사(history)다"라고 말하는 생물학자들이 있는데, 이는 과거 인간의 역사를 현재에 그대로 재현하는 것이 불가능한 것처럼, 진화 과정도 재현이 불가능하다는 성격을 내재하고 있을 수밖에 없다는 것이다. 그러므로 과거 지질시대에 일어난 일을 눈앞에서 그대로 재현해 보라는 것은 타당하지 않은 요구라는 것이다. 과거 역사를 재현해 보이지 못한다고 해서 역사가 부정되는 것은 아니다. 진화론은 지질시대와 현재의 생물 종에 남아 있는 진화의 흔적을 해석하는 과학으로서, 이를 이용하면 자연을 쉽게 이해할 수 있다는 데 그 가치가 있다.

미국 도버시에서는 학교에서 학생들에게 창조론의 새로운 형태인 지적설계론을 가르친다는 이유로 학부모들이 도버시 교육위원회를 법원에 제소하는 일이 생겼다. 학부모들의 주장에 의하면 과학 시간에 과학이 아닌 종교적인 것을 가르치는 것은 "종교와 정치는 분리되어야 한다"는 미국 헌법에 위배된다는 것이었다. 반면에 지적설계론을 교육하는 것에 대하여 찬성하는 사람들은 과학을 가르칠 때, 대립되는 이론 중에서 한 가지 편향된 이론만을 소개하는 것은 올바른 판단력을 기르는 데 장애가 된다는 것이었다. 오랜 기간의 소송 끝에 최종 판결은 "지적설계론은 과학이 아니며, 과학 시간에는 과학을 가르쳐야 한다"는 것이었다.

미국의 철학자 슐만은 "지식에는 경험적 지식, 논리적 지식, 계시적 지식의 세 가지 종류가 있다"고 하였다. 그리고 과학은 경험적 · 논리적 지식인 반면, 창조론은 과학을 초월하는 계시적 지식으로서 이는 종교적인 신앙으로 받아들여질 수 있는 것이지 과학적으로 검증될 수 있는 것이 아니라고 한다. 마찬가지로 진화론의 신뢰성 여부도 과학의 범주 안에서 토론되어야 하며, 성경의 창세기나 종교적 신앙에 근거하여 반박하는 것은 타당하지 않다는 것이다. 즉, 진화론과 창조론은 본질이 다르므로, "진화가 맞느냐 창조가 맞느냐"라는 질문은 타당한 질문이 아니며 성립할 수도 없다는 것이다. 두 가지 이론은 상호배타적인 것이 아니라 상호독립적인 것이다. 진화론을 타당한 학설로 받아들인다고 해서 개인적인 종교적 신앙을 버릴 필요는 없다. 두 가지를 모두 믿는 사람들 중에는 진화의 과정 자체가 창조의 과정이라고 생각하는 사람들도 있다.

2. 지구상 최초의 생명체

지구상에 최초로 나타난 생명체는 어떤 모양일까? 최초의 생명체는 언제 나타났을까?

이러한 질문에 확실한 근거를 가지고 대답할 수 있을 때, 진화론도 확고해질 수 있을 것이다. 그러나 불행하게도, 수십억 년 전에 생겨났다고 추측되는 이 최초의 생명체에 대해서는 목격자도, 기록도, 사진도 없을 뿐만 아니라 실험실에서 만들어 내는 것도 지금까지 성공을 거두고 있지 못하고 있다. 다만 몇 가지 근거에 의해 추리를 하는 것이 가능할 뿐이다.

우선 지구상 최초 생명체의 나이는 지구의 나이보다 적을 것이라는 추측을 할 수 있다. 지구에 있는 암석, 우주 공간으로부터 떨어지는 운석 등을 방사성동위원소를 사용하여 생성 연대를 측정할 수 있는데, 이 측정 결과를 종합하여 지구의 나이를 추정하면 대략 46억 년이 된다. 생명체가 흔적을 남긴 것이 화석인데, 가장 오래된 화석 중의 하나는 약 34억 년 전에 생성된 것이다. 이 화석은 호주에서 발견되었는데, 원시적인 간단한 미생물의 흔적으로 암석 속에 남아 있다. 그러므로 지구상 최초의 생명체는 지금으로부터 34억 년 전에서 46억 년 전 사이에 나타났다는 대략적인 추정을 할 수 있다.

그렇다면 이 최초의 생명체가 어떻게 무생물로부터 생겨날 수 있었을까? 물론 이에 대해서 아무도 확실한 대답을 할 수는 없다. 그리스 시대 이전부터 많은 학자들은 생명의 기원에 대해 호기심을 가졌으며 여러 가지 학설을 주장하였다. 그리스 철학자들은 생물이 무생물로부터 생겨난다는 이른바 자연발생설을 주장하였다. 이러한 주장은 마른 연못에 물이 고이게 되었을 때, 빗방울에서는 보이지 않던 작은 생물과 물고기들이 나타나는 것과 같은 자연현상을 관찰함으로써 뒷받침되었다. 이러한 자연발생설은 17세기까지만 해도 널리 받아들여지던 이론이었다. 그러나 이탈리아의 레디(Francesco Redi, 1626~1697), 스팔란차니(Lazzaro Spallanzani, 1729~1799), 프랑스의 파스퇴르(Louis Pasteur, 1822~1895) 등은 그리스 철학자들이 생각지 못했던 실험을 통하여 생물이 자연적으로 생겨나지 않는다는 것을 보여주었다. 파스퇴르가 실험에 사용한 플라스크 속의 고기 국물은 백년이 지난 지금도 썩지 않은 채로 유지되고 있다.

자, 그렇다면 이러한 실험 결과는 무엇을 의미하는가? 생물이 무생물로부터 자연적으로 생겨날 수 없다면 지구상 최초의 생명체는 어디서 온 것일까? 만약 이 최초의 생명체가 창조에 의한 것이라고 가정하면, 더 이상 과학이 설 땅은 없다. 여기서 한 가지 주의해야 할 것은 레디 · 파스퇴르 등의 실험이 자연발생설을 완전히 부정하지는 못하였다는 것이다. 그들은 다만 그들의 실험 조건과 실험 장치에서 생물이 저절로 생기지 않는다는 것을 관찰했을 뿐이다.

지구상에 최초의 생명체가 나타나기 전의 원시 지구는 지금의 지구와 혹은 레디 · 파스퇴르 등의 실험 조건과 상당히 달랐을 것이라는 증거가 지질학 및 천문학 등의 연구에서 나타났다. 이러한 원시 지구의 상태에서는 생명체가 무생물로부터 우연히 만들어질 수도 있지 않을까? 밀러(Stanley L. Miller, 1930~)는 이러한 생각을 가지고 다음과 같은 실험을 하였다. 즉 지구의 원시 대기라고 생각되는 메탄 · 암모니아 · 수소 · 수증기 등을 섞은 혼합 기체에 전기 방전을 일으켜 어떤 물질이 생기는가를 조사하였다. 그는 이 혼합 기체로부터 몇 가지 아미노산과 다른 유기물이 생성되는 것을 발견하였다. 이 실험 결과는 무기물로부터 생물체에서 발견되는 유기물이 원시 지구상에서 우연히 생겨날 수 있다는 가능성을 강력히 시사한다. 밀러는 실험에서 전기 방전을 이용했지만, 원시 지구에서도 번개, 화산 폭발, 운석의 낙하 등으로 화학 반응에 필요한 에너지가 충분히 공급되었으리라고 생각했다.

더구나 지구에 떨어진 운석 중에는 아미노산 등의 유기물을 함유한 것이 있는데 그 성분과 구성 비율이 밀러의 실험 결과와 상당히 유사하였다. 이는 태양계의 다른 곳에서도 유기물이 합성될 수 있다는 것을 의미하며, 밀러의 실험 결과를 일반화하는 데 도움이 된다. 밀러의 독창적인 실험은 많은 과학자들을 자극하여 비슷한 실험을 하도록 하였다. 그러한 실험에서 밀러가 합성하지 못했던 다른 많은 유기물도 합성되었다. 그러나 과학자들은 아직까지 가장 원시적인 생명체조차도 합성하지 못하고 있다. 실험에 의해서 합성된 유기물과 원시적인 생명체 사이의 구조적 · 기능적 차이는 너무도 커서 이 차이를 연결해 줄 수 있는 단서를 과학자들은 추리하는 수밖에 없었다.

이러한 추리의 하나로서 오파린(Aleksandr Ivanovich Oparin, 1894~1980)은 다음과 같은 학설을 제안하였다. 즉, 원시 지구의 바다는 유기물이 풍부하였으며, 이 유기물은 서로 결합하여 유기물 복합체를 만들고, 이 주위에 일종의 막이 형성되어 주변의 액체와 분리되었으며, 주변의 액체와 분자를 주고받을 수 있는 능력도 생겼다. 그리고 흡수한 분자를 자신의 것으로 동화하고, 막으로 둘러싸인 유기물 복합체 자신이 몇 개로 분리되어 각각의 독립적인 유기물 복합체를 만들었다는 것이다. 그리고 이러한 복합체가 바로 최초의 생명체라는 것이 오파린의 추론이다. 이 유기물 복합체는 물질대사 · 생장 · 생식 · 유전을 한다고 볼 수 있으므로 생물의 주요 특징을 갖추고 있는 것이다.

3. 진화의 증거는 무엇인가?

지구상에는 오늘날 백만 종이 넘는 생물이 살고 있으며 그 생김새는 매우 다양하다. 이렇게 많은 종류의 생물들이 지구상 최초의 원시 생명체 하나가 점차 변화된 것이라는 진화론은 지나친 비약이 아닐까? 과학자들은 어떤 근거에 의해 진화론을 주장하는가? 그 근거는 어느 정도 믿을 만한가?

1) 화석에 의한 증거

화석은 고대 사람들에게도 많은 호기심을 불러일으켰다. 어떤 사람은 암석 속에서 살아가는 생물의 흔적이 바로 화석이라고 했으며, 또 다른 사람은 생물이 악마의 힘에 의하여 암석 속에 갇힌 것이라고도 하였다. 그러나 과학이 발달한 오늘날, 화석은 옛날에 살았던 생물의 흔적이라는 것이 확실하게 판명되었다.

그렇다면 화석은 생물의 진화에 어떠한 단서를 제공해 주는가? 많은 종류의 화석과 그것이 발견되는 지층을 조사해 보면, 오래된 지층일수록 화

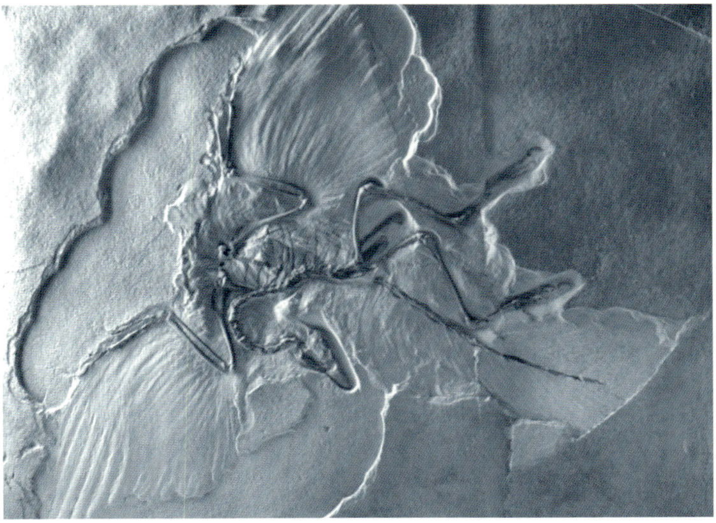

〈그림 4-1〉 파충류와 조류의 중간 단계인 시조새의 화석

석의 종류가 점점 적어지며, 생물의 구조도 점점 간단해진다는 사실이 밝혀졌다. 이러한 사실은 모든 생물이 하나의 공통 조상으로부터 분화되어 점차 여러 종의 생물이 생겼으며, 환경에 적응하기 위하여 그 구조도 점차 복잡하게 발달해 왔다는 진화론으로 설명될 수 있다. 간혹 지질학적인 격변이 있는 경우 이러한 경향에 예외적인 변화가 생기는 수도 있으나, 전체적인 흐름은 진화론을 뒷받침하고 있다.

진화론을 부정하는 사람들은 화석에 의해 설명되는 생물의 진화 과정에 이른바 사라진 고리(missing link)가 있다는 것을 지적한다. 그러나 파충류와 조류의 중간 단계에 속하는 시조새의 화석, 개미와 말벌의 중간 단계에 속하는 생물의 화석 등이 발견되면서 사라진 고리는 점차 연결되어 가고 있다. 시조새는 날개 끝에 발톱이 있고, 부리에는 이빨이 있으며, 골반뼈에는 육식 공룡에서나 볼 수 있는 큰 치골이 아래로 뻗어 있고, 공룡처럼 긴 꼬리뼈를 가지고 있다는 점에서 파충류와 닮았지만, 깃털을 가지고 있다는 점은 현재의 조류와 닮은 점이다. 현재의 조류는 놀랍게도 다리가 뱀 껍질 비슷한 비늘로 덮여 있는 것을 볼 수 있는데, 이는 파충류의 특징이다. 또한 파충류 · 시조새 · 조류가 나타나는 지층을 분석해 보면, 파충류에서 시조새를 거쳐서 조류로 진화한 시간적 순서가 맞다는 것을 알 수 있다. 현재는 시조새뿐만 아니라, 파충류와 시조새의 중간 단계라고 할 수 있는 피부가 깃털로 덮인 마니랍토라 공룡을 비롯하여 다른 많은 중간 단계의 화석들도 발견되었다. 이러한 사라진 고리에 해당하는 화석이 많이 발견되었지만, 아직도 지구상에서 발견된 모든 화석을 시대순으로 나열한다 해도, 한 편의 영화처럼 생물의 진화 과정을 매끄럽게 연결할 수는 없다. 왜냐하면 생물이 죽은 후에 화석으로 되는 경우는 매우 드물며, 화석으로 남겨진 생물 중에서도 인간에 의해 발견되는 것은 극히 일부에 지나지 않기 때문이다.

2) 생물체의 구조에 의한 증거

모든 생물이 하나의 공통 조상으로부터 점차 분화된 것이라면, 유연관계가 가까운 동물의 골격은 그 기본 구조가 비슷하리라는 생각을 할 수 있다. 이러한 사실은 겉모양이 판이하게 다른 몇 가지 포유동물을 비교해 볼 때 두드러지게 나타난다. 박쥐 · 고래 · 원숭이는 그 겉모양이 너무도 다르다. 그럼에도 불구하고 이 세 가지 동물이 한 조상으로부터 유래했다는 생각을 뒷받침하는 구조적인 특징이 너무 많다는 사실에 놀라지 않을 수 없다. 예를 들면 박쥐의 날개, 고래의 가슴지느러미, 원숭이의 팔은 그 겉모양과 하는 일이 다름에도 불구하고 기본 골격은 거의 비슷하다. 이러한 사실은 진화론을 도입하면 명쾌하게 설명된다. 즉, 세 가지 동물이 모두 하나의 조상으로부터 유래했으며 살아가는 환경에 적응하도록 그 겉모양과 기

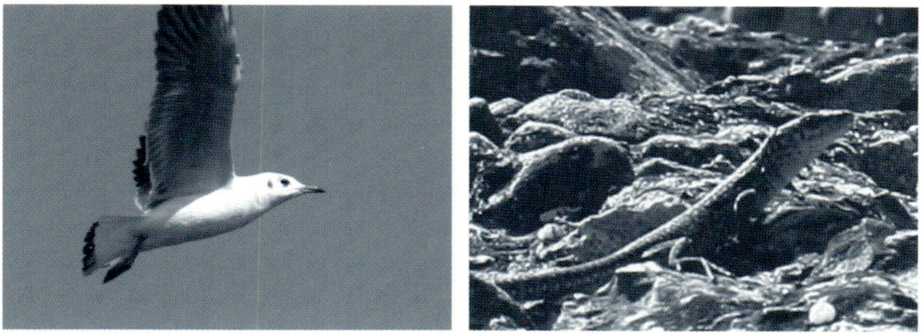

〈그림 4-2〉 겉으로 보기에 너무도 다른 갈매기와 도마뱀의 골격 구조, 내장 기관 등이 너무도 많이 닮았다는 사실을 어떻게 설명할 수 있을까?

능이 알맞게 변화되었다고 생각할 수 있다.

보아뱀(boa constrictor)이나 고래의 내부 구조를 살펴보면 다른 동물의 골반에 해당하는 뼈가 퇴화되어 남아 있다. 그러나 이 뼈는 아무런 기능을 갖고 있지 않으므로 없어도 생활하는 데 지장이 없다. 그렇다면 왜 필요도 없는 뼈가 보아뱀이나 고래에 남아 있을까? 이러한 사실 역시 진화론을 이용하면 쉽게 설명할 수 있다. 즉 보아뱀이나 고래의 조상은 골반뼈가 있는 네 발 달린 동물이었는데, 환경에 적응하기 위해 점차 구조와 기능이 변화하여 현재의 보아뱀과 고래로 되었다. 이들은 골반뼈가 필요없게 되었지만 조상의 흔적이 아직까지 남아 있는 것이라고 생각할 수 있다. 이러한 기관을 흔적기관이라 하는데, 사람도 90여 가지의 흔적기관을 가지고 있다.

3) 생물의 발생 과정에 의한 증거

척추동물이 수정란으로부터 점차 발생해 가는 과정을 비교해 보면 매우 유사한 점이 발견된다. 물고기 · 닭 · 사람은 서로 닮은 점이 별로 없지만 발생 초기에 가까울수록 서로 닮은 모습을 하고 있다. 예를 들면 사람 · 닭 · 물고기의 발생 초기에는 목 부분에 여러 쌍의 깊은 주름이 생기는데 물고기에서는 이것이 나중에 아가미로 되며, 사람과 닭에서는 흔적만 남는다. 이러한 현상은 이 세 가지 생물이 하나의 공통 조상으로부터 유래했다는 가정을 하면 쉽게 이해된다.

지네와 같은 다지류와 곤충의 발생 과정을 비교해 보아도 비슷한 현상이 관찰된다. 즉 발생 초기에는 몸의 모든 마디에서 다리가 나올 것처럼 돌기가 생기는데, 발생 후기로 갈수록 지네의 경우는 몸의 마디마다 다리가 확실하게 자라나는 반면 곤충의 경우는 가슴 부위의 마디에서만 다리가 자라나고 다른 마디에서는 돌기가 없어진다. 곤충의 경우 몸의 다른 마디에서 돌기가 생겼다가 나중에 없어지는 것은 전혀 필요 없는 과정이지만, 다지류와 공통 조상을 가졌으므로 발생 과정도 공통 조상으로부터 물려받아 발생 초기가 비슷하다고 해석할 수 있다. 즉, 진화론을 도입하면 무리없이 쉽게 설명할 수 있는 것이다.

4) 생물의 지리적 분포에 의한 증거

다윈이 진화를 주장하는 데 가장 큰 영향을 미친 것 중의 하나가 바로

〈그림 4-3〉 갈라파고스 군도에서 발견되는 엄청나게 큰 코끼리거북

생물의 지리적 분포에 의한 증거였다. 다윈은 적도상에 있는 섬인 갈라파고스 군도를 방문하여 매우 신기한 동물들을 발견하였다. 커다란 코끼리 거북과 13종의 특이한 모습을 한 방울새는 지구상 다른 어느 곳에서도 볼 수 없는 동물이었다. 그러면서도 그 기본적인 모양은 다른 대륙에서 발견되는 동물과 비슷한 점이 있었다.

이러한 사실을 발견한 다윈은 다음과 같은 생각을 하였다. 즉 갈라파고스 군도의 특이한 동물은 다른 대륙으로부터 우연히 도착한 동물을 조상으로 하여 번성한 생물이었을 것이다. 그러나 육지로부터 오랜 기간 동안 지리적으로 격리되어 유전자가 섞일 기회가 없었으며, 갈라파고스 군도의 독특한 환경에 적응하는 방향으로 진화했을 것이라는 것이다.

4. 진화는 어떻게 일어나는가?

앞에서 생물이 진화했다는 것을 뒷받침하는 여러 가지 근거를 제시하였는데, 이것만으로는 진화론을 받아들이기에 충분한 자료가 되지 못한다. 진화론을 좀더 과학적으로 주장하기 위해서는 진화가 일어나는 원인과 과정을 함께 설명해야 할 것이다.

1) 다윈 이전의 진화론

라마르크(Chevalier de Lamark, 1744~1829)는 생물이 많이 사용하는 기관은 점점 발달한다는 이른바 용불용설을 주장하였다. 그에 의하면 기린의 조상은 원래 목이 짧았는데 키가 큰 나무의 잎을 따먹기 위해 목을 자꾸 늘여 점차 길어졌다는 것이다. 그러나 이러한 현상은 한 개체의 일생을 관

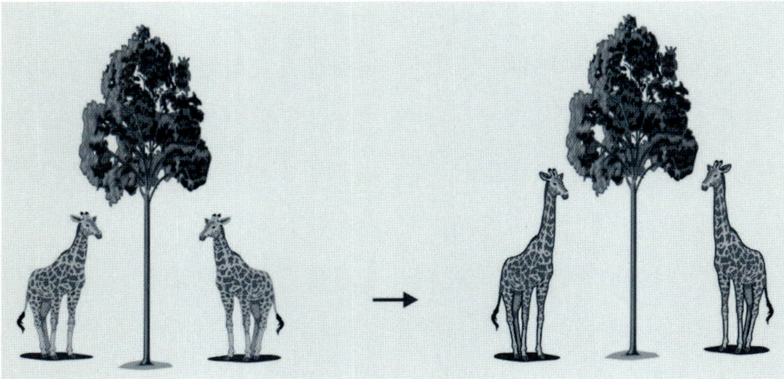

〈그림 4-4〉 라마르크는 기린이 높은 곳의 잎을 따먹기 위해 자꾸 목을 늘여서 목이 길어졌다고 주장하였다.

찰할 경우 나타날 수 있으나, 후천적으로 얻어진 이러한 획득형질은 그 다음 세대에게 유전되지 않으므로 진화의 과정을 설명할 수 없다.

퀴비에(Georges B. Cuvier, 1769~1832)는 지층에 따라 발견되는 화석이 매우 다르다는 것에 착안하여, 지질학적인 격변이 생기면 전 시대의 생물이 거의 멸종되고 일부 살아남은 생물이 번식하여 다음 세대를 이룬다고 주장하였다. 이러한 천변지이설(격변설)은 나중에 퀴비에의 제자들에 의해 격변이 일어나면 모든 생물이 멸종되고 그 후에 새로운 종이 창조된다는 이론으로 변하면서 종교계의 환영을 받았지만, 그 변화 메커니즘을 설명하지 못함으로써 과학으로 인정받지 못하게 되었다.

드 프리스(De Vries, 1848~1935)는 달맞이꽃을 이용하여 연구를 하던 중, 갑자기 보통 달맞이꽃의 몇배나 되는 커다란 달맞이꽃이 생긴 것을 발견하였다. 더구나 우연히 생겨난 왕달맞이꽃은 다음 세대에도 유전된다는 것이 확인되었다. 드 프리스는 이러한 돌연변이에 의해 생물의 진화가 일어난다는 이른바 돌연변이설을 주장하였다. 돌연변이설은 현재 타당한 진화론으로 받아들여지고 있으나, 돌연변이설 한 가지로 모든 진화 과정을 설명하기에는 무리가 따른다는 한계점을 가지고 있다.

독일의 생물학자 바그너(Moritz Friedrich Wagner, 1813~1887)는 세계 각지를 여행하면서 많은 동식물을 관찰하였다. 그리고 다른 지역과 지리적으로 격리되어 있는 곳의 생물은 생김새가 다르다는 것에 착안하여 격리에 의해 진화가 일어난다는 이른바 격리설을 주장하였다. 나중에 지리적 격리뿐만 아니라 생식적 격리도 중요하다는 것이 추가되면서 한동안 격리설은 진화론의 주류로 부상하기도 하였다. 이러한 격리설에 의하면, 지각의 변동에 의해 생긴 어떤 장애물에 의해 한 종의 생물이 두 집단으로 나뉘어져 서로 왕래가 불가능한 지리적 격리가 일어났을 때, 두 집단 사이에는 교배에 의해 유전자가 섞일 가능성이 없어지는 생식적 격리가 일어난다. 그리고 두 집단은 각각의 환경에 적응하는 방향으로 서로 독립적으로 진화하게 된다는 것이다. 이러한 격리설은 진화의 원인과 결과를 잘 설명하는 듯하지만, 진화의 원인으로부터 결과가 일어나기까지의 과정을 충분히 설명하지 못한다는 단점이 있다. 현재는 격리가 진화에 영향을 미친다는 것은 받아들여지고 있으나, 그 진화 과정은 다윈의 자연선택설로 설명되고 있다.

2) 다윈의 자연선택설

다윈(Charles R. Darwin, 1809~1882)은 그의 저서 『종의 기원』을 출간하기까지 비글호의 항해로 진화설을 뒷받침하는 많은 자료를 수집하였다. 불과 235톤에 불과한 그의 작은 배 비글호가 영국의 플리머스 항구를 출발하여 세계를 일주하고 다시 돌아오기까지의 5년 동안은 죽을 고비를 여러 번 넘기는 위험한 항해였지만, 그의 진화론인 자연선택설을 확고하게 주장하는 데 필요한 귀중한 자료를 확보할 수 있었다. 그는 생물이 가진 어떤 유전형질이 생존하거나 번식하는 데 유리하다면, 이 형질을 가진 생물은

〈그림 4-5〉 다윈은 목이 긴 기린은 살아남는 데 유리하여 세대를 거듭하면서 점차 기린의 목이 길어지는 방향으로 진화하였다고 주장하였다.

이를 가지지 못한 생물보다 세대를 거듭할수록 개체수의 비율이 높아질 것이라고 생각하였다. 이러한 과정에 의하여 점차 생물의 특성이 변해 간다는 다윈의 생각은 현대 진화론의 중심 이론인 자연선택설로 완성되었다.

다윈의 진화론을 자연선택설이라고 하는 이유는 인간이 가축이나 농작물을 기르면서 인위적으로 좋은 형질을 가진 것을 선택하여 교배하는 과정(인위 선택)을 거치고 이러한 과정에 의해 생물 종이 변하는데, 자연계에서도 생존에 유리한 형질은 인간의 개입없이 자연적으로 선택이 되어 다음 세대에 상대적으로 많이 전해지면서 생물 종이 변한다고 생각하기 때문이다. 다윈의 진화론이 이전의 진화론과 다른 점은 진화의 원인과 결과뿐만 아니라 진화의 과정을 포괄적으로 설명하고 있으며, 이것으로 설명할 수 있는 범위가 이전의 진화론에 비해 훨씬 넓기 때문이다.

다윈의 『종의 기원』이 출간되면서 그 파장은 사회 전반으로 퍼져 나갔으며, 특히 종교계와의 마찰이 심하였다. 책이 출간된 후, 다윈은 아내에게 보낸 편지에서 "내 이론을 믿어 주는 사람이 단 한 사람만 있어도 지금 죽어도 여한이 없다"라고 했으며, 생명의 위협을 느끼고 있다고 했다. 실제로 『종의 기원』이 출판된 직후 영국에서의 반응을 보면 그 분위기를 느낄 수 있을 것이다.

–『쿼털리 리뷰*Quarterly Review*』지의 비판

"저자는 가공적인 자료를 이용하여 지극히 중대한 사실을 설명하고 있다. 이러한 자연관은 과학의 이름을 더럽히는 것이다. 도대체 저자는 무씨를 계속 심어 나가면 결국 인간으로 변한다고 생각하는 것인가?"

–『에딘버러 리뷰*Edinburgh Review*』지의 비판

"저자는 설명하려고 하는 문제를 완전히 밝히고 있지 않다. 증거도 불충분한데다가 기술도 분명치 않고 추리도 엉성하다. 저자는 독자에게 달리 생각할 수 없으니 이 책을 믿으라고 강조하는 논조로 일관하고 있을 뿐이다."

–생물학자 헉슬리의 지지

"생물학 서적에서 이처럼 깊은 감명을 받아 본 적이 없습니다. 아주 많은 새로운 지식을 제공해 주신 것에 대해 깊은 감사를 드립니다. 내용도 잘 되어 있는 것 같습니다. 이 문제에 대해 아무것도 모르는 사람도 잘 알게 되리라고 생각합니다. 이 책의 내용을 지지한다고 해서 화형에 처해지더라도 감수하겠습니다."

5. 자연선택설로 설명되는 자연현상의 예

자연선택설은 다윈 이전의 진화론인 격리설과 돌연변이설을 포괄하고 있을 뿐만 아니라 이러한 진화설로 설명이 불가능한 많은 사실을 설명할

수 있다.

1) 환경 변화에 의한 진화

북극곰은 처음에 갈색곰에서 돌연변이로 태어난 것으로 판단된다. 자연계에서는 멜라닌 색소를 합성하는 유전자에 돌연변이가 생겨서 갑자기 흰색의 동물이 태어나는 경우가 종종 있다. 돌연변이에 의해 태어난 흰곰은 대부분 숲에서 생존하는 데 불리하여 세대를 거치면서 없어진다. 그러나 환경 변화로 주변에 눈이 많이 와서 쌓이면, 흰곰은 갈색곰에 비해 오히려 생존하는 데 유리해진다. 이러한 과정을 통해 현재 북극에 흰곰이 살게 되었고 하나의 새로운 종으로 정착하게 된 것이라고 생각된다.

맘모스는 코끼리와 달리 긴 털로 덮여 있었는데, 빙하기에는 이러한 특성이 생존에 유리하게 작용하였으나 빙하기가 끝나면서 날씨가 더워지자 긴 털은 벼룩이나 이와 같은 기생충이 번식하고 질병을 옮기는 매체가 되었다. 그래서 털이 적은 종류가 생존에 유리하게 되면서 맘모스가 현재의 코끼리로 진화하게 되었다는 학설이 유력하다.

지구 온난화에 의해 동해에서 아열대성 해파리가 출몰하거나, 한반도의

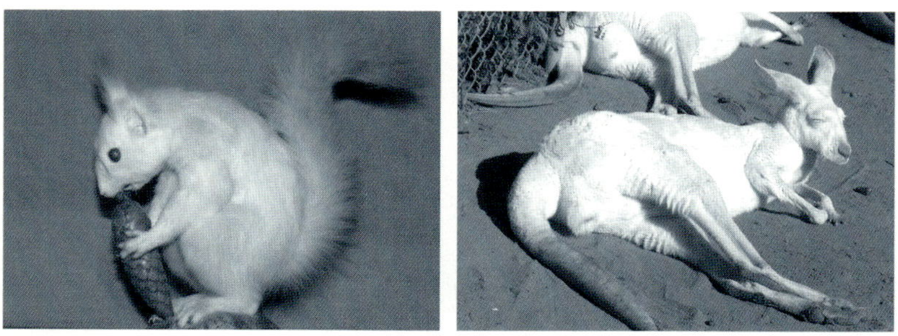

〈그림 4-6〉 많은 동물에서 발견되는 흰색 돌연변이는 특별한 환경 변화가 있을 때 생존에 유리한 형질로 작용할 수도 있다.

식물종이 변화하는 것이 현재 관측되고 있는데, 이러한 사례도 환경 변화에 의한 진화이다. 지구 온난화는 지질학적인 관점에서 보면 매우 빠른 속도로 광범위하게 진행되는데, 생물들이 이러한 변화에 적응하느냐 못하느냐 하는 것이 생존 여부를 판가름하게 될 것이며, 그것이 지구 생태계 전체를 변화시키고 있다고 해도 과언이 아니다.

중생대 말에 운석 충돌로 지구 환경이 크게 변하면서 추워진 날씨에 적응하지 못한 공룡이 멸종한 반면, 추위에 잘 적응하는 포유류가 번성한 것은 환경 변화가 진화를 촉진시킨다는 것을 보여주는 좋은 사례이다. 멕시코의 유카탄 반도 칙술룹(Chicxulub) 지역에는 공룡을 멸종시킨 6,500만 년 전의 운석 충돌 흔적이 아직도 남아 있다. 지름이 180km나 되는 어마어마하게 큰 운석 구덩이는 지름 10km 크기의 소행성이 초속 수십 km의 속도로 부딪혀서 생겼다는 것이 조사 결과 밝혀졌다. 이러한 충돌은 일시에 지구 전체를 불바다로 만들 정도의 위력이었으며, 그 충격파가 사방으로 퍼져 나가서 지구 반대편에서 다시 충돌하였다. 그곳이 바로 인도인데, 운석 충돌 시기와 일치하는 시기에 인도에서 거대한 화산 폭발이 많이 있었다는 지질학적 증거도 발견되었다. 또한 이 시기에 생성된 중생대와 신생대의 경계 지층인 이른바 K-T 경계층에는 지구 표면에서는 잘 발견되지 않

〈그림 4-7〉 환경 변화는 공룡을 멸종시키기도 했지만, 진화를 촉진하여 새로운 종이 나타나게도 하였다.

고 운석에서 많이 발견되는 이리듐(iridium)이라는 원소 비율이 높게 발견된다는 점도 운석 충돌을 뒷받침하고 있다. 처음에는 지구 전체 규모의 화재로 지구의 온도가 올라갔으나, 불이 꺼진 후에는 많은 먼지와 재가 햇빛을 차단하여 극심하게 추운 겨울이 도래하였다. K-T경계층 이전의 지층에서는 파충류가 주류였으나, 그 이후의 지층에서는 추위에 강한 포유류가 점점 많아진다는 것은 환경 변화가 진화를 촉진하였다는 것을 시사한다. 어쩌면 운석 충돌은 인간에게 행운이었는지도 모른다. 왜냐하면, 운석 충돌이 없었다면 파충류가 계속 지구를 점령하여 포유류에 속하는 인간은 탄생하지 못했을지도 모르기 때문이다.

2) 고립된 지역에서의 진화

인도양의 외딴 섬 알다브라에 사는 코끼리거북은 다리가 길어서 등껍질

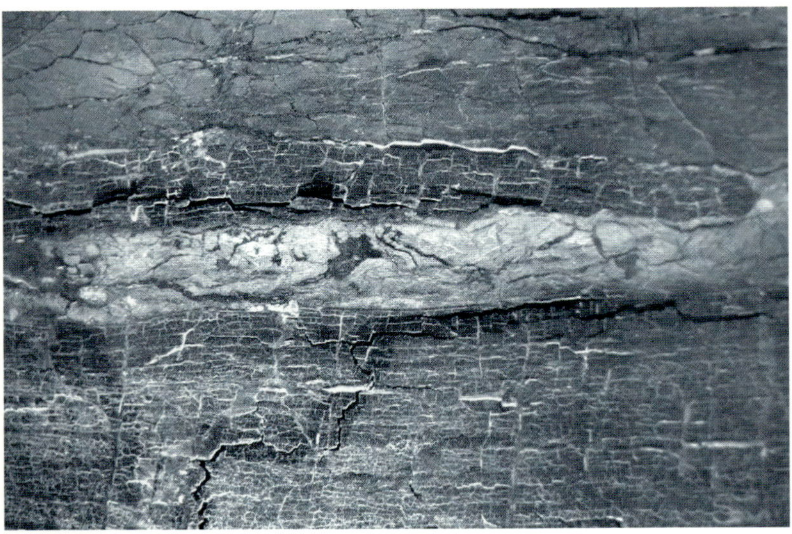

〈그림 4-8〉 6,500만 년 전 운석 충돌의 증거인 K-T 경계층을 경계로 생물의 종류가 많이 다르다.

〈그림 4-9〉 코모도 도마뱀(왼쪽)은 사람도 공격할 정도로 크다. 코모도 섬 이외에도 동남아시아의 고립된 섬에는 이와 비슷한 도마뱀(오른쪽)들이 종종 발견된다.

속으로 다리를 숨기는 것이 불가능하다. 다른 대륙의 육지 거북은 모두 다리를 숨길 수 있는데, 알다브라 섬의 코끼리거북은 왜 숨길 수 없을까? 자연선택설에 의하면 쉽게 설명이 된다. 즉, 알다브라 코끼리거북의 이러한 성질은 사자나 호랑이같이 자기를 잡아먹는 포식자가 없는 환경에서 불리한 점이 전혀 없고, 오히려 먹이 경쟁 등에서 유리하기 때문에 세대를 거듭하면서 이렇게 진화했다는 것이다.

인도네시아의 고립된 섬에 사는 코모도 도마뱀(Komodo Dragons)은 지구상에서 가장 몸집이 큰 도마뱀이다. 다른 지역에서 볼 수 없는 코모도 도마뱀이 왜 그곳에만 있는 것일까? 이러한 현상 역시 자연선택설로 설명이 된다. 다른 지역에서는 움직임이 둔하고 크기만 한 도마뱀이 맹수들의 먹잇감이 되지만, 포식자가 없는 코모도 섬에서는 먹이 경쟁이나 짝짓기에 유리하기 때문에 세대를 거치면서 점차 그러한 방향으로 진화한 것이다.

3) 특별한 환경에 적응한 진화

하와이에 살고 있는 곤충 중에는 날개가 없거나 흔적으로만 남아 있는 곤충들이 많이 있다. 자연선택설에 의하면 이러한 형질은 생존하는 데 유

〈그림 4-10〉 열대어의 화려한 색깔은 열대어의 생존에 불리할까?

리했기 때문에 지금까지 전해 내려오는 것이다. 그렇다면 날개가 없는 것이 도대체 어떤 점에서 유리할까? 처음에는 과학자들이 어리둥절하였는데, 나중에 밝혀진 바에 의하면 태평양상의 외딴 섬에서 함부로 날아다니다가 센 바람에 휩쓸리면 다시 섬으로 돌아오지 못하고 죽기 때문에 아예 날지 못하는 것이 생존에 더 유리하게 작용하였다는 것이다.

열대어의 화려한 색깔은 생존하는 데 도움이 될까? 이 질문은 오랫동안 생물학자들을 괴롭혀 온 질문이다. 왜냐하면 화려한 색깔은 포식자의 눈에 잘 뜨여서 잡아먹힐 가능성을 높일 뿐만 아니라, 먹잇감에 가까이 가면 먹잇감이 이를 일찍 알아채고 도망갈 확률이 높다고 생각했기 때문이다. 그렇다면 어떤 면에서도 도움이 되지 않을 것 같은 열대어의 이 화려한 색깔은 왜 자연선택 과정에서 없어지지 않고 지금까지 남아 있는 것일까? 나중에 알려진 바에 의하면, 놀랍게도 맑고 투명한 얕은 바다에 사는 열대어의 화려한 색깔은 생존에 유리하게 작용한다는 것이었다. 화려한 색깔은 화려한 산호 등에 숨어 있을 때 오히려 눈에 잘 뜨이지 않으며, 경우에 따라서는 포식자에게 위협적인 신호로 인식될 수도 있다는 것이다. 또한 열대어의 화려한 색은 생식 과정에서 필요한 암수간의 신호로 해석되어 짝짓기에 유리하게 작용할 수 있으며, 같은 종끼리 무리를 이루어 행동하는데도 유리하고 서로 의사소통을 하는 수단으로 활용되고 있다는 것이다. 반면에 빛이 전혀 없는 동굴에 살고 있는 동물이나 심해 생물의 경우에는 화려한 색이 의사소통하는 데 도움이 되지 않을 것이며, 따라서 필요도 없는 화려한 색을 만들기 위해 물질과 에너지를 낭비하는 것은 생존에 불리하게 작용할 것이라는 추측도 가능하다.

인간은 빨강 · 노랑 · 파랑의 세 가지 삼원색을 느끼며, 이 삼원색의 조합에 의하여 모든 색을 표현하는 것이 가능하다고 생각하고 있다. 이것이 과연 맞는 말인가? 색이라는 것은 물체의 본성이 아니라 물체가 내보내는 전자기파 에너지를 인간의 뇌에서 인식하는 과정이다. 같은 전자기파를 동물에 따라서 색으로 느낄 수도 있고 못 느낄 수도 있으며 인간의 감각이 절대 기준이 될 수는 없다. 예를 들면 자외선은 사람이 색으로 인식하지 못

〈그림 4-11〉 낮에 활동하는 새들은 인간보다 더 다양한 색을 느낀다.

하지만 대부분의 곤충들은 이를 색으로 인식한다는 것이 조건반응을 이용한 실험 결과에 의하여 밝혀졌다. 대부분의 새 종류는 인간에 비해 훨씬 다양한 색을 느낄 수 있고, 3원색이 아니라 4원색을 기본으로 하는 시각 기능이 있다는 것이 알려졌다. 새가 가지고 있는 이러한 뛰어난 색 감각도 자연선택설로 설명이 된다. 주로 낮에만 활동하는 새 종류는 다양하게 색을 감지하는 것이 먹이와 포식자를 발견하거나 의사소통을 하는 데 유리하기 때문에, 점차 이러한 유전자가 다음 세대에 많이 전달되었다는 것이다.

4) 인간의 특성과 관련된 진화

남녀는 생김새와 성격 등에서 많은 차이가 난다. 이러한 성에 따른 차이도 자연선택설로 설명하는 것이 가능하다. 원시사회에서 남성은 사냥을 잘 하고 야생동물로부터 가족을 지킬 수 있는 능력이 중요하였다. 그래서 여성이 남성을 선택하는 과정에서 이러한 능력이 있어 보이는 근육질의 남자가 유리하였으며, 남성은 점차 이러한 방향으로 진화하여 현재에 이르렀다. 반면에 여성은 생식능력이 좋아 보이는 것이 남성에게 매력적으로 느껴졌을 것이며, 이는 여성호르몬이 원활하게 분비되었을 때 나타나는 형질과 일치하였을 것이다. 이러한 형질은 큰 눈, 도톰한 입술, 갸름한 턱 선, 매끄러운 피부 등으로서 여성은 이러한 성향을 갖는 것이 유리하기 때문에 세대를 거듭하면서 점차 이러한 방향으로 진화하였을 것이다. 그러나 현대사회에 이르러 근육보다는 지능이 생존에 더 중요하고, 교육이 큰 비중을 차지하게 되면서, 원시사회에서 형성된 성차가 점차 무너져 가는 추세인 것으로 판단된다.

여성은 남성에 비해 일반적으로 사회성이 더 뛰어나다. 원시사회에서 남자가 사냥을 나갔을 때, 집에 남아 있는 여자와 어린 아기는 매우 취약한 상태이다. 그러므로 약한 여자끼리 유대관계를 이루고 공동으로 대처하는 것이 혼자 고독하게 지내는 것보다 생존에 유리하게 작용하였을 것이다. 그러므로 이러한 유대관계를 이루는 사회성 유전자는 다음 세대에 고독 유전자보다 더 많이 전달되었을 것이며, 이러한 과정이 누적되어 현재에 이르렀기 때문에 여성의 사회성이 더 뛰어나다는 것이다.

6. 현대 진화론의 대두

다윈의 자연선택설은 현대 진화론에서도 중심 이론으로 인정받고 있다. 그러나 다윈 이후 진화 메커니즘에 관한 새로운 발견이 이루어졌으며, 이러한 새로운 연구 성과까지 포함하는 진화론을 현대 진화론이라 한다.

1) 유전자 풀(gene pool)의 변화는 진화를 의미한다

현대 진화론의 관점에서 볼 때, 진화란 한 개체에서 일어나는 변화를 의미하는 것이 아니라, 한 집단이 여러 세대를 거치는 동안 집단의 유전자 풀이 변하는 것을 의미한다. 유전자 풀이란 한 집단의 유전자의 종류와 빈도를 말하며, 이것이 어떠한 요인에 의해 변화된다면 진화가 일어났다고 보는 것이다. 새로운 종의 탄생도 결국 이러한 유전자 풀의 변화가 장구한 세월을 거치는 동안 축적되어 이루어질 수 있다는 것이다.

2) 유성생식 재조합에 의한 변이, 돌연변이는 진화의 원료이다

박테리아 종류는 단세포 생물로서 암수의 구별이 없고, 세포분열 자체가 생식의 과정이다. 이러한 암수 구분이 없이 이루어지는 생식을 무성생식이라 하는데, 이 경우에는 한 세대와 다음 세대 사이에 유전적인 차이가 거의 존재하지 않는다. 드물게 일어나는 돌연변이 현상을 제외하곤, 한 세포의 유전자 즉 DNA가 복제된 후 분열하여 만들어진 다음 세대의 세포는 유전자가 동일한 것이다. 우리 몸을 이루는 세포도 결국 하나의 수정란으로부터 세포분열에 의해 만들어졌기 때문에 유전자가 모두 동일하다. 박테리아 같은 무성생식에서는 세대를 거치면서 변화가 잘 일어나지 않고, 진화는 주로 돌연변이에 의존하기 때문에 진화의 속도가 매우 느리다.

반면에 암수의 구분이 있는 유성생식에서는 부모 세대와 자녀 세대 사이에 유전자의 차이가 상대적으로 많이 존재하며, 자녀들 사이에도 서로 다른 유전형질을 갖게 된다. 이러한 원리는 암수의 생식세포가 각각 만들어질 때 염색체의 수가 반으로 줄어들면서 다양한 종류의 유전자 조합으로 만들어지기 때문이다. 또한 암수의 생식세포가 만나는 것도 한 개체가 만들어질 때마다 서로 다른 생식세포가 만나게 되어 자녀들 사이에도 유전자가 서로 다르게 된다. 이러한 유성생식은 다음 세대에 다양한 변이(variation)가 나타나므로 환경에 적응하는 데 유리한 변이는 자연선택이 되면서 진화가 일어난다. 이와 같은 유성생식 재조합에 의한 변이는 진화의 원동력이라고 할 수 있다. 돌연변이는 유성생식 재조합에 의한 변이에 비해 매우 드물게 일어나지만, 변이의 정도가 크기 때문에 종종 진화에 큰 영향을 미치기도 한다.

3) 자연선택은 적응에 의한 진화 메커니즘이다

자연선택설에 의하면, 환경에 적응하는 데 유리한 유전형질은 다음 세대로 더 많이 전달된다는 것이다. 그렇다면 환경에 적응한다는 것은 구체적으로 무엇을 의미하는가? 이는 진화론의 관점에서 "생식 가능한 자손을 많이 생산한다"는 뜻으로 해석할 수 있다. 이러한 의미에는 한 개체가 번식 시기까지 생존하고, 배우자를 만나는 과정이 포함되어 있다. 즉 생존하는 데 유리한 형질, 배우자를 만나는 데 유리한 형질, 자손을 많이 생산하는 형질 등이 그렇지 못한 형질에 비해 모두 다음 세대에 많이 전달되며, 세대를 거치면서 점차 이러한 형질의 비율이 높아지는 쪽으로 진화를 한다는 것이다.

4) 유전적 부동(genetic drift)은 유전자 풀을 변화시킨다

유전적 부동은 개체수가 매우 작은 소집단에서 자연선택과는 상관없이 우연히 어떤 유전형질의 빈도가 세대를 거듭하면서 변화하는 것을 의미한다. 예를 들면 새로 생겨난 화산섬 등에 처음 상륙하여 정착한 소수의 사람들이 주로 O형이라면, 다음 세대의 혈액형 유전자 풀도 주로 O형이 되며, 이는 이러한 사람들이 원래 속해 있던 집단의 혈액형 분포와 다르게 된다. 이러한 변화 자체가 진화이며, 이러한 과정을 창시자 효과(founder effect)라고 한다.

또한 큰 집단이 천재지변 등에 의해 거의 절멸하고 극소수의 개체만 살아남았을 때, 다음 세대의 유전자 풀은 이 극소수 개체의 유전자 풀에 영향을 받아 천재지변 이전의 유전자 풀과 다르게 될 수 있는데, 이러한 과정을 병목 효과(bottleneck effect)라 한다. 창시자 효과와 병목 효과에 의한 진화는 극소수의 개체에 의하여 다음 세대의 유전자풀이 결정되는 과정으로서 자연선택과는 무관하게 일어난다.

〈그림 4-12〉 1007년 해저로부터 용암이 분출하여 생긴 제주도 인근의 화산섬 비양도의 생물상은 제주도나 한반도의 생물상과 상당히 다른 것을 알 수 있는데, 이는 창시자 효과 때문이다.

5) 유전자 흐름(gene flow)은 집단간의 차이를 축소시키는 진화이다

유전자 흐름도 진화를 일으키는 한 원인이다. 예를 들면, 집에서 기르는 돼지가 우리를 탈출하여 산에 사는 멧돼지와 교배해서 새끼를 낳았다면, 원래의 멧돼지 집단에는 새로운 유전형질이 도입되는 것이다. 실제로 자연에서는 유연관계가 가까운 두 개의 생물 집단이 인접해 있으면서 한 집단에서 다른 집단으로 유전자가 이동되는 경우가 많이 있다. 진화론의 관점에서 보면 요즘 증가하고 있는 국제결혼도 유전자 흐름이라고 해석할 수 있다. 오스트레일리아 들개로 불리는 딩고(dingo)는 늑대와 비슷한 습성을 가지고 있는데, 최근에는 먹이 부족으로 민가에 자주 출몰하고, 집에서 기르는 개와 교배를 하는 일이 종종 발생하고 있다. 이러한 과정에서 딩고의 유전자가 개 집단에 유입되는데 이러한 것도 유전자 흐름의 예이다.

제5 장 대륙이동설에 의한 사고의 변화

1. 대륙이 과연 움직일까?

우리가 두 발을 딛고 있는 땅이 고정되어 있는 것이 아니라 움직이고 있다는 것이 과연 가능한 일일까? 그것도 작은 규모가 아니라 대륙 전체가 대양을 항해하는 배처럼 움직인다면 쉽게 믿기지 않을 것이다. 그렇지만 이것은 과학적 사실이다. 이른바 대륙이동설은 패러다임을 바꾼 획기적인 이론으로서, 자연을 이해하고 화산이나 지진을 예측하는 원리를 제공하고 있다. 또한 대륙이동설의 발전된 형태인 판구조론은 현대 지질학의 중심 이론으로 자리잡게 되었다.

영국의 철학자 베이컨(Francis Bacon, 1561~1626)은 이미 1620년에 대륙이 이동하였을 것이라는 생각을 하였다. 남아메리카의 동쪽 해안선과 아프리카의 서쪽 해안선의 모습이 마치 조각 맞추기 퍼즐처럼 꼭 들어맞을 것 같다는 생각을 하였고, 아마도 하나로 붙어 있던 대륙이 갈라진 것이 아닐까 생각하였다. 그러나 이에 대한 과학적 증거를 수집하지 못했기 때문에 하나의 신선한 아이디어를 제시한 것에 지나지 않았다. 또한 프랑스의 스나이더-펠리그리니(Antonio Snider-Pelligrini, 1802~1885)는 북아메리카와 유럽의 식물 화석이 유사하다는 점을 근거로, 두 대륙이 이전에는 하나로 연결되어 있었는데 노아의 홍수에 의해 갈라졌다는 주장을 하기도 하였다.

그리고 일부 학자들이 주장하였던 육교설(land bridge theory)은 이전의 지질시대에는 해수면의 높이가 지금보다 훨씬 낮았을 것이라는 생각과 맞물려서 한때 지지를 얻기도 하였다. 그러나 초음파 탐사로 대서양 해저의 깊이를 측정할 수 있게 되면서, 해수면 아래로 가라앉아 있을 것으로 생각되었던 육교가 발견되지 않아서 더 이상 설 자리를 잃게 되었다. 여러 학자들이 대륙의 이동에 대한 학설을 발표하였지만 대부분 근거가 부족하여 더 이상 받아들여지지 않았었는데, 현재는 어떻게 해서 대륙이 움직이고 있다는 것이 증명되었을까? 그리고 이러한 사실이 어떤 면에서 우리에게 중요할까?

2. 대륙 이동의 증거

독일의 지구물리학자이며 탐험가이기도 한 베게너(Alfred Wegener, 1880~1930)는 탐험 계획을 세우기 위해 세계지도를 살펴보고 있던 중, 놀라운 사실을 발견하게 되었다. 철학자 베이컨이 오래전에 발견한 것과 동일한 것을 발견했다는 것을 알지 못한 채 베게너는 남아메리카와 아프리카가 오래전에 붙어 있었을 것이라는 가정 아래 이를 뒷받침할 많은 과학적 증거들을 수집하였고, 1915년 『대륙과 해양의 기원』이라는 책에서 대륙이동설을 주장하기에 이르렀다.

1) 남아메리카와 아프리카의 해안선과 지질 구조

베게너는 남아메리카의 동쪽 해안선과 아프리카의 서쪽 해안선의 모습이 서로 들어맞을 것이라는 생각에 그치지 않고, 두 대륙의 지질 구조를 비교하였다. 만약 두 대륙이 이전에 하나로 합쳐져 있었다면 지질 구조가 유사할 것이라는 판단이 들었기 때문이었다. 베게너는 아르헨티나와 남아프리카에서 생성 시기와 형태가 동일한 지질 구조를 발견하고, 전에 두 대륙이 하나로 붙어 있었다가 나중에 분리된 것이라는 생각을 더 확고하게 하게 되었다.

2) 떨어진 대륙에서 발견되는 산맥의 연속성

베게너는 또한 북아메리카의 애팔래치아 산맥, 스코틀랜드의 칼레도니

〈그림 5-1〉 남아메리카와 아프리카의 해안선 모양이 서로 들어맞을 것이라는 생각은 대륙이동설을 태동시키는 계기가 되었다.

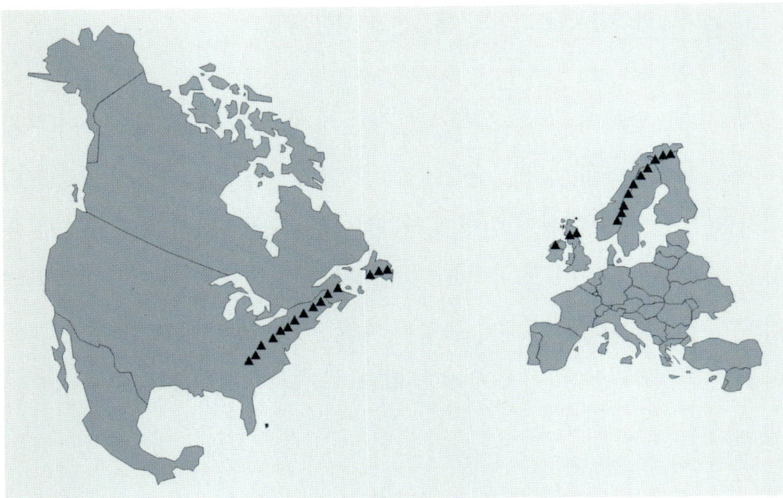

〈그림 5-2〉 북아메리카와 유럽의 산맥에서 동일한 지질 구조가 발견된다는 것은 무엇을 의미할까?

아 산맥, 북유럽의 스칸디나비아 산맥의 지질 구조가 일치한다는 것을 밝혔고, 이는 북아메리카와 유럽이 이전에 하나의 대륙이었다는 것을 뒷받침한다고 주장하였다.

3) 떨어진 대륙에서 발견되는 같은 종류의 화석

베게너는 고생대 후기에서 중생대 초기에 살았던 생물의 화석을 조사한 결과 놀라운 사실을 발견하였다. 그는 화석 연구 결과를 종합하여 남아메리카 · 아프리카 · 인도 · 오스트레일리아 · 남극 등의 대륙에서 수억 년 전에 같은 종류의 생물이 살았다는 것을 알아냈다. 이러한 사실은 그 당시에 이러한 대륙들이 하나로 합쳐져 있었으며, 나중에 분리된 것이라는 추리를 가능하게 하였다.

시노그나투스(Cynognathus)는 '개의 턱'이라는 뜻인데, 길이가 3m 정도 되는 원시 파충류로서 남아메리카와 아프리카에서 화석이 발견된다. 이 동물은 공룡알이나 새끼 공룡을 잡아먹는 육식동물이지만 중생대 쥬라기의 전형적인 육식 공룡과 달리 다리가 짧으며 네 다리로 걷고, 포유류의 조상 중의 하나로 생각된다.

리스트로사우루스(Lystrosaurus)는 '삽공룡'이라는 뜻으로 턱의 모양이 삽을 연상시키기 때문에 붙여진 이름이며, 아프리카 · 인도 등에서 발견된다. 크기는 1m 정도이고, 하마를 연상시키는 몸통을 가지고 있으며, 수생 식물을 뜯어먹고 살았을 것으로 추측된다.

메소사우루스(Mesosaurus)는 '중간 도마뱀'이라는 뜻인데, 길이가 50cm 정도로 작은 크기로서 하천이나 강에 살던 수생 파충류이다. 이 화석은 남아메리카와 아프리카에서 발견되는데, 지금처럼 두 대륙이 떨어져 있었다면 메소사우루스가 대서양을 헤엄쳐서 건넜다는 이야기인데 그것은 불가능한 일이라고 생각된다.

글로솝테리스(Glossopteris)는 원시 고사리 종류로서 남아메리카 · 아프리카 · 인도 · 오스트레일리아 · 남극 등에 매우 넓게 분포하고 있었던 것

〈그림 5-3〉 여러 대륙의 동일한 시대의 지층에서 동일한 화석이 발견된다.

〈그림 5-4〉 고생대 후기와 중생대 초기에 살았던 원시 파충류는 쥬라기 공룡에 비해 몸집이 작고 다리가 짧은데, 그 화석이 남아메리카 · 아프리카 · 인도 등에서 발견된다.

〈그림 5-5〉 고생대 후기에 번성하였던 양치식물의 일종인 글로솝테리스의 화석. 수억 년이 지났지만 잎맥까지 선명하다.

으로 알려졌다. 그러므로 이 식물이 살았던 약 3억 년 전 고생대에는 이 대륙들이 하나로 합쳐져 있었다는 것이다.

4) 떨어진 대륙에서 발견되는 빙하 흔적의 연속성

추운 곳에서 쌓이는 만년설은 점차 그 무게가 증가하면서 서서히 아래로 흐르게 되는데, 이러한 빙하는 침식작용으로 이른바 U자 계곡을 만든

〈그림 5-6〉 빙하가 흐르는 모습(왼쪽)과 빙하기에 생긴 U자 계곡(오른쪽). 서로 떨어져 있는 대륙의 빙하 흔적이 연결된다는 것은 어떤 의미일까?

다. 또한 빙하에 의해 함께 쓸려간 자갈이나 흙이 빙하 옆이나 하류에 퇴적되기도 한다. 그러므로 빙하에 의해 생긴 U자 계곡과 퇴적물이 쌓인 방향을 조사하면 빙하가 흘렀던 방향을 알 수 있다. 이러한 방법으로 베게너는 남아메리카 · 아프리카 · 인도 · 오스트레일리아 등의 오래된 지층에 남아 있는 빙하 흔적을 연결해 보고 수억 년 전에는 이러한 대륙들이 하나로 합쳐져 있었다는 것을 알아냈다.

5) 습곡산맥과 열도의 생성

베게너는 대륙이 이동하여 다른 대륙과 충돌하게 되면, 충돌 부분 근처의 지각이 위로 휘어지면서 올라갈 것이라고 생각하였다. 이렇게 이동하는 대륙의 앞쪽에는 뱃머리에 생기는 파도처럼 솟아오르는 지형, 즉 습곡산맥이 생성된다. 히말라야 · 알프스 · 로키 · 안데스 등이 바로 이러한 과정에 의해 생긴 것이며, 이는 대륙이 움직인다는 사실을 뒷받침하고 있는 것이다. 또한 베게너는 이동하는 대륙의 뒤쪽으로는 대륙에서 떨어져 나간 조각들이 섬을 만드는데, 여러 섬들이 길게 늘어서서 열도를 이룬다고 하였다. 그는 서인도제도 등이 이렇게 생긴 열도라고 주장하였다.

〈그림 5-7〉 로키 산맥의 정상부에 보이는 선명한 지층, 바다에서 퇴적된 지층이 지각판의 충돌에 의해 솟아오르면서 만들어진 습곡산맥이라는 증거이다.

6) 다양한 지형의 생성

땅이 움직였다는 증거는 대규모적인 습곡산맥 이외에도 많이 있다. 예를 들면, 스페인 몬세라티 국립공원의 산과 우리나라 마이산은 퇴적암의 일종인 역암으로 되어 있는데, 이는 이러한 지역이 예전에는 강이나 바다였다가 솟아올랐다는 증거이다. 또한 남극 대륙에서는 두꺼운 얼음 밑의

〈그림 5-8〉 스페인의 몬세라티 국립공원(왼쪽)과 우리나라의 마이산은 전체가 역암으로 이루어졌는데, 이는 무엇을 의미할까?

땅 속에서 석탄층이 발견되기도 한다. 이는 이 지역에 식물이 무성했던 따뜻한 시기가 있었다는 것을 의미하며, 남극 대륙이 이동했다는 증거이다.

7) 정밀 측량에 의한 대륙 이동 속도의 계산

최근에는 정밀 측량 기술의 발달로 대륙 사이의 거리를 정확히 측정할 수 있다. 이러한 방법으로 측량한 바에 의하면, 남아메리카와 아프리카는 지금도 1년에 수cm씩 서로 멀어지고 있으며, 다른 대륙들 사이의 거리도 조금씩 변하고 있다는 것이 확인되었다. 1년에 수cm씩 이동하는 것은 대단히 느린 속도지만, 1억년이면 수천km의 먼 거리를 이동할 수 있는 것이다. 대륙 이동은 과거에 일어났던 일일 뿐만 아니라 현재도 진행 중이며, 앞으로도 계속 일어날 것으로 판단된다.

3. 대륙이동설의 부활과 판구조론의 등장

베게너의 대륙이동설은 과학적 자료로 뒷받침되는 획기적인 이론임에도 불구하고, 처음 발표되었을 때는 대부분의 학자들이 믿으려 하지 않았다. 그리고 대륙이동설 자체에 문제점이 있다는 것이 지적되었으며, 이러한 문제점에 대하여 베게너가 충분한 증거를 제시하지 못하였던 것이다. 이러한 문제점은 다음과 같다.

- 대륙이 이동하기 위해서는 엄청난 힘이 필요한데, 이러한 힘의 원천은 무엇인가?
- 대륙이 이동하려면 해양 지각에 유동성이 있어야 하는데, 실제로는 해

양 지각이 대륙 지각보다도 더 단단하다.

• 하나의 초대륙 판게아(Pangaea)는 수십억 년의 지구 역사상 왜 최근에 분리되었는가?

이러한 문제점에 대한 답은 베게너 이후 많은 다른 과학자에 의해 밝혀지게 되었고, 그 결과 대륙이동설은 더 확고하고 포괄적 이론인 판구조론(plate tectonics)으로 발전하게 되었다.

1) 블랙킷의 고지자기학 연구

대륙이동설을 지지하는 가장 직접적인 증거는 아마도 영국의 물리학자 블랙킷(Patrick Maynard Stuart Blackett, 1897~1974)의 연구 결과일 것이다. 베게너가 제시한 떨어져 있는 대륙의 해안선의 모양이 일치한다든지, 화석이 일치한다든지, 산맥과 지질 구조가 비슷하다든지, 빙하 흔적이 일치한다든지 하는 것은 간접적인 증거이다. 예를 들면 우연히 두 대륙에 동일한 종류의 생물이 같은 시기에 나타났다고 해도 반증을 하기 어려운 것이다.

블랙킷은 고지자기학 연구 결과를 이용하여 인도 대륙이 과거 지질시대에 남반부에서 적도를 지나 현재의 위치로 이동하였다는 것을 주장하였다. 처음에는 약간의 반론이 있었지만 방대한 측정 데이터를 기반으로 한 그의 연구는 나중에 하나의 확고한 학설로 인정받았으며, 1948년에는 노벨 물리학상을 수상하게 되었다. 블랙킷은 자신이 개발한 매우 예민한 자기력계(magnetometer)를 이용하여 암석에 남아 있는 자기(magnetism)를 측정할 수 있었다. 그는 과거 5억 년 동안 지구 자기가 변해 온 과정을 측정하기도 하였는데, 특히 주목할 만한 연구는 인도 대륙이 이동하였다는 것을 고지자기학 연구에 의해 증명한 것이었다.

암석이 생성될 때 암석 속의 자석 성분은 지구 자기의 영향을 받아서 일정한 방향으로 배열하는 경향이 있다. 그런데 자석이 가리키는 방향에는 동서남북을 가리키는 방위각 이외에 수평면과의 기울기를 나타내는 복각도 있다. 가벼우면서 센 자석을 지구의 남극과 북극 가운데인 적도상에서 실에 매달면 수평을 이룬다. 그러나 이 자석을 북극에서 실에 매달면 지구 자기의 영향으로 수직으로 서게 되며, 이렇게 자석이 수평면과 이루는 각도인 복각은 복각을 측정한 위도와 일치하게 된다. 즉 적도에서는 0도, 북극에서는 90도, 우리나라 북위 37.5도 지점에서는 37.5도를 가리키게 된다.

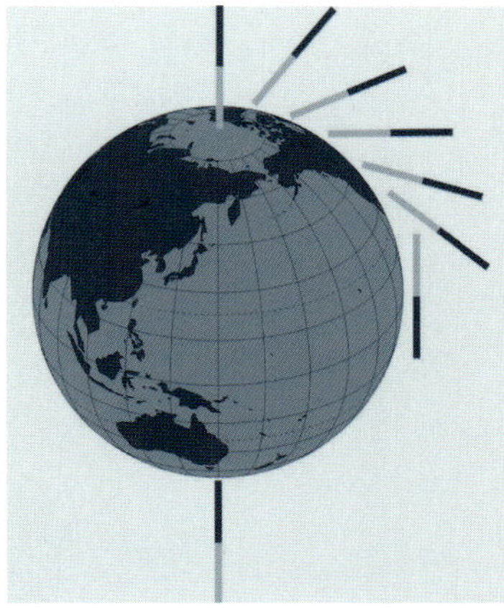

〈그림 5-9〉 자석이 수평면과 이루는 각도인 복각은 그 지점의 위도와 동일하다.

블랙킷은 인도 대륙의 여러 지역에서 암석에 남아 있는 자기의 복각을 측정하고, 그 암석이 생성된 시기를 방사성동위원소를 이용하여 측정하였다. 그가 측정한 결과는 바로 어떤 암석이 언제 어디에 있었는지를 알려주는 자료이다. 이러한 자료를 이용하면 인도 대륙의 지질시대별 위치를 알 수 있는데, 약 7,000만 년 전에는 남위 20도 정도에 그리고 약 5,000만 년 전에는 적도상에 있었다는 것이 밝혀졌다. 블랙킷의 이러한 연구 결과는 베게너의 대륙이동설이 수십 년간의 무관심으로부터 부활하여 다시 주목을 받게 만드는 계기가 되었다.

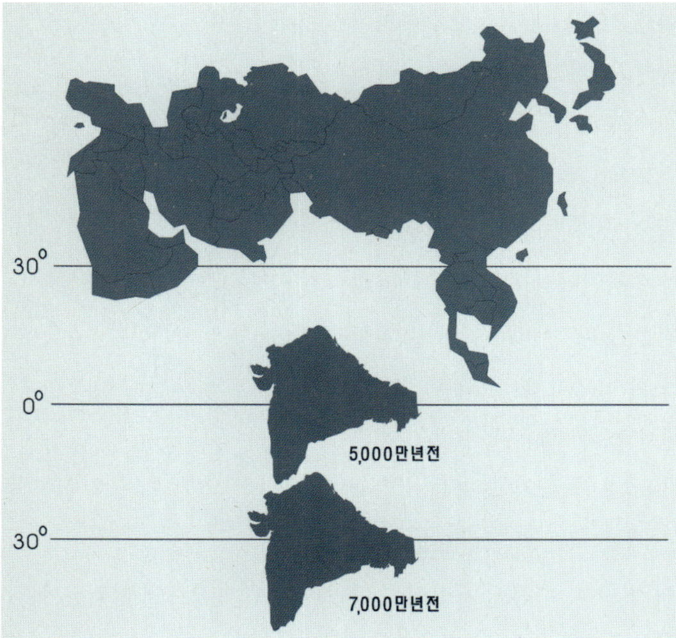

〈그림 5-10〉 블랙킷이 밝혀낸 인도 대륙의 이동

2) 홈즈의 맨틀대류설

영국의 지질학자 홈즈(Arthur Holmes, 1890~1965)는 대륙 이동의 원동력으로 맨틀대류설을 제시하였다. 맨틀대류설은 맨틀의 대류에 의해 그 위에 떠 있는 지각이 움직인다는 것이다. 홈즈는 지구 내부에 있는 우라늄과 같은 방사성동위원소가 붕괴하면서 방출하는 핵에너지가 맨틀 대류를 일으킬 수 있는 에너지의 근원이라고 주장하였다. 이러한 주장은 후에 지구 내부 구조와 방사성동위원소에 대하여 많은 것이 밝혀지면서 설득력을 얻게 되었다.

3) 헤스와 디츠의 해저확장설

해저확장설은 맨틀대류설이 발전하면서 나오게 된 이론으로서 해저 산맥의 활동에 대한 발견이 큰 계기로 작용하였다. 미국의 지질학자 헤스(Harry Hess, 1906~1969)와 디츠(Robert Dietz, 1914~1995)가 제안한 이 학설에 의하면 맨틀 대류에 의해 얇은 해양 지각이 양쪽으로 갈라지면서 지각판을 밀어내기 때문에 해저가 점점 넓게 벌어진다는 것이다. 해양 지각이 갈라지는 곳에서는 아래쪽으로부터 물질이 솟아 올라와서 새 지각이 형성된다. 실제로 최근에는 대서양 한가운데 세로 방향으로 이어지는 거대한 해저 산맥인 중앙 해령에서 맨틀의 열에 의해 만들어진 용암이 분출되는 것이 해저 탐사에서 발견되기도 하였다.

4) 화산대와 지진대에 관한 연구

화산과 지진이 일어난 곳을 세계지도에 점으로 표시하면, 이 점들이 지도상에 골고루 분포하는 것이 아니라 띠로 연결된 것처럼 분포한다는 것이

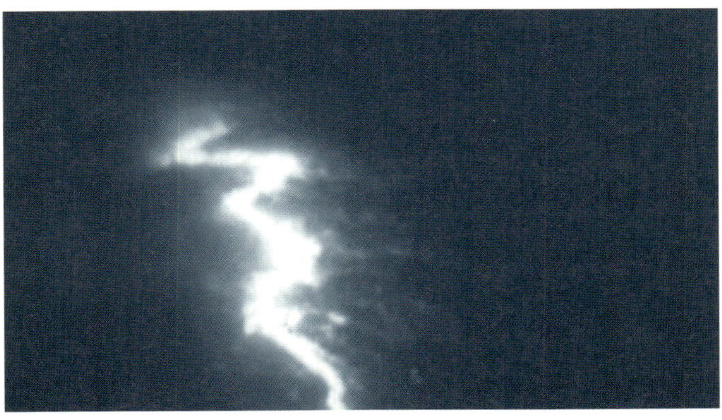

〈그림 5-11〉 해저 4,000m 깊이에서 대서양 중앙 해령이 갈라지면서 용암이 분출되는 모습

〈그림 5-12〉 환태평양 화산대에 위치하고 있는 캐나다의 도시 밴쿠버. 진동에 잘 견디도록 건물의 기둥이 촘촘하고, 대부분 철골로 골조 공사가 되어 있으며, 화재로부터 긴급 대피하기 위해 베란다를 길게 돌출하여 지었다.

알려졌다. 이러한 띠가 바로 화산대 혹은 지진대이다. 화산대와 지진대는 많은 부분이 서로 중복되는데, 이는 화산과 지진이 발생하는 원인과 관련이 있다.

즉, 이동하는 지각판들이 서로 충돌하게 되면, 이 충돌 에너지에 의해 암석이 녹으면서 마그마를 생성하고 마그마가 분출되면서 화산이 생긴다. 또한 지각판들이 충돌하면서 진동을 유발하기도 하는데, 이것이 바로 지진이다. 그러므로 화산대와 지진대는 중복되는 경향이 있으며, 이러한 화산대나 지진대는 지각판의 경계를 나타내고 있다. 화산대와 지진대 연구는 판구조론이 완성되는 데 큰 기여를 하였다. 판구조론은 대륙이동설과 그 이후의 발견이 통합된 이론으로서, 지구 변화 메커니즘을 설명하는 동적인 모델이다. 또한 대륙 이동 · 조산 운동 · 화산대 등을 종합적으로 설명하는 이론으로서 과학 혁명이라고 할 수 있다.

4. 열점을 설명하는 플룸설의 등장과 발전

태평양 한가운데 있는 하와이는 어떠한 화산대나 지진대에도 속하지 않는 독립된 화산인데, 뜨거운 용암이 많이 분출되고 있다. 그러므로 화산대와 지진대를 설명하는 판구조론으로는 하와이의 맹렬한 화산 활동을 설명할 수 없다. 하와이처럼 화산 활동이 활발하게 일어나는 독립적인 지점을 열점(hot spot)이라 하는데, 이러한 열점을 설명하는 이론이 플룸설(plume theory)이다. 이 이론에 의하면 맨틀 내부에서의 열 분포는 고르지 않고 간혹 주변보다 뜨거운 열 기둥이 형성되며, 이러한 열 기둥을 플룸(plume)이라 한다. 그리고 열 기둥에 의해 암석이 녹아 마그마가 형성되고 이 마그마가 분출되는 것이 바로 열점에서의 화산 활동이다.

맨틀에서 만들어진 열 기둥 위로 지각판이 이동하면 지각판의 이동 경로에 따라 화산섬이 만들어진다. 이전에는 과학자들이 열 기둥은 고정되어 있고 그 위의 지각판만 이동한다고 생각하였다. 그러나 최근에 밝혀진

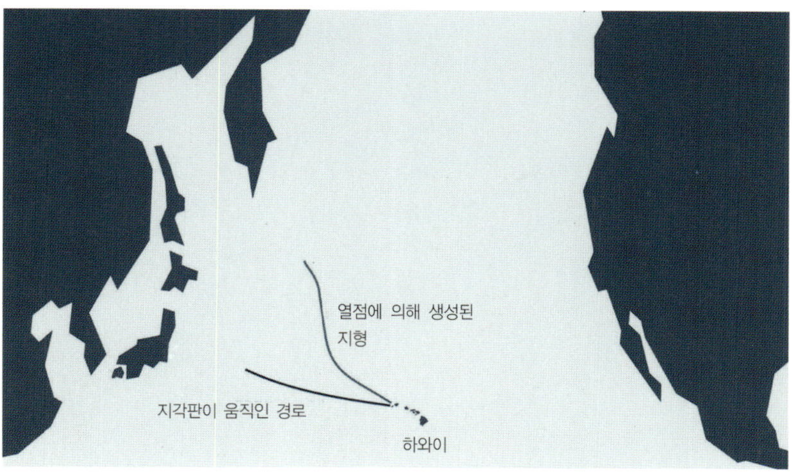

〈그림 5-13〉 태평양 한가운데 있는 열점인 하와이

바에 의하면, 열점도 이동한다는 것이 알려졌다. 〈그림 5-13〉에서 만약 열점이 고정되어 있다면 열점에 의해 생성된 화산섬이 서북서 방향으로 나열되어 있어야 한다. 그러나 실제로는 북북서 방향으로 화산섬들이 존재하는데, 이는 열점이 남쪽으로 이동하고 있다는 증거이다. 판구조론을 부정하고 플룸설로 모든 지각 변화를 설명하려는 학자들도 일부 있으나 판구조론이 지각판의 이동 과정과 결과를 설명하는 큰 이론이라고 한다면, 플룸설은 열점을 설명하는 작은 이론으로서 두 가지 이론은 상호 보완적이라고 보는 관점이 일반적이다.

제6장 현대 물리학과 인간 사고의 변화

19세기 말부터 20세기 초까지는 서구의 산업사회와 문명의 발달로 인해 자연과 실재에 더 가까우면서 관측 결과에 더욱 잘 들어맞는 정밀한 물리학을 만들고자 하는 과학자들의 노력이 계속되었다. 이때 기존의 물리학과는 전혀 다른 개념과 사고를 도입하고 결과적으로는 사회적인 변화에까지 영향을 준 것이 바로 상대성이론과 양자론이다. 그 영향에 대한 예를 보면 이 이론들에 대한 실험을 통한 검증 절차에서 상대론은 100조 분의 1까지, 양자론은 1천억 분의 1까지 정확하게 들어맞음이 밝혀졌다. 이로써 이들은 아주 정밀한 이론이라고 인정받게 되었으며 인류의 생활과 밀접한 관련을 맺으면서 20세기 현대 과학의 새 장을 연 물리학의 새로운 분야로서 출현하게 되었다.

1. 상대론에 의한 사고의 변화

아인슈타인(Albert Einstein, 1879~1955)이 1905년에 처음 발표한 상대성 이론의 주요 특성은 빛에 대한 개념과 시간에 대한 개념이 과거와는 다른 본질 위에 세워진 것이라는 점이다. 먼저 시간에 대한 개념의 역사적인 변혁과 특성을 살펴보면 다음과 같다. 시간의 개념은 물리학의 발달에 따라 역사적으로 변천하여 왔다. 아리스토텔레스는 시간을 이해하는 데 있어 물체의 운동을 통해 시간을 하나의 과학적 개념으로 파악하였으며 근대에 들어서 갈릴레오는 수학적인 매개 변수의 개념을 도입하면서 시간에 절대성을 부여하였다. 다시 말하자면 어느 누구라도 같은 크기로 시간을 측정한다는 의미이다.

그러나 아인슈타인은 이전의 과학자들과는 달리 시간을 공간과 같이 일반적인 공간을 형성하는 상대적인 양으로 이해하였다. 즉 누가 측정하느냐에 따라 시간의 값이 달라진다. 이 상대적인 시간이 바로 현대의 시간에 대한 개념이며, 아인슈타인의 상대성이론의 주축을 이루고 있다. 따라서 물체의 운동을 기술하는 데 있어서 단순히 공간에서 물체가 움직이는 것만을 다루는 것이 아니라, 시간과 공간을 합친 시공간에서 물체가 운동하는 것으로 확대해석하였으며 관측자에 따라 시간이 달라지는 특징을 나타내게 되었다.

〈그림 6-1〉 아인슈타인

이러한 현대의 과학적인 시간은 이전과는 전혀 다른 특성을 가지는 것으로 나타났다. 대개 물리학자들은 시간이 상대성 · 역동성 · 방향성 등의 성질을 가지고 있다고 믿는다. 시간의 상대성이란 앞서 언급한 아인슈타인의 특수상대성이론에서 부여된 개념으로, 관측자의 상대속도에 따라 시간이 다르게 측정되는 것을, 즉 시간이 상대적인 양임을 말한다. 그리고 시간의 역동성이란 아인슈타인이 이러한 특수상대론에서 한발자국 더 나아가 발전시킨 일반상대성이론에서 부여한 개념으로서 시공간에 역동성을 부여함으로써 시공간이 운동의 주체가 된 것이다. 그리하여 시간과 공간이 물체가 운동하는 배경으로서의 역할에서 벗어나 물체의 중력에 의해 굽어지고 휘어짐으로써 마치 물체처럼 힘을 받아 운동하는 역동성을 보여주게 된다.

시간의 방향성이란 바로 시간이 과거로부터 출발하여 현재를 거쳐 미래로 흘러가는 것을 의미한다. 이것은 시간이 거꾸로 흐르지 않기 때문에 화살이라는 개념으로 시간의 흐르는 방향을 제시하고 있어서 '시간의 화살'이라는 말로 표현하기도 한다. 보통 시간의 방향에 대해서는 다음과 같이 정의한다. 우리가 나이를 먹는 방향이 시간의 방향을 나타내는 '심리학적인 시간의 화살'이 있고, '열역학적 시간의 화살'은 엔트로피가 증가하는 방향으로 시간이 흐름을 정의하기도 한다. '우주론적인 시간의 화살'은 우주가 대폭발 이후 팽창하는 방향을 시간의 방향으로 정의한 것이다. 그런데 이 세 가지 시간의 방향이 모두 일치한다.

이렇게 시간의 개념이 바뀌어 온 것처럼 사람들이 관심을 가져왔던 빛도 그 개념이 수시로 바뀌었다. 데카르트(René Descartes, 1596~1650)는 빛을 빛깔의 기계적인 기원으로 생각했으며 호이겐스(Christiaan Huygens, 1629~1695)는 파동으로, 맥스웰(James Clerk Maxwell, 1831~1879)은 전자기파로 빛의 개념을 세웠다. 이때 과학자들은 빛의 파동을 전파할 매질로서 '에테르(ether)'라는 가상의 물질을 도입하였다. 이 존재에 대한 확인 작업으로 마이켈슨(Albert Michelson, 1852~1931)과 모올리(Edward Morley,

1838~1923)가 에테르를 측정하기 위한 실험을 1887년에 수행하였지만 실패하였다.

〈그림 6-2〉 마이켈슨

결과적으로 빛의 속도의 불변성과 물질 속도의 한계성이 도입되었으며 이로부터 시간을 포함하는 시공간의 상대성이 자연스럽게 생성되었다. 이것은 바로 일반적인 물체의 운동 속도들에 대해서는 관측자의 운동에 따라 속도가 다르게 측정되지만, 빛의 속도에 관한 어느 관측자가 측정하더라도 같은 속도 즉 매초 30만㎞로 측정된다는 의미이다. 또한 어떤 물체든지 아무리 빠르더라도 빛의 속도를 넘을 수 없다는 속도의 한계에 대한 의미를 함축하고 있다.

〈그림 6-3〉 모올리

뉴턴은 등속의 상대속도로 움직이는 두 관측자들의 공간에서의 물리법칙은 같다는 공간의 상대성을 도입한 반면, 아인슈타인은 특수상대성이론에서 시간과 공간의 상대성을 도입하여 서로 등속의 상대속도로 움직이는 두 관측자들의 시공간에서의 물리법칙이 일치하도록 하였다. 결국 그는 시간 1차원과 공간 3차원을 합친 4차원의 공간으로 시공간의 개념을 도입하였던 것이다. 이 특수상대론은 관측자나 물체의 속도가 거의 빛의 속도에 가까운 고속일 때에만 적용될 수 있으며 그렇지 않을 경우에는 뉴턴의 법칙과 별로 다를 것이 없다. 또한 4차원 시공간을 도입하여 뉴턴의 이론을 물리량이 4차원에서 만족하고 변하는 물리법칙으로 확대하였다는 특징을 갖고 있다.

특수상대론을 도입하였을 때에 특별히 나타나는 현상 중에는 움직이는 물체의 길이가 수축되어 보이는 '로렌츠 수축'이 있다. 이 현상은 관측자들이나 물체들의 속도가 빛의 속도에 가까워질수록 그 효과가 커진다. 만일 물체의 속도가 빛의 속도가 된다면 그 길이는 0으로 보일 것이다. 또한, 움직이는 물체의 시간 간격이 늘어나는 '시간 지연' 현상이 있다. 이것도 물체의 속도가 빛의 속도에 가까워질수록 시간이 지연되는 현상이 커진다. 만일 물체의 속도가 빛의 속도가 된다면 시간이 멈춘 것처럼 보일 것이다.

특수상대론에서 이루어낸 혁명적인 개념은 바로 물질과 에너지를 동일시했다는 것인데 유명한 공식인 $E=mc^2$에서 빛의 속도를 매개로 물질을 에너지로 변환할 수 있는 기회가 생긴 것이다. 이는 에너지의 상호변환성과 관련이 있으며 빛의 속도의 제곱이라는 적은 질량으로도 엄청난 에너지를 얻을 수 있는 것이다. 예를 들어 1파운드의 질량이면 100억킬로와트시 정도의 에너지를 얻을 수 있을 만큼 어마어마하다. 하지만 모든 물질을 다 이런 에너지로 바꿀 수 있는 것은 아니며 이러한 에너지를 얻을 수 있는 기회

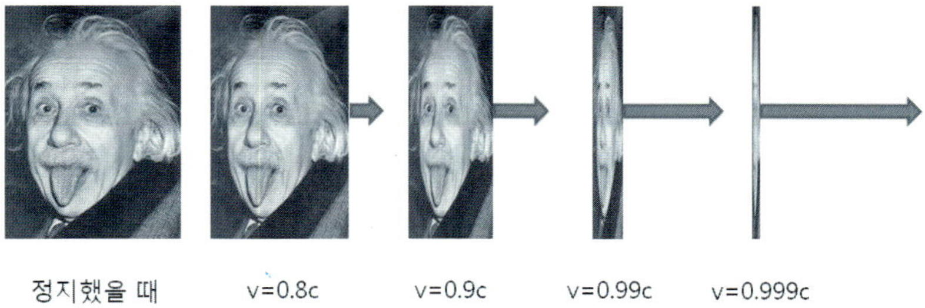

〈그림 6-4〉 로렌츠 수축. 빠를수록 더 수축되어 보인다.

〈그림 6-5〉 나가사키에 투하된 원폭

는 핵분열과 핵융합 같은 핵반응 뿐이다. 핵반응 전과 후에 나타나는 질량의 결손이 바로 에너지로 전환되는 것이다. 무거운 핵이 분열할 때 나타나는 반응이 핵분열인데 핵분열 전후에 줄어든 질량이 에너지로 전환되는 것이다.

이에 대한 예로 우라늄 · 플루토늄 등 무거운 방사성 물질이 붕괴됨으로써 에너지를 얻는 원자폭탄이나 원자로가 있다. 핵반응 중에서 핵분열과는 반대로 가벼운 핵이 서로 합쳐서 무거운 핵으로 바뀌는 경우를 핵융합이라 한다. 핵융합 과정에서 결손된 질량이 에너지로 전환되는 예로는 수소와 수소가 결합하여 헬륨을 구성하는 것을 들 수 있다. 이들은 수소폭탄이나 태양 같은 별에서 내는 빛과 열의 에너지원이 된다. 그러나 핵융합 반응은 핵분열과는 달리 고온이나 고압의 조건에서만 가능하므로 이를 에너지화하여 실생활에 응용하는 데에는 많은 문제가 있다.

아인슈타인은 미국으로 망명한 이후에 미국 과학자들과 함께 독일이 개발하려는 핵폭탄의 위험성에 대한 경고를 편지에 담아 1939년 당시 미국 대통령이었던 루즈벨트(Franklin Roosevelt, 1882~1945)에게 보냈다. 이를 심각하게 받아들인 루즈벨트 대통령은 곧바로 원자폭탄 개발 프로젝트인 맨해튼(Manhattan)프로젝트를 수립하여 이를 개발하는 데 성공하였고 실제로 제2차 세계대전에서 사용하였다. 그러나 원자폭탄의 엄청난 파괴력과 인명 피해의 참상을 알게 된 아인슈타인은 단순히 원자핵 에너지를 경고하기 위해 취한 자신의 행동이 상상할 수 없는 비극을 가져온 데 대해 편지쓴 사실을 깊이 후회하였다고 한다.

이러한 이야기는 여러 가지 시사점을 던져 주고 있다. 먼저 생각해야 할 점은 과학자가 가져야 할 사회적 책임 의식이다. 이전까지 과학자들은 과학의 발전이 인류의 행복과 풍요로운 삶을 가져온다는 베이컨주의의 신념을 그대로 간직해 왔다고 할 수 있다. 하지만 이제는 과학이 선하고 바람직한 것이라고만 말하기 어려워졌으며 그에 대한 결과는 모두 과학자의 책임이거나 과학의 윤리 문제로 넘어가게 되었다. 또 하나 짚고 넘어가야 할 문제는 이와 반대로 무조건 '잘못된' 것은 현대 과학의 결과라는 맹목적인 주장도 있다는 점이다. 이것은 아인슈타인의 상대성이론으로부터 원자폭탄의 개발 및 투하 과정까지의 기술적인 문제라든가 전쟁 상황, 그리고 당시의 사회적·정치적 여건을 간과함으로써 내린 결론일 수가 있다.

따라서 과학자가 가져야 할 바람직한 태도는 자신의 흥미에 따라 연구만을 추진하는 전형적인 모습에서 벗어나 과학의 연구 결과가 사회에 끼치는 영향에 대하여 생각하고 그것의 이용에 대해 진지하게 고민해야 한다는 것이다. 여태까지는 이것이 개인 차원에 국한한 문제로서 그리 성공을 거두지 못하였다.

아인슈타인은 특수상대론을 완성한 이후에 이를 확대하여 물질과 시공간의 문제를 10년 간 더 탐색하다가 일반상대성 원리를 내놓았다. 이 이론은 중력의 문제를 새로운 각도로 해석한 것이다. 중력을 만유인력 이론으로 해석했던 뉴턴과는 달리 아인슈타인은 중력운동을 가속운동과 동일시하였을 뿐만 아니라 굽은 공간에서의 비유클리드기하인 리만기하학을 이용하여 물질과 시공간을 연결시켜서 물질에 의해 중력으로 주위의 시공간을 구부러뜨리고 휘게 한다는 전혀 새로운 개념을 도입하였다. 이것은 시간의 상대성을 도입하였던 특수상대성이론에서 더 나아가 공간과 함께 시

〈그림 6-6〉 우주를 구성하는 은하들

간에게도 역동성을 부여한 것이다.

또한 물질에 의해 중력이 만들어지고 그 중력으로 인해 주위의 시공간이 결정된다는 관계를 설정한 이 이론은 거꾸로 물질에 의해 결정된 시공간이 물질의 운동을 규정하고 제어할 수도 있으며 결국 물질과 주위의 시공간이 상호작용하는 새로운 패러다임의 물리학을 구성하게 된 것이다. 이것은 시간과 공간이 단순하게 물체가 운동하는 무대의 역할에서 벗어나 물체처럼 상호작용하고 운동하는 배우의 역할을 한다고 보는 것이다. 일반상대론은 중력이 비교적 큰 경우에 적용되는 이론으로 우주와 천체, 또는 블랙홀같이 거시 규모의 물리학의 서술에 적합하다. 이것은 우주론(우주의 구조와 진화)에 대하여 새롭게 이론을 제시한 것으로 우주에 대한 이전까지의 신화적인 이론을 과학적으로 체계화하는 데 큰 기여를 하였다. 그리고 관측 기술의 혁신에 따른 검증으로 아인슈타인의 일반상대론은 한층 중요한 이론으로 인정받게 되었다.

이 일반상대론의 검증에 대해서는 몇 가지 사례가 있다. 태양에 의해 굽어진 공간을 빛이 따라갈 경우에 휘어질 수 있다는 사실에 근거하여 1919년에 영국의 천체물리학자인 에딩턴(Arthur Stanley Eddington, 1882~1944)이 일식 때에 관측한 별의 위치와 보통 때에 관측한 별의 위치를 비교해 보았더니 일반상대론의 예언값과 일치함을 알아내었다. 그리고 수성의 근일점의 세차운동에 대한 관측치가 뉴턴의 이론과 일치하지 않은 것이 일반상대론으로 해결되기도 하였다. 최근에는 중력파에 대한 간접적인 증거 확인 및 이에 대한 노벨상 수상[1993년에 미국의 테일러(Joseph Hooton Taylor, Jr., 1941~)와 헐스(Russell Alan Hulse, 1950~)]과 중력렌즈의 관측 결과 등이 중력이 강한 일반상대론의 검증에 힘을 실어 주고 있다. 또한 중력에 의해 시간이 지연된다는 일반상대론의 현상은 실제로 지구 주위를 도는 GPS 위성이 이에 대한 보정을 하여 지상으로 정확한 시각을 전송해 주고 있는 것으로 볼 때 우리 주위에서 볼 수 있는 일반상대론의 현상이라 하겠다.

아인슈타인의 상대성이론과 기존의 물리학과의 차이점을 요약하면 다음과 같다. 특수상대성이론은 물체나 관측자의 속도가 빛의 속도에 가까울 정도로 빠를 경우에 적용하는 것으로 만일 그 속도가 충분히 느려질 경우에는 자연스럽게 기존의 뉴턴 물리학으로 귀속되기 때문에 특수상대론은 뉴턴의 물리학을 포함하는 이론이라고 말할 수 있다. 그리고 일반상대성이론은 물체의 질량이나 중력이 엄청나게 클 경우에 적용하는 것으로 만일 그 중력의 크기가 충분히 작아질 경우에는 자연스럽게 기존의 뉴턴 물리학으로 귀속된다. 따라서 일반상대론도 뉴턴의 물리학을 포함하고 또 특수상대론을 일반화한 이론이므로 그 이론까지 포함하고 있다고 말할 수 있다.

따라서 아인슈타인의 상대성이론은 기존 이론을 완전히 뒤엎는 이론이라기보다는 뉴턴 이론을 포함하는 더 큰 일반화된 이론으로서 우리들이 자연을 보는 시각을 넓히도록 도와주고 극한 상황을 이해하고 해석하는 데 도움을 주는 이론이다.

2. 양자론에 의한 사고의 변화

19세기 말에는 새로운 실험적인 발견과 함께 이전까지 이해하지 못했던 미시세계에 대해 새로운 개념이 시도되고 자연에 대한 새로운 사고가 성립되기 시작하였다. 예로 1895년에 뢴트겐(Wilhelm Conrad Röntgen, 1845~1923)이 X선을 발견함으로써 사람의 몸을 투과하는 광선에 매료되기 시작하고 본다는 개념을 새롭게 이해하게 된 동기가 되었다. 1896년에는 베크렐(Jean Becquerel, 1878~1953)의 방사능 발견, 퀴리부부(Pierre Curie, 1859~1906; Marie Curie, 1867~1934)가 라듐을 발견함으로써 방사성 물질의 특성을 좀더 자세히 이해하게 된 계기가 되었다. 이후에 톰슨(Joseph John Thompson, 1856~1940)은 음극선이 전자임을 발견하게 되었다. 당시의 학자들은 원자의 모형을 형상화하는 데에 관심이 많았으며 물질의 기본을 원자라고 생각하고 여러 모델들을 제시하였다.

1904년에는 톰슨이 원자모형을 발표하였는데 양으로 하전된 물체에 푸딩에 박힌 건포도처럼 음으로 하전된 전자가 박혀 있는 모델이었다. 이후 1911년에는 러더포드(Ernest Rutherford, 1871~1937)가 금박에 알파입자를 가속시켜 충돌하게 하는 실험을 통하여 원자구조를 이해하려 하였으며 그의 원자모형은 태양계와 같이 핵 주위로 원자가 회전하고 있는 모양이었다. 그러나 러더포드 원자모형에서는 전자가 움직이면 전자기파를 내고 에너지를 잃어 핵과 충돌해 버리고 마는 불안정성을 지닌 단점

〈그림 6-7〉 뢴트겐

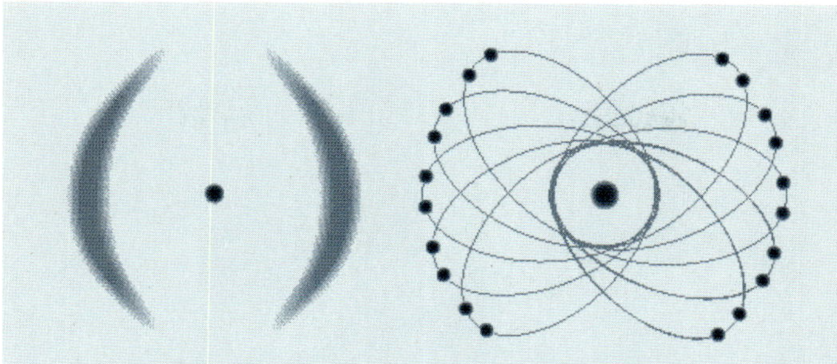

〈그림 6-8〉 보어의 원자모형(오른쪽)과 양자론 모형(왼쪽)

이 있었다. 이를 해결하고자 1913년에 보어(Niels Henrik David Bohr, 1885~1962)는 원자모형으로서 일정한 궤도에만 전자가 운동하고 있으면서 이 궤도에서 궤도로 이동할 때만 에너지를 잃는 모형을 제시하였다. 이 모형은 에너지가 불연속적인 값을 가짐을 설명하였으나 수소 이외의 더 복잡한 원자들에 대해서나 좀더 미세한 구조에 대해서는 제대로 설명하지 못하였다.

이러한 원자모형의 발전과 더불어 물질의 본질에 대한 설명을 하기 위해서는 빛과 물질에게는 입자와 파동의 두 가지 성질을 다 가지는 물질-파동 이중성이 필요하게 되었다. 이 배경 중 하나는 바로 1900년에 플랑크(Max Planck, 1858~1947)가 양자가설로 빛을 에너지의 최소단위라고 표현함으로써 빛의 입자설을 뒷받침했던 일이다. 이뿐만 아니라 아인슈타인은 금속 표면에 빛을 쬐었을 때에 발생하는 소위 '광전자'에 대하여 1905년에 빛의 입자설로써 완벽하게 증명해 보였다. 이후 1922년에 전자와 빛과의 충돌을 설명하였던 컴프턴(Arthur Holly Compton, 1892~1962)에 의해서도 빛의 입자적 성질이 뒷받침되었다. 이처럼 이전까지 파동이라고 생각했던 빛이 입자의 성질을 보이게 되자 결국 미시적인 세계에서는 입자성과 파동

〈그림 6-9〉 하이젠베르크(왼쪽)와 보어

성의 구별이 의미가 없게 되었다. 이와 반대로 입자라고 생각했던 일반적인 물체에 대해 오히려 파동성의 도입이 필요하게 되었다. 1925년에 드브로이(De Broglie, 1892~1987)가 자연스럽게 물질에 파동성을 도입하고 그것을 물질파라고 부르게 된 이후부터 물체의 입자와 파동성의 이중성에 대한 논의가 활발하게 되었다.

원자모형에 대한 논의는 보어의 모형 이후로 더욱 활발해지다가 1926년에 슈뢰딩거(Erwin Schrödinger, 1887~1961)에 의해 전자가 구름처럼 분포하여 핵 주위를 감싸고 있는 원자모형이 완성되었다. 이 전하밀도에 대한 개념은 슈뢰딩거방정식으로 정식화되었으며 기본적으로는 뉴턴역학의 배경에 파동역학의 개념을 도입한 것으로서, 이는 물질의 입자-파동 이중성을 고려한 결과라고 하겠다. 이들로부터 하이젠베르크(Werner Heisenberg, 1901~1976)는 1927년에 불확정성원리를 발표하기에 이르렀고 이 원리는 양자론을 확립하는 데 결정적인 힘이 되었다. 이 불확정성원리가 의미하는 바는 위치를 정확하게 측정하게 되면 운동량의 크기(속도나 운동 상태)

를 측정하는 데 불확정성이 존재한다는 것이다. 이것은 즉 위치와 운동량 둘을 동시에 정확하게 측정할 수는 없고 위치에 대한 정확도를 높이면 운동량에 대한 정확도가 떨어진다는 상호보완성을 의미하는 것이다. 불확정성원리가 의미하는 측정의 불확정성과 물리량들 사이의 상호보완성은 바로 20세기에 들어서서 현대 과학에 대한 인간의 사고와 자연에 대한 이해의 폭을 넓히고 사고의 유연성을 가능케 해준 계기가 되었다. 이후 양자론이 더욱 발전되고 응용되어서 1928년에는 디랙(Paul Adrien Maurice Dirac, 1902~1984)이 상대론적 양자역학, 즉 슈뢰딩거의 양자론을 특수상대론의 경우에 적용하도록 확대하였고 이를 통하여 반입자에 대한 이론을 확립하게 되었다.

양자론에서는 입자에 파동성을 도입하고 이를 확률적으로 해석하고 있는데 기존의 뉴턴역학의 결정론적(deterministic)인 해석에서 확률론적(probabilistic)으로 해석하는 사고의 전환을 요구하고 있다. 양자론을 제일 싫어했던 학자들 중의 한 사람인 아인슈타인은 "신은 주사위놀이를 좋아하지 않는다(God does not play dice)"라는 표현을 써가며 확률론에 근거한 양자론이 실재에 근거를 두지 않은, 즉 과학이 아니라는 주장을 펴 왔다. 특별히 이에 대해 반대하는 학자들이 제기한 '슈뢰딩거의 고양이' 문제는 거시적 세계의 확률에 대한 해석의 문제이다. 고양이의 문제는 다음과 같다.

어떤 고양이가 방사성 물질과 함께 봉인된 상자 속에 갇혀 있는데 그 물질은 시간당 50%로 붕괴하는 확률을 가지고 있다고 하자. 만일 핵이 붕괴하면 고양이는 죽을 것이고 그렇지 않다면 고양이는 살게 될 것이다. 그리고 1시간 후에 상자를 열면 어떻게 될 것인가 하는 문제이다. 이에 대해 질문은 첫째, 상자를 열기 전까지 고양이의 상태는 과연 어떨 것인가, 죽었을까 아니면 살아 있을 것인가? 둘째, 상자를 여는 행위가 고양이의 운명을

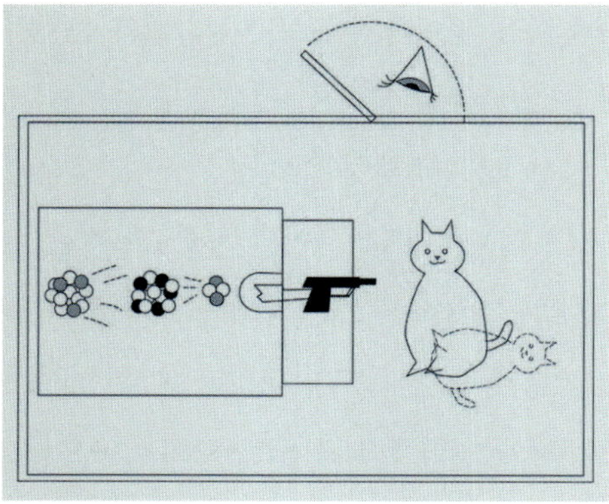

〈그림 6-10〉 슈뢰딩거의 고양이

결정하는 것인가?

반대론자들은 이처럼 고양이의 상태에 대해 반은 죽었거나 반은 살아 있을 것이라는 양자론적인 표현에 대해 이것이 바로 양자론의 불완전함을 의미한다고 공격하고 있다. 이 공격에 대해 보어가 소속된 코펜하겐 학파는 다음과 같이 해석하고 있다.

> "이 경우에 양자론은 고양이 자체에 대하여 설명하는 것이 아니라 고양이에 대한 우리들의 지식 상태를 설명하는 것이며, 상자를 열기 전까지는 고양이 상태의 지식은 없고 고양이에 대한 파동함수가 바로 양자론적인 양자 상태인 셈이다. 고양이는 어느 정해진 특정 상태에 있지 않으며 우리들이 관측할 수 있는 영역의 밖에는 분명한 '실체'는 없다."

이것은 양자론의 확률 이론이 실재에 접근했을 때에 대한 해석의 의미가 양자론의 수준에서는 확률론이지만 고전론의 수준으로 환원하는 과정에서 결정론적이 된다고 해석할 수 있다. 이것이 바로 양자론에서 측정의 의미를 부여한다. 어느 의미에서는 양자론적인 상태란 그것이 실제의 물리량으로 측정되기 전까지는 확률적인 의미로 상태 그 자체에 대한 해석에 불과하며 결국 실재에 대한 환원을 말하는 측정을 통해서만 표상화된다고 하겠다.

1935년에 아인슈타인 · 포돌스키(Boris Podolsky, 1896~1966) · 로젠

(Nathan Rosen, 1909~1995)은 「물리적 실재에 관한 양자역학적 기술은 완전한가?」라는 논문(이하 EPR 논변)을 발표하여 실재성과 국소성의 관념이 물리적 실재에 관한 양자역학적 기술과 양립가능하지 않음에 대해 논증하였다. 이 EPR 논변에서 양자론이 가지는 문제점을 지적하기 위해 사용된 세 가지 기준을 구체적으로 보면 다음과 같다. 첫째, '완전성'에 대한 기준으로서 물리 이론이 그 안에 자연적 실재의 각 요소들에 대응하는 이론적 부분들을 가지고 있어야 이론으로서 완전하다는 것이다. 둘째로 '실재성'에 대한 기준으로서 확정적으로 예측가능한 그 어떤 물리량들에 대해서 실재성을 부여할 수 있어야 한다는 것이다. 셋째로 '국소성'의 가정은 어느 이론도 원격작용이 불가능하다는 것이다. 다시 말해 공간적으로 멀리 떨어져 있는 두 물리계 사이에는 초광속적으로 정보의 전달이나 역학적인 인과적 상호작용의 전달이 불가능하다는 아인슈타인의 상대론적 인과율을 말한다. 그런데 양자론은 확률론으로 기술되기 때문에 이 세 가지 기준에 모두 적합하지 않다는 결론을 내린 것이다.

이 EPR 논변에 대해서 다양한 견해가 있는데 먼저 양자론 지지 세력 중 하나인 코펜하겐 학파의 해석이 있다. 이 해석은 여전히 고전적인 입장이긴 하지만 아인슈타인의 주장과 달리, 물리적 성질을 표현하는 '관측이 가능한 물리량'의 의미가 관측과 무관하게 결정되는 것이 아니라 관측과 더불어 형성된다고 주장하고 있는데 이것은 일종의 경험론적 현상론적 관점에서 양자 이론을 해석한 것이다. 이에 대해 아인슈타인은 자신의 입장이지만 양자 이론을 고전적인 통계 이론의 하나인 앙상블로 해석(ensemble interpretation)하는 대안을 내놓아 고전적인 확률론에 국한시키기도 하였다.

이후 논란은 계속되다가 30년쯤 지난 후에 획기적인 해석이 제기되었는데 바로 숨은 변수(hidden variable) 이론이다. 이는 고전적인 통계 이론의 하나로서 하위-양자수준 (sub-quantum level)에 물리적 실재를 표상하는

〈그림 6-11〉 벨

'숨은 변수'라 불리는 어떤 변수들이 있고, 이들에 의해 정의된 상태함수가 앙상블이 아닌 개별 대상계에 관한 확률적 정보를 제공한다는 것이다. 1964년에 벨(John Stewart Bell, 1928~1990)은 국소성 및 실재성의 기준과 이들을 만족하는 숨은 변수 이론을 도입하여 하나의 부등식을 유도한 다음, 이것이 양자역학의 이론적인 예측 결과들에 대해 완벽하지는 않지만 일부 문제들을 해결해 주고 있음을 보여주었다. 이를 '숨은 변수 이론'과 '벨의 정리'라 한다.

이제 양자론에 대한 EPR 논변을 비롯하여 이에 대한 해석으로 제기된 여러 해석, 벨의 정리, 또 그 과정에서의 논의 이 모든 것들이 현대 물리학계에 던져주고 있는 의미가 무엇인지 귀담아 들어야 할 필요가 있다. 과연 양자 이론이 실재론적 이론인가 아니면 수학의 허수 이론처럼 단지 도구로 사용하기 위한 이론인가에 대한 논쟁은 아직도 계속되고 있다. 하지만 양자 이론의 등장으로 우리의 전통적인 관념 체계 전반을 반성할 수 있는 계기가 되었음을 부인하지 못한다. 따라서 양자 이론을 일반적으로 사물을 인식하는 방식 중의 하나로 인정하고, 일상생활을 설명하는 고전 이론과 양자론의 양립이 가능한 관념 체계를 형성하는 새로운 틀 위에서 양자 이론의 해석이 진행되어야 한다.

3. 거시세계와 미시세계의 만남

우주와 같은 거시세계를 다루는 일반상대론과 원자나 소립자와 같은 미시세계를 다루는 양자론은 너무나도 다른 영역을 설명하는, 전혀 서로 관련이 없는 듯이 보이는 이론들이다. 그러나 물리학자들은 늘 간편한 이론을 추구해 온 습성과 조화로운 우주라는 플라톤식의 믿음 때문에 자연을 지배하는 법칙을 하나의 이론으로 설명할 수 있기를 희망해 왔다. 따라서 이 둘을 하나의 이론으로 설명하고 해석하려는 소위 '통일장'을 만들려는 시도는 아인슈타인 때부터 지금까지 계속되고 있지만 아직도 완벽한 작품은 만들어지지 않고 있다.

통일장에 대한 여러 시도 중 일부를 소개하면 다음과 같다. 일부는 성공한 사례도 있고 그렇지 못한 경우도 있다. 디랙(Paul Adrien M. Dirac, 1902~1984)은 양자론을 일반화하여 양자론과 특수상대론을 결합한 '양자장론'을 만드는 데 성공하였다. 미시적이면서도 고속인 물체에 대한 이 이론은 완벽하게 성공한 이론이라고 볼 수 있다. 이 이론에 의해 계산된 값과 실험에 의해서 구한 값을 비교하면 일천억 분의 1까지 정확하게 일치하고 있다. 그러나 일반상대론과 양자론을 결합하여 통일장 이론을 만들려고 하는 수많은 시도는 아직 성공하지 못하고 있다.

〈그림 6-12〉 디랙

자연계에는 네 가지의 기본 힘이 존재하며 이것으로 모든 상호작용들이 다 설명되고 있다. 이 네 가지의 기본 상호작용은 '중력'과 '전자기력', 그리고 보통 핵력이라 불리는 '강력'과 '약력'을 말한다. 이 중에서 중력을 제외한 세 가지 힘은 모두 다 양자론적인 해석이 가능하다. 게다가 살람(Abdus Salam, 1926~1996) · 글래쇼(Sheldon Glashow, 1932~) · 바인버그(Steven Weinberg, 1933~)에 의한 전자기력과 약력을 통합한 '전기약력' 이론에 대해 1979년 노벨상이 수여됨으로써 물리학자들로 하여금 통일장 시도에 강한 동기를 부여하게 되었다. 이후 1980년대 내내 이 전기약력에 강력까지 포함시키고자 하는 시도가 계속되었지만 결정적인 문제점들만 남긴 채 아직 소강상태에 머물고 있다.

물리학자들은 이 세 가지 힘 외에 마지막 남아 있는 중력마저 같은 방식으로 포함시키고자 애쓸 것은 당연하다. 따라서 통일장이란 중력을 설명하는 일반상대론과 양자론을 통일시킨, 즉 '양자 중력 이론'을 의미하는 것이 되었다. 물론 아직까지는 이 양자 중력 이론이 완벽하게 만들어진 것은 아니며 해결해야 할 문제점들이 남아 있는 상태이다. 최근에 일부 이론물리학자들은 '초끈 이론'을 통일장이론의 후보로 생각하며 이를 '만물 이론(Theory of everything)'이라고까지 부를 정도로 강한 애착을 보이고 있으나 완벽하게 성공하지 못하고 있다. 물리학자들은 아직도 통일장을 만드는 데에 대한 기대감을 버리지 못하고 있으며 언젠가는 이를 이루리라는 희망으로 계속 노력하고 있다.

제3부

과학과 인간 삶의 변화

제7장

과학 기술의 발달과 인간 삶의 변화

1. 기상 예측 기술의 발달과 삶의 변화

"12월 24일 눈이 내리면 제품을 구입하시는 분 중에서 추첨을 통해 여행권을 드립니다."

이것은 새로운 상품을 출시한 한 회사의 광고 문구이다. 이 회사는 민간 기상 정보 업체와 계약 체결을 통해 이러한 홍보를 시작했고, 기상 정보 업체는 상위 기상 정보 업체로부터 정보를 받아 12월 24일경에는 눈이 내릴 확률이 거의 없음을 확인했다. 설령 눈이 내린다 하더라도 기상 보험을 들어 두었으므로 회사로서는 큰 손실이 없다. 특히 레저 · 제조 · 유통 등 기상 변화에 민감한 매출 변화를 나타내는 산업에서는 날씨를 고려하여 상품을 기획하여 판매하는 '기상 컨설팅'을 이용하는 경우가 늘고 있는데, 선진국에서는 오래전부터 이러한 날씨 경영 기법을 도입해 왔다.

『삼국지』에 나오는 제갈공명은 밤하늘의 별들을 보고 누가 죽는다, 형세가 이롭다 혹은 불리하다, 곧 큰 장마가 든다는 등의 예언을 했다고 한다. 또한 제갈공명은 여러 전투에서 날씨를 이용하여 이겼는데, 오나라의 남병산에 가서 단을 쌓고 7일 동안 기도한 후 겨울에 불지 않는 남동풍을 불게 하여 조조의 백만대군을 무찌른 적벽대전은 특히 유명하다. 그러나 제갈공명이 아무리 천문과 지리에 통달했다고 하지만 과연 비를 부르고 바람을 일으키는 신통력을 가지고 있었을까? 제갈공명은 기상에 대해 해박한 지식을 지닌 빼어난 기상 관측자이자 예보자였다. 그리고 그는 날씨를 예측하는 지혜를 전쟁에 활용할 줄 아는 사람이었던 것이다.

앞서 예를 든 회사나 제갈공명처럼 기상정보를 적극적으로 활용하는 사람이나 기업, 그리고 국가는 경쟁력을 가지게 된다. 이미 기상정보는 단순히 내일의 날씨를 알아보는 수준이 아니라 농업 · 경제 · 건강 · 사회생활 · 환경 등 다양한 분야에 영향을 주는 중요한 요인으로 인식되고 있다.

1) 일기예보에 대한 관심의 시작

날씨는 우리 생활에 큰 영향을 미치므로 오랜 옛날부터 인간은 일기예보에 큰 관심을 가져왔다. 기원전 6세기에 이미 그리스에서는 풍향 관측을 시행했고, 우리나라에서는 1441년 세종대왕이 세계 최초로 측우기를 발명하여 전국에 걸쳐 강우량을 관측했었다. 그러나 옛날에는 기상에 관한 과학적 지식이 부족했고, 넓은 범위에 걸친 일기 상황을 알 수 없었기 때문에 국지적인 지점의 하늘 모양을 관찰한 경험을 토대로 일기 변화를 예상했다. 이러한 방법을 관천망기(觀天望氣)라고 한다. 다시 말해, 관천망기란 어느 한 지점의 일기를 바탕으로 하여 경험에 의해 그날이나 그 다음날의 일기를 예측하는 것이다. 햇무리나 달무리가 생기면 다음날은 일기가 나빠진다, 안개가 끼면 비가 오지 않는다, 눈이 많이 오면 풍년이 든다는 등의 속담이 이러한 예에 속한다.

그 후 17세기 온도계와 기압계의 발명은 관측한 결과를 기상 과학으로 이어주는 열쇠가 되었다. 이로 인해 지상과 상층의 대기 관측에 의해 대기의 역학 · 열역학 · 물리 등의 구조가 밝혀지기 시작했다. 그리고 대기의 평면 구조와 입체 구조가 파악되면서 1817년 독일의 훔볼트(Alexander von Humbolt, 1769~1859)는 전 지구상의 등온선 분포도를 그렸고, 1819년에는 독일 물리학자 브란데스(Heinrich W. Brandes, 1777~1834)가 등압선을 그린 종관일기도(縱觀日氣圖)를 작성하였다. 이것은 그 전까지 사용된 관천망 기법보다 획기적으로 발전한 것이긴 하지만 대기 구조의 일부분만이 겨우 알려진 시작이라 할 수 있다.

2) 기상 과학의 발달

점성술로 날씨를 점쳤던 중세시대를 제외하고 실제 일기예보는 19세기에 들어서야 이루어질 수 있었다. 기상의 예보는 어느 정도 광범위한 지역의 관측 자료가 있어야만 하고, 일기도를 그리기 위해서는 각 지역에서 관측한 일기 자료를 될 수 있는 대로 빨리 수집할 수 있는 통신망이 있어야만 가능하기 때문이다. 기상 정보 통신망은 1849년 영국 내의 30개 지역 데이터를 수집한 데일리뉴스(Daily News)와 1850년 미국의 물리학자 헨리(Joseph Henry, 1797~1878)가 구성한 것이 각각 세계 최초의 것으로 꼽히고 있다.

우리나라에서는 일본의 우리나라에 대한 강점 계획의 일환으로 1904년부터 9개 지역에 조직적인 기상 관측이 시행되었으며, 이 기상 관측 자료를 토대로 1921년 4월부터 일기도를 제작하여 강한 폭풍우의 위치와 진행을 분석하였다.

일기예보의 시작 당시에는 일기도 패턴의 변화를 경험적으로 고찰했었다. 1887년에는 영국의 애버크롬비(Ralph Abercromby, 1842~1897)가 등압선을 7가지 기본 형태로 분류하고 이를 각각 날씨와 대응시킴으로써 일기예보의 가능성이 열리게 되었다. 1888년 독일의 오버베크(Anton Oberbeck, 1846~1900)와 헬름홀츠(Herman L. F. von Helmholtz, 1821~1894)는 대기구조를 온도 분포와 공기의 상승 · 하강 운동뿐만 아니라 환류론(還流論)으로 취급하였다. 1891년 오스트리아의 한(Han)은 광범위한 지역에 걸친 기상 요소를 총괄적으로 보고 일기를 파악하는 방법을 기초로 하여 열의 대류에 의해서만 고 · 저기압이 발생하는 것이 아니라는 것을 밝혔으며, 강우의 원인을 단열 냉각으로 설명했다. 1921년 노르웨이의 비여크네스(Vilhelm Bjerknes, 1862~1951)는 저기압이 역학적인 구조에 의해 생성되는 원리를 밝히고 대기를 운동론적으로 다루기 시작함으로써 근대 기상학을 출발시켰다.

1922년 리차드슨(Lewis Richardson, 1881~1953)은 일기도에 적혀진 온도와 풍향 · 등압선 등을 경험적으로 분석하는 기존의 방법과 다른 수치 예보를 고안하였다. 수치 예보란 전자계산기를 이용하여 상층 대기의 구조 및 변동 상황 등을 입체적으로 분석하고 예보를 계산해 내는 방법을 말한다. 당시 리차드슨의 수치 예보는 실패했으나 초기의 컴퓨터인 에니악(ENIAC)이 발명된 후부터 수치 예보 방법은 지금까지 계속적으로 발전을 거듭하여 서구 선진국 및 일본에서는 이 분야에서 큰 성과를 거두고 있다.

기상은 기온 · 습도 · 기압 · 강수 · 바람 등 여러 자연적 요인에 의해 빠르게 변할 뿐 아니라, 최근에는 환경 오염에 따른 지구 온난화 요인이 추가됨으로써 100% 정확한 예측을 하기란 불가능하다. 기상 예측 선진국이라 불리는 미국의 경우는 평균 88%, 일본은 86%의 예보 정확도를 보이고 있다. 우리나라는 85% 정도의 정확도로 선진국 수준이라도 해도 과언은 아니다.

3) 현대의 기상 예측 기술

기상을 정확하게 예측하기 위해서는 과거의 기후에 대한 충분한 자료가 있어야 하며 첨단 기상 관측 및 분석 기술이 있어야 한다. 이러한 기술로는 지상 및 고층 관측, 기상 위성과 레이더 등을 통한 원격 탐사 관측, 기상 정보 분석 기술, 수치 모형 개발, 초고속 슈퍼컴퓨터 운용 기술 등이 있다. 지상 및 고공 관측에 사용되는 에어로존데는 기상 관측 센서를 탑재하고 위성통신에 의해 원격 조정되는 소형 무인 항공기로, 관측이 어려운 해상에서 북상하는 태풍이나 악기상 현상이 발생하는 지역에서 30시간 이상을 비행하며 기상 현상을 관측할 수 있는 장비이다. 최근에는 태풍 및 악기상에 의한 피해를 집중 관측하기 위해 상층의 바람을 연속적으로 관측하는 도플러 레이더를 비롯하여 대기 중의 열적 구조를 관측하기 위해 다양한 첨단 장비 등이 사용되고 있다.

〈그림 7-1〉 에어로존데

기상위성은 적외 영상, 수증기 영상, 황사 영상, 가시 영상, 온도 영상 등 다양한 지구의 구름과 온도 사진을 전지구 영역, 대륙별 영역, 나라별 영역으로 나누어 찍고 이를 합성하여 앞으로의 기온 변화를 예측하는 데 이용된다. 최근 이라크 파병 부대에서는 유럽의

〈그림 7-2〉 우리나라를 찍은 기상위성 사진

정지궤도 기상위성인 '메테오셋(Meteosat) 5호' 위성의 자료를 이용하여 이라크 현지의 일기 변화 및 기상 상태를 조기 감시하고 군 작전 등에 활용하기도 했다. 이와 같이 기상 예측 기술은 최첨단 기술로서, 기술 개발과 활용에 국가적인 차원의 재정 지원과 규모 그리고 전문 인력이 필요하다.

기상재해는 농업 · 수산업 · 건축업 · 섬유 · 레저 등 다양한 산업에 직접적인 피해를 끼친다. 또한 기생재해로 인한 정신적 피해와 복구 비용을 고려하면 기상 예측 기술은 투자 효과가 매우 큰 분야라고 할 수 있다. 미국 · 일본을 비롯한 선진 외국에서는 기상재해로 인한 피해를 최소화하고 산업에 기상정보를 활용하기 위해 기상 예측 기술 개발에 국가적 차원의 지원을 하고 있다. 또한 이들 나라에는 민간 차원의 기상 예측 및 예보 사업이 활성화되어 있다. 민간 기상 예보 사업자들은 특정 지역의 기상예보뿐만 아니라 다양한 분야와 고객을 대상으로 기상정보를 제공한다.

우리나라의 경우 현재는 돌발적 기상 변화를 실시간으로 통보하는 실정이다. 하지만 앞으로는 기상이변의 심각성과 기상정보의 중요성을 인식하고, 약 40분 이전에 미리 기상을 예측하여 통보하고, 사전 대피 및 대처 능력 확보로 인명 및 재산 피해를 최소화하는 선진국 수준이 되기 위해 기상 예측 기술의 개발에 최선을 다해야 할 것이다.

2. 지구 온난화와 인류의 미래

1) 지구 온난화 – 정말 문제인가?

지구가 점점 더워지고 있다. 지난 100년 동안 지구의 기온은 약 0.6℃ 상승하였는데, 어떤 사람들은 이 정도의 변화는 무시할 수준이라고 말하기도 한다. 또 다른 사람들은 지질시대의 기후를 조사해 보면 지구의 기온이 여러 가지 요인에 의해 항상 변화해 왔기 때문에 최근의 기온 상승도 그러한 맥락으로 이해해야 한다는 주장을 펴기도 한다. 그러나 지난 100년간의 기온 상승은 약 20,000년 전의 마지막 빙하기 이후 처음 있는 매우 급격한 변화이다. 더구나 앞으로 100년 동안에는 3~4℃ 정도 상승할 것으로 예측되고 있는데, 이는 지질학적인 면에서 격변에 속하는 일이다. 서울과 제주도의 연평균 기온 차이가 3.6℃라는 것을 생각하면 이러한 기온 차이는 엄청난 것이며, 만 년에 걸쳐서 일어났던 일이 불과 한 사람의 일생을 통해서 관측되고 있는 것이다. 그런데 정말 심각한 것은 많은 사람들이 이러한 문제를 제대로 인식하지 못하고 있다는 사실이다.

지구 온난화에 의하여 멸종하는 생물이 많아질 것이라는 예측도 있다. 예를 들면, 북극곰은 앞으로 100년 이내에 서식지의 얼음이 모두 녹아서 먹이를 구하지 못하게 되어 멸종할 것이라 한다. 북극곰은 물개가 숨을 쉬기 위해 얼음 구멍 위로 잠깐 머리를 내미는 순간 사냥을 하는데, 얼음이

〈그림 7-3〉 노르웨이 사진 작가에 의해 촬영된 위기의 북극곰(왼쪽)과 자연사박물관에 전시된 박제된 북극곰. 지구 온난화를 방치한다면 우리의 후손은 북극곰을 아마 박물관에서만 볼 수 있을 것이다.

없어진다면 이러한 사냥이 불가능해진다. 어떤 학자는 북극곰의 개체수가 1950년대에 5,000마리였는데, 지금은 오히려 25,000마리로 5배나 증가했다는 통계를 인용하면서 북극곰의 멸종을 운운하는 것은 난센스라고 말하기도 한다. 그러나 1950년대는 북극곰 남획으로 개체수가 줄어든 것이며, 최근의 늘어난 개체수는 '북극곰 보호 협정'에 의해 사냥이 금지되었던 것에 크게 기인한다. 아마 이러한 보호 협정이 없었다면 벌써 멸종되었을 것이다.

2) 지구 온난화에 의한 피해

지구의 온난화는 지구의 생태계 전체에 막대한 영향을 주며, 생태계의 일원인 인간에게도 역시 큰 영향을 미친다. 지질시대를 조사해 보면 지구 환경이 항상 변화해 왔고, 생물들은 변화된 환경에 적응하지 못하고 멸종되기도 하였지만, 많은 생물들은 새로운 환경에 적응하는 방향으로 진화하였다는 것이 밝혀졌다. 그러므로 현재의 지구 온난화도 이러한 자연스러운 지구 생태계의 변화라고 생각하면 걱정할 필요가 없다는 일부 주장이 있다. 그러나 문제는 기온의 변화 속도가 아주 빠르기 때문에 많은 생물이 미처 적응하기 전에 멸종될 수 있다는 것이다.

해수면 상승에 의한 피해

지구의 기온이 상승하면 빙하가 녹아서 바다로 흘러들어가기 때문에 해수면이 높아진다. 남극 · 북극 · 그린란드 · 히말라야 등에 있는 눈과 얼음이 모두 녹는다면 해수면은 얼마나 높아질까? 아쉽게도 학자마다 계산 결과가 크게 다르며 적게는 6m 많게는 60m까지 다양하다. 그리고 한 가지 더 생각해야 할 요인이 있는데, 물은 따뜻해지면 부피가 팽창하므로 이러

〈그림 7-4〉 해발 고도가 불과 1~2m 정도에 불과한 열대의 산호섬들은
지구 온난화로 가장 먼저 피해를 입는 지역이 될 것이다

한 효과를 더해야 한다는 것이다. 바닷물은 온도가 1℃ 상승할 때 약 0.05% 팽창을 한다. 그런데 바다의 평균 깊이가 4,000m이므로 2m 상승하는 효과를 나타낸다. 만약 지구 온난화가 많이 진행되어 바닷물의 온도가 5℃ 상승한다고 가정하면, 이는 무려 10m에 해당하는 해수면 상승 효과를 나타낸다. 그런데 해수면이 불과 2m만 상승한다 해도 세계의 많은 해안 도시와 열대 바다의 산호섬들은 직접적으로 큰 피해를 입게 된다. 이미 남태평양의 작은 섬들은 일부 수몰되었고, 운하의 도시 베네치아에서는 중세에 지은 건물 바닥에까지 해수가 찰랑거리고 있다. 남태평양의 산호섬들로 이루어진 독립국 투발루는 국민 전체의 이민을 추진하고 있을 정도이다.

생태계 파괴

지구 온난화로 인하여 식물의 분포가 세계적으로 변화하고 있다. 온대 지방의 식물이 점차 아열대식물로 대체되고 있으며, 만년설이 있던 지역에

초원이 만들어지기도 한다. 우리나라 남해안 지역에서 자라는 동백나무가 서울에서도 잘 자랄 수 있게 된 것이나 남산의 소나무가 줄어드는 것도 지구 온난화 때문이다. 또한 철새의 이동 시기도 달라지고 곤충들이 번식하는 시기도 달라져서 먹이사슬이 교란되고 생태계가 불안정해지고 있다.

또한 갑작스런 환경 변화에 미처 적응을 하지 못한 생물들이 멸종 위기에 몰리고 있으며, 실제로 최근 수십 년 동안 여러 종의 동식물이 멸종되었다. 지질시대를 조사해 보면 지구에 최초의 생명체가 태어난 후 지금까지의 약 34억 년 동안 5번의 대멸종이 있었다. 마지막 다섯 번째의 대멸종은 약 6,500만 년 전 거대한 운석 충돌에 의해 공룡을 비롯한 지구상의 생물종 75%가 멸종된 것을 말한다. 유엔의 한 보고서는 현재 하루에 150종 정도의 생물종이 멸종되고 있다고 지적하고 있는데, 그 멸종 원인은 주로 지구 온난화 때문이다.

〈그림 7-5〉 환경부에서 지정한 멸종 위기 동식물 221종의 일부인 호랑이, 청다리도요사촌, 두루미, 사향노루

지금으로부터 약 2억5,000만년 전 고생대 페름기 말에도 지구 온난화에 의한 대멸종이 있었는데, 이때의 지구 온난화는 많은 대규모 화산에서 분출된 이산화탄소와 메탄 등의 온실 기체 때문이었다. 그 당시 지구상의 생물종 95%가 멸종하였는데, 그때의 지구 기온은 지금보다 6℃ 정도 높았다고 알려져 있다. 그런데 유엔 산하 기구인 IPCC(Intergovernmental Panel on Climate Change)에서 내놓은 보고서에 의하면, 최악의 경우 금세기 말 지구 기온은 6.4℃ 높아질 수 있다는 것이다. 물론 이러한 결과는 가장 안 좋은 상황일 경우의 예측이지만, 지구 온난화를 방치하면 머지않아 지구 전체에 엄청난 재앙이 닥칠 수 있다는 가능성을 암시하고 있는 것이다. 이러한 의미에서 많은 과학자들은 현재 여섯 번째 대멸종이 진행 중이라는 견해를 밝히고 있다. 이러한 생물종의 멸종을 막기 위해 각 나라에서는 멸종 위기 동식물을 지정하여 보호하고 있으나 서식 환경이 유지되지 않는 한 그 효과는 상당히 제한적일 수밖에 없을 것이다.

가이아(Gaia) 이론으로 유명한 영국의 과학자 러브락(James Lovelock, 1919~)은 지구 온난화에 의해 금세기 말에 인류의 80%가 사라질 것이라면서 여섯 번째 대멸종에 대해 경고하였다. 지구가 마치 생명을 가진 것처럼 스스로 조절할 수 있는 능력을 가지고 있다는 가이아 이론을 주장한 과학자가 이러한 경고를 했다는 것은 놀랄 만한 일이다. 그리고 가까운 장래에 그러한 일이 일어날 것이라는 사실이 더 놀라운데, 러브락 이외에도 많은 과학자들이 같은 견해를 보이고 있다.

기상 이변에 의한 피해

지구가 따뜻해지면 가뭄과 홍수 중 어느 것이 더 많아질까? 정답은 가뭄과 홍수 모두이다. 따뜻한 기온은 해수면과 지표면으로부터 수분의 증발을 증가시키기 때문에 가뭄이 심해지는 원인이 되기도 하고, 대기에 포함

〈그림 7-6〉 동남아시아 팔라우(Palau)의 따뜻해진 해수면에서 증발하는 수증기로부터 태풍 구름이 서서히 만들어지고 있는 장면. 지구 온난화는 이러한 과정을 촉진시킨다.

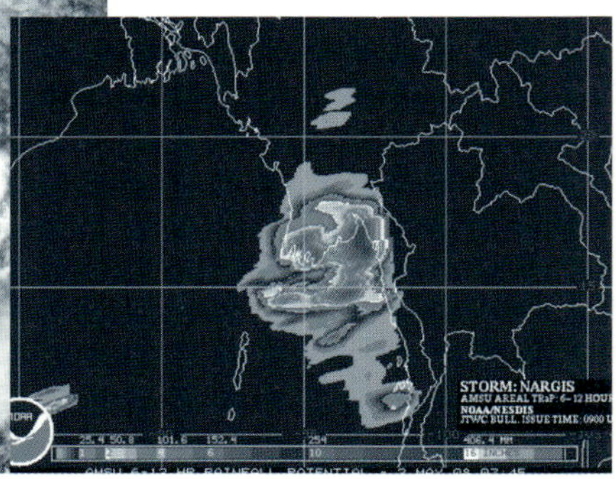

〈그림 7-7〉 2008년 미얀마를 강타한 사이클론 나르기스의 구름 사진(왼쪽)과 강수량 분포를 보여주는 영상(오른쪽). 하루 동안 우리나라 1년 동안의 강수량을 기록한 지역도 있었다.

〈그림 7-8〉 지구의 허파라고 할 수 있는 열대우림(왼쪽)과 침엽수림(오른쪽)이 벌채와 지구 온난화에 의해 점차 줄어들고 있다.

된 수증기가 많아지면서 강우량이 많아지고 홍수를 유발하는 원인이 되기도 한다. 그리고 에너지가 많아진 대기는 대부분의 기상 현상을 강하게 만드는 경향이 있다. 실제로 지난 30년간 태풍과 허리케인 등의 위력이 20~30% 강해졌다는 분석도 있다. 2005년 미국 남부를 강타한 허리케인 카트리나와 2008년 미얀마를 휩쓴 사이클론 나르기스는 기록적인 위력과 피해를 남겼다. 정말 심각한 문제는 지구 온난화를 방치할 경우 이러한 경향이 앞으로 점점 더 심해질 것이라는 데 있다.

사막화와 숲의 감소에 의한 피해

지구 온난화에 의해 가뭄이 오래 지속되는 지역이 많아졌으며, 이는 사막화를 촉진하게 되었다. 또한 강과 호수가 메마르고 물이 부족하게 되어 인간의 생활에 큰 영향을 미치고 있다. 아프리카 · 중동 · 호주 · 미국 · 남미 · 중국 등에 있는 사막들이 점점 넓어지고 있으며, 특히 중국의 사막 증가는 우리나라에 영향을 미치는 황사 현상을 점점 더 심하게 하는 결과를 낳고 있다. 사막화는 숲의 감소를 의미하기도 한다. 숲의 감소는 인간에 의한 무분별한 벌채와 개발 등이 큰 이유이지만, 지구 온난화에 의한 사막화는 이러한 숲의 감소 현상을 더욱 촉진하고 있는 것이다. 숲의 감소는 생태계의 안정을 해칠 뿐만 아니라 식물에 의한 공기 중의 이산화탄소 흡수를 감소시켜서 지구 온난화를 촉진하는 악순환을 만든다.

병충해와 질병의 증가

우리나라에서 열대 전염병으로 알려진 말라리아 환자가 점점 많이 발견되고 있는데, 이는 모기가 살기 좋은 따뜻한 환경 때문이다. 말라리아 이외에도 열대지방에서 많이 발생하는 뎅기열도 이미 우리나라에서 법정전염병으로 지정될 정도이며, 아프리카 우간다의 나일강 서쪽에서 처음 발견되었던 웨스트나일바이러스를 옮기는 빨간집모기도 우리나라에서 쉽게 발견되고 있다.

산업 활동의 피해

지구 온난화는 산업 전반에 걸쳐서 큰 영향을 미친다. 오랜 역사를 자랑하는 영국의 로이드 보험사는 최근 기상재해 등으로 인한 손해배상이 천문학적으로 증가하면서 경영난에 빠지기도 하였다. 알프스의 스키장은 따뜻한 날씨로 인해 영업 일수가 급격히 감소하는 바람에 적자에 시달리거나 아예 영업을 포기하는 경우도 생겼으며, 캐나다의 스키장도 영업 일수 감소 추세에 있다. 지중해 연안은 피서지로서 각광을 받던 곳이었는데, 최근

〈그림 7-9〉 지구 온난화에 의한 영향을 받고 있는 캐나다의 스키장과 지중해의 피서지

〈그림 7-10〉 노르웨이는 8월 한여름에도 산 위에서 눈을 볼 수 있는데, 지구 온난화가 지속되면 이러한 지역에서 가축을 방목하여 기를 수 있을 것이다.

에는 너무 더워서 인기가 떨어지고 대신 북유럽으로 피서 가는 사람들이 증가하였다.

지구 온난화는 일부 지역에서 새로운 기회를 제공하기도 하는 양면성을 가지고 있다. 북극에서 가까운 그린란드는 빙하가 녹으면서 식물이 자랄 수 있는 땅이 넓어지고 있어서 앞으로 덴마크의 지원 없이 자립하는 독립 국가가 될 가능성이 거론되고 있다. 또한 북유럽에서는 농업 생산량이 증가하고 피서를 포함한 관광 인구의 유입으로 경제가 활력을 얻을 것이라는 보고도 있다.

3) 지구 온난화의 원인

지구 온난화는 지질시대에도 여러 차례 있었는데, 그러한 온난화는 주로 화산 활동에 의한 온실 기체의 분출에 의한 것이었다. 그러나 최근의 지구 온난화는 전혀 양상이 다른 것으로서, 인간 활동에 의한 것이다. 즉 석

〈그림 7-11〉 유리로 된 외벽을 가진 빌딩 · 온실 · 자동차 안에서는 난방 장치를 가동하지 않아도 온실효과에 의하여 바깥보다 따뜻하다.

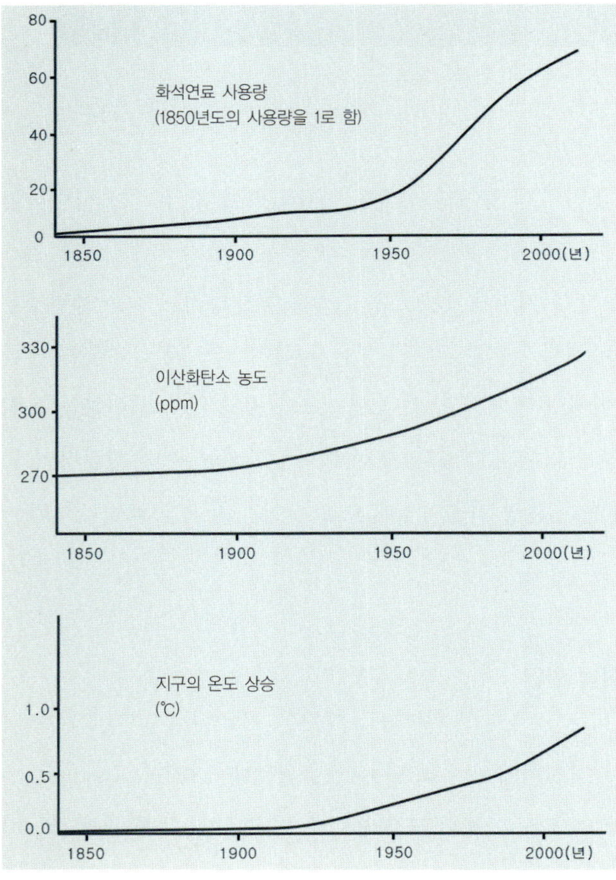

〈그림 7-12〉 산업혁명 이후 화석연료 사용량, 이산화탄소 농도, 지구의 온도 변화

유와 석탄 등을 많이 소비하면서 이산화탄소가 대기 중으로 많이 방출되기 때문이다. 이산화탄소는 온실의 유리처럼 온실효과를 가져와 지구가 점점 더워지는 것이다. 햇빛은 대기를 통과하여 지표면에 닿을 때까지 에너지를 점점 잃게 되는데, 이렇게 에너지가 줄어든 빛은 이산화탄소가 많이 포함된 대기를 잘 통과하지 못하고 일부만 우주 공간으로 나가게 된다. 즉, 지구로 들어오는 빛 에너지보다 방출되는 빛 에너지가 적기 때문에 점차 지구의 온도가 올라가는데, 이러한 현상이 온실에서 일어나는 현상과 같기 때문에 이를 온실효과라고 한다.

대기 중의 이산화탄소 농도는 산업혁명 이후 에너지 석유와 석탄 등의 화석연료 소비가 늘면서 급격히 증가하였는데, 이러한 급격한 증가는 지질시대에 있었던 대멸종 이후에는 없었던 일이다.

4) 지구 온난화 해결을 위한 노력

지구 온난화 해결을 위해서는 범지구적인 노력이 필요한데, 그것도 빠르고 강력하게 추진하지 않으면 안 된다. 이미 대기의 이산화탄소 농도는 위험수위를 넘어섰기 때문에, 이산화탄소 배출을 당장 줄인다 해도 일정 기간 동안은 지구 기온이 올라갈 것이기 때문이다. 그럼에도 불구하고 온실 기체를 줄이려는 국가적 그리고 국제적 노력은 매우 부진한 실정으로 심히 우려할 만한 상황이다.

1992년 유엔환경개발회의(UNCED)에서는 지구 온난화 방지를 위한 국제적인 공동 노력의 필요성에 의해 '기후 변화 협약'을 채택하여 지구 온난화에 대한 책임이 크다고 할 수 있는 선진국들에 대해 온실 기체 배출량을 줄이도록 권고하였다. 그리고 1997년에는 온실 기체 배출을 의무적으로 줄여야 하는 국가별 감축 목표를 정한 이른바 '교토의정서'를 채택하였

〈그림 7-13〉 숲 속의 쾌적한 오솔길에서 자전거 하이킹을 즐기는 핀란드 소녀들. 핀란드인에게 숲은 경제적 가치 이상의 의미를 가지고 있다.

다. 2005년부터 발효되기 시작한 교토의정서에 의하면, 미국 · 캐나다 · 일본 · 호주 · 유럽연합 회원국 등 38개국이 온실 기체 배출량을 줄여야 하는 의무를 이행해야 하는 나라로 정해졌다. 그러나 전 세계 이산화탄소 배출량의 28%를 차지하고 있는 미국이 자국의 산업 보호를 위해 2001년에 탈퇴를 선언하였고, 다른 나라들도 대부분 의무를 이행하지 않고 있는 상황이다. 예를 들면, 캐나다는 온실 기체 배출량을 1990년 대비 6% 감축해야 하는데 실제로는 24%나 증가하였고, 6% 감축에 합의한 일본은 오히려 13% 증가한 실정이다.

온실 기체를 줄이는 방법에는 화석연료 사용을 줄이는 것 이외에 숲을 조성하는 것도 좋은 방법이다. 숲은 식물의 광합성 과정을 통하여 대기 중의 이산화탄소를 소비하므로, 숲을 많이 조성하면 지구 온난화 방지에 큰 도움이 된다. 또한 숲은 안정된 지구 생태계를 유지하는데도 중요하며, 산림자원의 확보와 인간의 휴식처 제공이라는 측면에서도 중요하다. 핀란드는 임업이 국가의 주요 기간산업이라고 할 수 있는데, 전 국토의 대부분을 산림자원화하고 있다고 해도 과언이 아니다. 산림의 경제적인 가치는 물론 지구 온난화 방지와 쾌적한 생활환경 조성이라는 중요한 목표를 동시에 달성하고 있는 좋은 사례라고 볼 수 있다.

화석연료 사용을 줄이기 위해서는 이를 대체할 수 있는 에너지의 개발이 필요하다. 이러한 에너지를 신재생 에너지라고 하는데, 여기에는 다음과 같은 여러 가지가 있다.

○ 태양에너지

· 공해가 없는 청정에너지

· 태양 전지, 난방, 조명 등에 이용

· 에너지 밀도가 낮아서, 좁은 공간에서 대량의 에너지가 필요한 경우 부적합

○ 풍력

· 공해가 없는 청정에너지

· 풍력발전소가 지구의 여러 곳에서 가동되고 있음

· 에너지 생산량이 비교적 적음

○ 지열

· 공해가 없는 청정에너지

· 지열발전소가 가동되고 있는 곳도 있으며, 지역 난방에도 이용함

· 인도네시아 · 일본 등 지리적으로 특수한 지역에서만 이용 가능

○ 조력과 파력

· 조력발전은 밀물과 썰물시 물의 흐름을 이용하여 발전기를 가동시켜서 전력을 생산

· 파력발전은 파도의 에너지로 발전기를 가동시켜서 전력을 생산

〈그림 7-14〉 신재생 에너지인 풍력(왼쪽)과 핵융합로에 의한 발전(오른쪽). 핵융합로는 현재 실험 제작 수준이며 상용화되기 위해서는 많은 시간이 필요하다.

- 해양 국가에서 가능하나, 에너지 생산량에 비해서 시설비가 많이 듦

○ 원자력발전

- 화석연료를 대신할 정도의 막대한 에너지 생산이 가능함
- 핵연료는 화석연료보다 매장량(사용 가능 연수 기준)이 훨씬 많음
- 핵발전소에서 방사능의 누출 사고 위험, 핵폐기물의 처리 문제 등으로 여러 나라에서 원자력발전소의 건설을 유보하고 있음
- 온실 기체를 발생시키지 않음

○ 핵융합로를 이용한 발전

- 중수소를 이용한 핵융합반응은 막대한 에너지 생산이 가능하나 실용화까지는 많은 기술적인 난관이 있음
- 바닷물에 포함된 중수소를 이용하므로 에너지 자원은 거의 무한정이라고 할 수 있음
- 방사능 누출 사고 위험, 핵폐기물 처리 문제 등이 없음
- 온실 기체를 발생시키지 않음

○ 바이오매스 에너지

- 사탕수수 등을 발효시켜서 만드는 알코올은 석유보다 공해 물질 배출이 훨씬 적은 에너지임

· 화석연료는 계속 고갈되어 가지만, 식물은 반복하여 재배 가능하기 때문에 고갈의 염려가 없음
· 가축의 배설물이나 음식물 쓰레기를 발효시켜서 얻는 메탄가스도 바이오매스 에너지의 범주에 포함됨

신재생 에너지의 개발과 함께, 에너지를 사용하는 장치나 시설의 에너지 효율을 높이는 것도 매우 중요하다. 예를 들면, 건물에 이중접합유리를 사용하여 이중창을 만들면 난방 에너지를 많이 줄일 수 있으며, 휘발유와 전기를 동시에 사용하는 하이브리드 자동차를 이용하면 연료 소비를 대폭 줄일 수 있다. 하이브리드 자동차는 출발과 정지가 빈번한 도심에서는 전기를 사용하고, 고속 주행시는 휘발유를 사용하는데, 정차시 브레이크에서 손실되는 에너지도 전력 생산에 이용하므로 연비가 매우 높다. 또한 수소를 이용하는 자동차는 온실가스를 배출하지 않기 때문에 앞으로 주목받는

〈그림 7-15〉 에너지 효율이 높은 하이브리드 자동차(왼쪽 위), 수소를 이용한 연료전지 자동차(오른쪽 위), 수소 엔진 자동차(아래)는 모두 지구 온난화 방지를 위해 기여를 할 수 있다.

기술이나 현재로서는 값이 비싼 것이 단점이다. 수소를 이용하는 자동차는 수소의 화학반응 과정에서 전력을 생산하여 이용하는 연료전지 자동차와 수소를 직접 연소시키는 엔진을 사용하는 자동차의 두 가지가 있다. 두 가지 모두 수증기만을 배출하므로 환경오염을 일으키지 않는다.

제8장 생명공학의 발달과 인류의 미래

1. 생명공학이란 무엇인가?

생명공학은 생물학을 인간에게 유용한 제품이나 서비스를 생산하는 데 응용하는 것을 의미한다. 생물학이 생명현상에 대한 인간의 호기심에서 출발한 탐구 과정으로서 순수과학(pure science)인 반면에, 생명공학은 이러한 생물학의 연구 성과를 이용하는 것을 목적으로 하는 응용과학(applied science)의 성격을 지닌다.

최근 미국의 시사주간지 『뉴스위크』는 "물리학이 20세기를 뒤흔들었듯이 생명공학은 21세기의 세상을 결정지을 것이다"라고 하였다. 이러한 생명공학은 이미 알게 모르게 우리의 생활에 깊이 관련되어 있다. 아침 식탁에 오른 유전공학에 의해 개발된 식품, 유전자 지문을 이용하여 친자 확인을 했다는 TV 뉴스, 생명공학을 이용한 새로운 의약품에 대한 인터넷 뉴스 등을 예로 들 수 있다. 이러한 생명공학에 대한 적절한 이해는 자신의 전공이나 직업과 상관없이 미래를 성공적으로 살아가는 데 필수적인 요소 중의 하나로 자리매김하고 있다.

2. 생명공학의 역사

생명공학의 기원은 BC 6,000년경 고대 바빌로니아인이 맥주를 만들기 위해 효모에 의한 곡식의 발효 과정을 이용한 것에서부터 비롯되었다고 할 수 있다. 고대 이집트에서도 술을 빚거나 빵을 부풀게 하는 용도로 효모를 이용하였고, 우리나라에서도 삼국시대에 이미 김치나 된장 등의 발효 식품을 만들었다는 기록이 있는 것을 보면 생명공학이라는 분야가 전혀 새로운 것이 아님을 알 수 있다.

그러나 생명공학이 학문으로서의 체계를 갖추고, 산업적인 중요성을 갖기 시작한 것은 페니실린 등의 항생제가 생산되기 시작하면서부터라고 할 수 있다. 영국의 생물학자 알렉산더 플레밍(Alexander Fleming, 1886~1955)은 1928년 페니실리움 곰팡이(푸른곰팡이)에서 분비되는 물질이 박테리아를 죽이는 성질이 있다는 것을 발견하고, 이 물질을 곰팡이에서 추출하여 페니실린이라고 명명하였다. 그 이후 페니실린의 대량생산 방법이 개발되었고 이러한 것이 막대한 경제적 효과를 창출할 수 있다는 것이 입증되면서 생명공학에 대한 국제적인 경쟁도 시작되었다. 그 이후 항생제를 비롯하여 다양한 물질을 얻기 위한 생물 반응기의 개발, 생산 공정 제어 시스템의 개발 등에 관한 연구가 활발히 진행되었다.

이러한 생명공학이 첨단 과학으로서의 획기적인 전기를 맞게 된 것은 1973년 미국의 보이어(H. W. Boyer, 1918~)와 코헨(S. N. Cohen)에 의해 유전자 재조합 기술이 개발되면서부터라고 할 수 있다. 이러한 기술을 다루는 유전공학은 생명공학의 첨단 분야로 인식되기 시작하였으며, 이전에는 상상조차 할 수 없었던 일이 일어나게 되었다. 이러한 획기적인 성과로 인해 21세기는 바야흐로 생명공학의 시대라고 해도 과언이 아닐 것이다.

3. 첨단 생명공학의 놀라운 성과

1) 유전자 재조합의 신비

유전자 재조합 기술은 첨단 생명공학의 꽃이라고 할 수 있다. 모든 생물은 유전자를 가지고 있으며, 이러한 유전자에 의해 그 생물의 특성이 결정된다. 이러한 유전자는 DNA 형태(그림 8-1)로 세포의 핵 속에 저장되어 있으며, DNA의 유전정보에 의해 단백질이 합성되는 과정이 일어난다. 단백질은 생물의 몸을 구성하기도 하고, 효소와 면역 물질 등으로 사용되기도 하며, 어떠한 단백질이 만들어지는가에 따라서 생물의 특성이 달라지

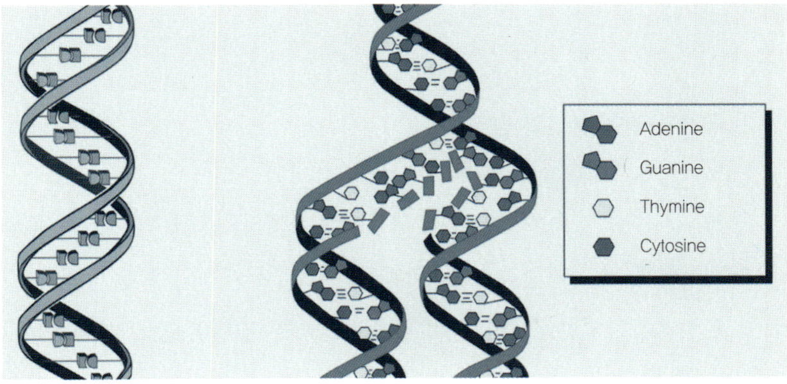

〈그림 8-1〉 유전정보를 저장하고 있는 DNA의 이중 나선구조 모형(왼쪽)과 복제되고 있는 모습(오른쪽)

기도 한다.

유전자 재조합이란 생물의 DNA를 조작하여 새로운 DNA를 만들고, 새로운 DNA(재조합 DNA)를 이용하여 유용한 단백질을 만드는 과정이다. 이러한 기술을 이용하여 당뇨병 치료에 쓰이는 인슐린을 대량으로 만들 수 있게 되었고, 만들 수 있는 단백질의 종류가 점점 많아지고 있다. 예전에는 부족한 인슐린을 사람의 혈액에서 추출하거나 다른 동물의 인슐린을 이용하기도 하였는데, 이러한 방법은 생산 비용이 매우 비싸거나 부작용을 초래하였다. 유전자 재조합에 의한 인슐린의 생산은 사람의 인슐린 유전자를 추출하여 대장균의 플라스미드(고리 모양의 DNA)에 결합시키고, 이를 다시 대장균에 넣은 후 대장균을 번식시키고, 대장균의 유전형질 발현시에 생산되는 인슐린을 추출하는 것이다(그림 8-2). 이러한 방법으로 생산한 인슐린은 사람의 인슐린과 동일하며, 대장균의 높은 번식력 때문에 대량생산이 가능하다. 유전자 재조합 방법으로 만들어지는 단백질은 인슐린 이외에 인체 성장 호르몬, 간염 백신, 혈전 용해제, 인플루엔자 백신, 백혈병 치료제 인터페론, 빈혈증 치료제 에리드로포이에틴 등 그 종류가 매우 많다. 이러한 유전자 재조합 방법에 의해 전에는 상상할 수도 없었던 새로운 의약품을 대량생산하여 저렴하게 공급하는 것이 비로소 가능해진 것이다.

2) 유전자 변형 생물의 명암

유전자 재조합 기술을 이용하여 지구상에 존재하지 않았던 새로운 생물을 만들어내는 것도 가능해졌다. 예전에는 주로 선택적인 교배 방법에 의해 품종을 개량하였는데, 이러한 방법으로는 매우 점진적으로 약간의 형질만 변화되는 결과를 얻을 수 있을 뿐이었다. 그러나 유전자 변형 생물 기술은 품종 개량의 한계를 획기적으로 높였을 뿐만 아니라 생물 변화의 속도

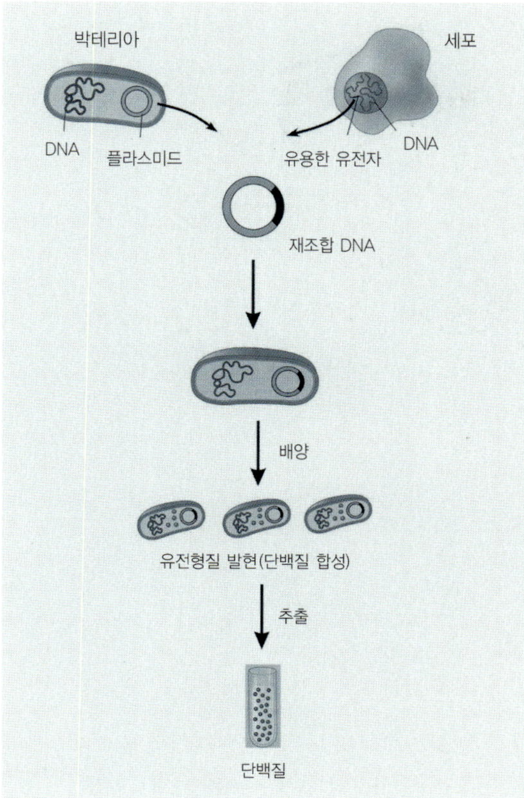

〈그림 8-2〉 유전자 재조합에 의한 단백질의 생산

또한 매우 빠르게 할 수 있는 신기술이다. 예를 들면 병충해에 강한 특성을 나타내는 유전자를 한 식물에서 입수하여 토양 박테리아의 플라스미드와 결합시키고, 이를 다른 식물의 세포에 넣어서 세포의 DNA와 결합시킨 후, 이 세포를 배양하여 자라도록 하면 새로운 특성을 가진 식물이 만들어지게 된다(그림 8-3).

이러한 유전자 변형 생물 기술은 농업 · 어업 · 축산업 분야에 혁명을 일으킬 수 있는 엄청난 잠재력을 가지고 있다. 현재 우리의 식탁에는 이러한

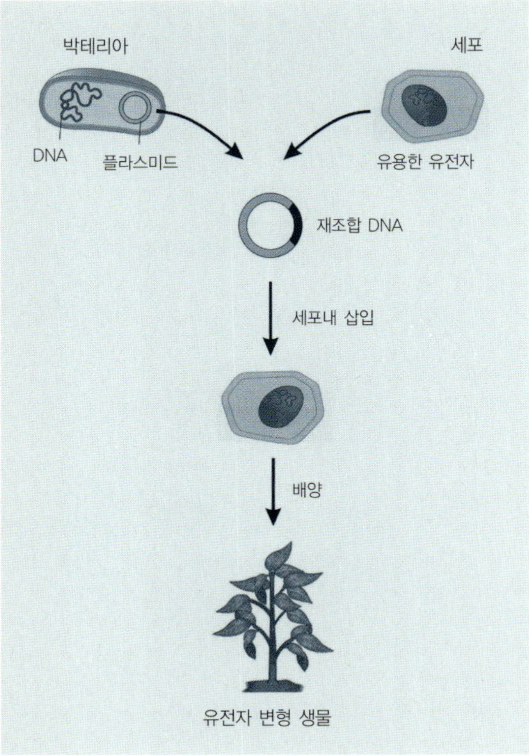

〈그림 8-3〉 유전자 변형 생물을 만드는 과정

기술에 의해 생산된 이른바 유전자조작 식품이 일부 오르고 있는 경우가 있다. 그러나 유전자조작 식품의 안전성에 대한 논란이 아직 진행 중이며, 과학자는 유전자조작 식품의 개발뿐만 아니라 그 안전성에 대해서도 충분한 연구와 실험을 해야 할 것이다. 현재까지 유전자조작 식품에 의한 심각한 피해는 거의 보고되지 않은 반면에 생산 증가 효과 등은 매우 크게 부각되고 있다. 만약 유전자 변형 생물 기술에 의한 새로운 품종의 동식물이 자연생태계로 유입되어 번식한다면, 경우에 따라서는 생태계가 파괴될 가능성도 있는 것이다.

3) 쾌적한 환경을 위한 생명공학

석유에 의해 오염된 해양을 복원하기 위해서 기름을 먹고 사는 미생물을 사용하면 유화제 사용에 의한 2차 오염을 막을 수 있을 뿐만 아니라 미생물의 왕성한 번식력 때문에 오염 처리 속도가 빠르고, 그 경제성 또한 매우 뛰어날 것이다. 현재 이러한 미생물이 개발 중에 있으며 실험실 수준에서 성공을 거두고 있다(그림 8-4). 그러나 염도가 높은 해수에서 그리고 낮은 수온에서 빨리 번식하면서 방제 효과를 크게 하는 것은 앞으로 해결해야 할 과제이다.

2007년 12월 7일 우리나라 최악의 해양 오염 사건이라고 할 수 있는 서해안 태안반도 근해의 원유 유출 사고는 연인원 백만 명 이상이 방제 작업을 했지만, 수개월이 지난 후에도 유막과 오일볼(oil ball)이 바다와 해안가를 덮고 있다. 유막은 공기 중의 산소가 물속으로 녹아들어가는 것을 차단하고, 수중 생물이 방출하는 이산화탄소가 공기 중으로 날아가는 것도 차단하기 때문에 수중 생물에게는 치명적이며, 결국 동물과 식물 모두 질식해서 죽는 결과를 초래한다. 오일볼(oil ball)은 원유의 타르 성분이 뭉쳐진

〈그림 8-4〉 침몰하는 선박에서 흘러나오는 기름을 없애기 위해 유화제 살포보다는 기름을 먹고사는 미생물을 이용하는 것이 더 바람직하다.

것으로 비중이 커지면서 점차 바다 밑으로 가라앉는데, 이렇게 되면 해저 생태계까지 파괴된다. 바다 속에서 해녀가 채취한 전복이 죽은 채로 썩어 가고 있다고 보도되기도 하였다. 바다 밑에 깊이 가라앉은 오일볼은 재래적인 방법으로는 거의 방제가 불가능한데, 수온이 변하면서 오일볼이 다시 바다 위로 떠올라 터지는 일이 일어날 수 있다는 데 큰 문제가 있다(그림 8-5). 원유 유출로 파괴된 생태계가 어느 정도 회복되려면 수십 년의 세월이 필요한데, 그동안 오염 인근 지역의 경제와 주민들의 생활은 처참하게 무너진다. 이러한 원유 오염 사고에 대비해서 원유 오염 방제 미생물을 하루 빨리 실용화해야 할 것이다.

황화구리가 주성분인 구리 원광석에서 구리를 추출할 때 구리 성분을 흡수하는 박테리아를 사용하면 거대한 제련소를 건설하지 않아도 되므로 환경오염을 감소시키고 에너지를 절약할 수 있다. 또한 종래의 방법으로는 경제성이 없었던 저함량 원광석을 이용할 수 있으므로 지하자원의 이용

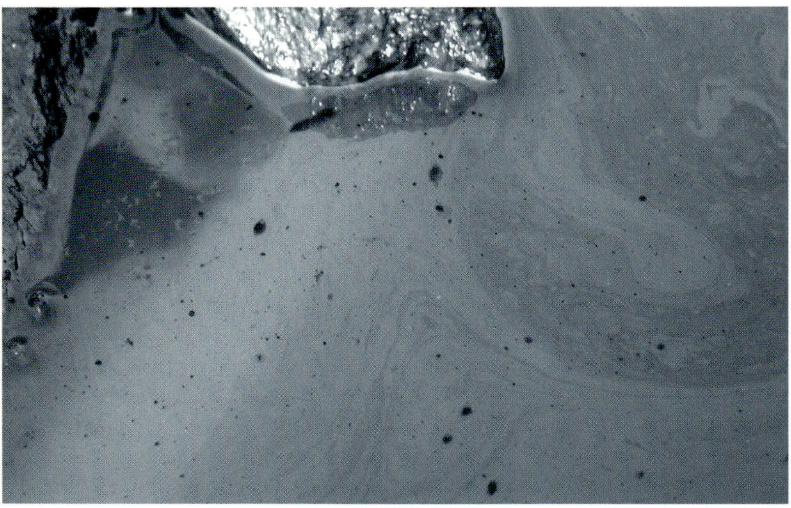

〈그림 8-5〉 태안반도 근해에서 유출된 원유 방제 작업에 참여하여 찍은 해안가의 모습. 많은 인력이 방제 작업에 동원되었지만, 유막과 오일볼(oil ball)은 여전히 많이 남아 있다.

효율을 높일 수 있다. 하수처리장에서의 미생물을 이용한 폐수 정화도 현재 널리 사용되고 있는 기술이다. 이와 관련하여 정화 능력이 뛰어난 미생물을 유전자 재조합으로 만드는 연구도 진행되고 있다. 그리고 미생물이 만드는 물질을 이용한 무공해 농약도 개발되고 있다.

미국의 생명공학자 벤터(Craig Venter, 1946~)는 에너지를 생산하는 미생물을 개발하고 있는데, 최근에 이미 상당한 진척을 이루고 있다는 것이 『뉴욕 타임즈』에 보도되었다. 이 연구팀은 전혀 새로운 방법으로 연구를 진행하고 있는데, 이른바 에너지를 생산하는 '합성 생명체'를 만드는 것이다. 현재까지의 유전공학적 기술은 이미 존재하는 생물의 DNA를 섞거나 조작하는 것이었는데, 이들은 DNA를 처음부터 화학적으로 합성하여 새로운 미생물을 만들고 있다. 원하는 유전형질을 가진 미생물을 마치 기계 조립하듯이 만들어 가고 있는 것이라고 볼 수 있다. 만약에 이러한 연구가 큰 성과를 거둔다면, 석탄과 석유 등의 화석연료 고갈에 따른 문제점을 극복하는 데 큰 힘이 될 것이다. 그럼에도 불구하고 많은 환경 단체들이 이러한 연구를 반대하고 있다. 그 이유는 이렇게 만들어진 새로운 생명체가 생태계를 위협할 가능성도 있다고 판단하기 때문이다. 무분별한 합성 생명체 연구는 예기치 않은 재앙을 초래할 수도 있기 때문에 매우 신중한 접근이 필요하고, 이를 통제하기 위한 제도적인 장치가 조속히 마련되어야 할 것이다.

4) 명탐정 유전자 지문

손가락 끝에 있는 지문은 사람마다 다르므로, 이를 이용하여 개인을 식별할 수 있다. 그러나 이러한 지문만으로는 혈연관계나 민족간의 유연관계를 알아낼 수는 없다. 유전자 지문은 모든 개인의 유전형질이 자신의

DNA에 기록되어 있고, 혈연관계가 가까울수록 DNA가 비슷하다는 원리를 이용한 것이다. 이론적으로는 각 개인의 DNA 염기서열을 알아내고 이를 비교하면 좋지만, 실제 이러한 과정은 매우 많은 시간과 비용이 든다. 그래서 DNA를 제한효소(restriction enzyme)로 자르고, 이 때 생기는 DNA 조각들을 통째로 비교하는 방법을 택한다. 이렇게 해서도 손가락 지문보다 오차가 훨씬 적은 결과를 얻을 수 있다. 제한효소는 원래 박테리아에 바이러스가 침입하였을 때, 바이러스를 공격하기 위해 박테리아가 분비하는 효소이다. 바이러스 DNA의 특정 염기서열 부분만을 자르기 때문에 박테리아 자신은 피해를 입지 않고 바이러스의 증식만을 제한하기 때문에 붙여진 이름이다.

제한효소로 자른 DNA 조각들은 인산기를 포함하기 때문에 전기적으로 음성(마이너스)이다. 전기적인 인력을 이용하는 전기영동이라는 방법에 의해 이러한 DNA 조각들을 크기별로 분리하면 사람마다 고유한 띠가 나타나는데, 이것이 바로 유전자 지문이다. 전기영동 방법에서 DNA 조각들을 포함한 시료를 아가로스 겔(agarose gel)로 채운 얇은 용기의 -전극 쪽에 넣고, 그 반대쪽에 +전극을 연결하면 DNA 조각들이 +전극 쪽으로 이동하는데, DNA 조각의 크기가 작을수록 그 이동 속도가 빠르기 때문에 DNA 조각이 크기별로 분리된다(그림 8-6).

범죄 현장에 떨어진 머리카락에 붙어 있는 하나의 세포에서 추출한 미량의 DNA만 있어도 이러한 유전자 지문을 밝혀낼 수 있게 된 것은 미국의 생화학자인 멀리스(Kary Mullis, 1944~)의 공로 때문이다. 멀리스는 중합효소 연쇄반응(Polymerase Chain Reaction)을 통해 작은 양의 DNA를 복제하여 매우 많은 양으로 만드는 방법을 개발하였고 이 업적으로 1993년 노벨화학상을 수상하였다. 유전자 지문은 현재 대부분의 나라에서 법정 증거로 채택되고 있다.

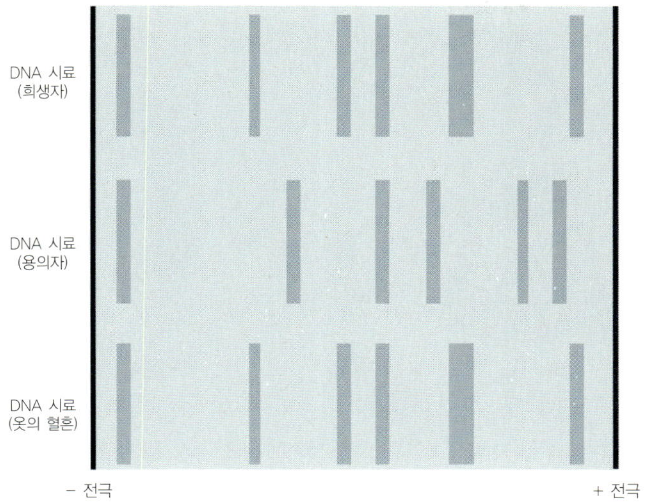

〈그림 8-6〉 용의자 옷에 묻은 혈액이 희생자의 것이라는 것을 증명하는 유전자 지문

유전자 지문을 이용하여 친자 확인을 하는 것도 가능하다. 2006년 우리나라를 떠들썩하게 했던 서래마을의 영아 시신 유기 사건도 유전자 지문 방법이 없었다면 해결하지 못했을 가능성이 높다. 유전자 지문에 의해 그 집에 살았던 부부와 영아 사이에 친자 확인이 이루어짐으로써 사건이 종결된 것이다. 유전자 지문의 이러한 특성은 미아나 실종 어린이를 찾는 데도 크게 기여하고 있다. 너무 어려서 아이가 실종되었을 때, 오랜 세월이 지나면 서로의 기억에 의존하여 친자 확인을 하는 것은 거의 불가능하지만, 유전자 지문을 이용하면 가능하다(그림 8-7). 미국으로 입양되어 성장한 후 2006년 토리노 동계올림픽에서 동메달을 딴 스키선수 토비 도슨이 한국인 아버지를 찾고 싶다고 했을 때, 자신이 아버지라고 주장한 사람들이 수십 명이나 나타났지만 유전자 지문에 의해 친아버지를 찾을 수 있었다. 또한 테러나 재해에 의해 많은 사람들이 형체를 알아보기 힘들 정도로 희생되었을 때, 사망자와 그 가족을 이어주는 유일한 끈은 유전자 지문이다.

〈그림 8-7〉 누가 아기의 어머니인가? 솔로몬의 판결보다 정확한 유전자 지문

유전자 지문은 역사 연구에 활용되기도 한다. 각 민족에 따라 유전자 지문의 형태가 일정한 패턴을 나타내는데, 이를 이용하면 민족간의 유연관계를 알아낼 수 있다. 민족의 이동에 대한 역사 기록, 민족의 발생과 번성에 대한 신화 등도 중요한 연구 자료이지만, 더 확실한 것은 유전자 지문에 의한 민족간의 유연관계이다. 최근의 이러한 연구에 의하면 우리 민족은 북방계 단일민족이 아니라 북방계 약 60%와 남방계 약 40%로 이루어진 다민족 기원이라는 학설이 제기되고 있다. 또한 우리나라와 일본 사람에게만 공통적으로 존재하는 DNA 부분이 있어서 우리나라에서 일본으로 오래전에 건너간 사람들이 각지로 퍼졌다는 설이 뒷받침되고 있다.

이러한 민족간의 유연관계를 연구하는 데는 세포핵의 DNA보다는 미토콘드리아의 DNA를 주로 이용한다. 미토콘드리아의 DNA는 난자를 통해서만 다음 세대에 전달되기 때문에 모계 유전이며, 미토콘드리아의 DNA가 완전히 동일하다면 같은 모친에게서 태어난 자손인 것이다. 유연관계가 멀수록 미토콘드리아의 DNA는 많이 달라지기 때문에, 이렇게 다른 정도를 유전자 지문으로 파악하여 유연관계를 알아내는 것이다.

5) 유전자 치료에 의한 난치병의 극복

유전자의 결함에 의해 비정상적인 세포가 만들어진다면, 일반적인 치료 방법으로는 완치가 불가능할 것이다. 왜냐하면 일반적인 치료 방법으로는 비정상적인 세포를 모두 정상적인 세포로 변화시킬 수 없기 때문이다. 그러나 유전자 치료 방법이 개발되면서 전에는 불치병으로 여겨졌던 것들도 치료가 가능해지고 있다.

예를 들면 백혈병 치료를 위해서 유전자 치료 방법을 사용할 수도 있다. 백혈구는 골수세포에서 만들어지는데, 백혈병 환자의 경우 결함이 있는 골수세포에 의하여 모양과 기능에 결함이 있는 백혈구가 많이 만들어진다. 정상인의 세포에서 필요한 유전자를 채취한 후 바이러스의 RNA와 결합시키고, 이를 환자에게서 채취한 골수세포에 이식하면 정상인의 유전자가 환자의 골수세포 유전자에 결합되어 세포 수준에서 치료가 가능하다. 이렇게 치료된 골수세포를 배양하여 환자의 골수에 주사하면 정상적인 백혈구 생산이 가능해져서 백혈병이 치료될 수 있다(그림 8-8). 이러한 유전자 치료 방법은 백혈병뿐만 아니라 다양한 질병의 치료에 점점 많이 응용되고 있다.

6) 줄기세포에 의한 새로운 가능성

사람의 탄생은 수정란에서 시작된다. 난자와 정자가 만나서 수정란이 만들어지면 세포분열이 시작되고, 이러한 세포분열은 세포의 수만 많아지는 것이 아니라 세포의 모양도 다양하게 분화되는 과정을 포함한다. 즉, 수정란으로부터 근육세포 · 신경세포 · 뼈세포 · 피부세포 · 혈액세포 등 여러 가지 세포가 만들어진다. 이렇게 특정한 형태의 세포로 만들어지는 과

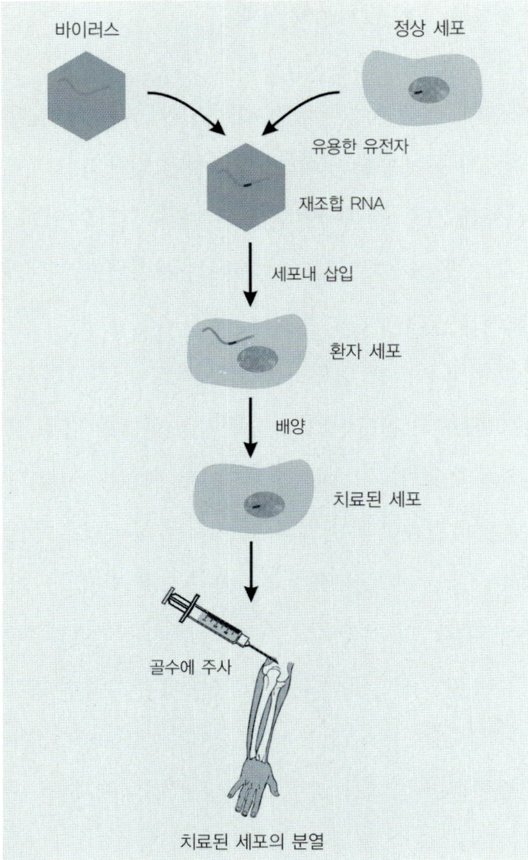

〈그림 8-8〉 세포내의 유전자를 변화시키는 유전자 치료의 과정

정을 분화라고 하는데, 완전히 분화가 끝난 세포는 더 이상 다른 모양으로 분화되지 못한다. 반면에 발생 초기의 배(embryo)로부터 추출한 세포는 다른 여러 가지 형태의 세포로 분화될 수 있는 잠재력이 있기 때문에 이를 줄기세포(stem cell)라 한다. 마치 나무의 줄기에서 여러 개의 가지가 갈라져 나오듯이 여러 가지 세포가 만들어질 수 있기 때문에 붙여진 이름이다. 배는 태아의 형태를 갖추기 이전의 상태를 말하는데, 여기에서 추출한 줄

기 세포를 배아줄기세포(embryonic stem cell)라 한다. 정상적인 수정란에서 발생한 배에서 배아줄기세포를 얻으려면 배를 파괴해야 하는 윤리적인 문제가 대두되기 때문에 일반적으로는 난자와 체세포 핵을 이용하여 배아줄기세포를 만든다.

한 사람의 체세포 핵을 다른 사람의 난자에 삽입한 후, 세포분열이 일어나게 하여 배를 만든 후, 여기에서 줄기세포를 추출한다(그림 8-9). 추출된 줄기세포로부터 다양한 종류의 세포를 얻을 수 있기 때문에, 종래의 방법으로는 치료가 불가능했던 환자를 치료하는 것이 가능해졌다. 예를 들면 개를 이용한 실험에서, 척수신경을 다쳐서 반신불수가 된 개의 척수에 줄기세포를 주사하여 척수신경세포를 보충해 줌으로써 개가 다시 정상적으로 걷게 된 사례도 보고되었다. 이론적으로는 사람의 경우에도 똑같은 방

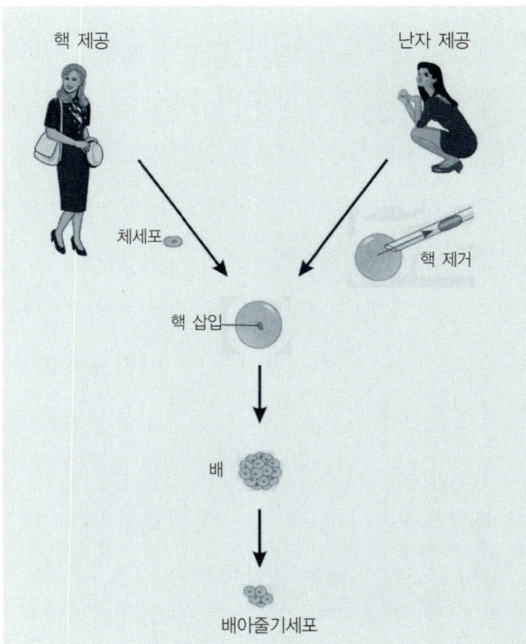

〈그림 8-9〉 난자와 체세포 핵을 이용하여 배아줄기세포를 만드는 과정

법이 적용될 수 있다. 척수신경뿐만 아니라 화상으로 얼굴의 피부가 손상된 사람, 장기의 조직이 손상된 사람, 근육이 손상된 사람 등의 필요한 조직을 모두 그 사람의 체세포 핵을 이용한 줄기세포로부터 얻을 수 있다. 예전에는 상상조차 할 수 없었던 획기적인 성과이지만, 윤리적인 문제가 완전히 해결되지 않고 있다. 왜냐하면 수정란 대신 체세포 핵과 난자를 이용한다 하더라도, 배가 발생하는 과정은 하나의 완전한 생명체가 자라는 과정으로 볼 수 있기 때문이다. 줄기세포를 얻기 위해서는 이러한 배를 파괴해야 한다는 문제점이 남아 있는 것이다. 따라서 대부분의 나라에서는 인간의 배아줄기세포 연구를 법으로 금지하고 있다.

배아줄기세포의 윤리적인 문제를 해결하는 돌파구로서 성체줄기세포가 도입되었다. 사람의 피부세포 · 근육세포 · 혈액세포 · 신경세포 · 골수세포 등을 이용해서 제한적이기는 하지만 줄기세포를 만드는 것이 가능한데, 이러한 줄기세포를 성체줄기세포라 한다. 성체줄기세포에서 분화될 수 있는 세포의 종류는 처음 이용된 세포와 비슷한 종류에 한정되어 있다는 큰 단점이 있다. 반면에 배아줄기세포는 인체에 필요한 거의 모든 세포를 만들 수 있는 장점이 있으나 윤리적인 문제점이 있는 것이다.

현재는 배아줄기세포와 성체줄기세포가 가진 문제점을 동시에 해결할 수 있는 돌파구가 열리고 있다. 2007년 미국 하버드대 연구팀과 일본 교토대 연구팀은 사람의 피부에서 채취한 세포에 4가지 유전자를 삽입하여 줄기세포처럼 여러 종류의 세포로 분화가 가능한 만능세포를 만드는 데 성공하였다(그림 8-10). 아직은 삽입된 유전자에 의한 부작용을 예측하고 이를 없애는 방법이 개발되지 않아서 곧바로 실용화되지 못하고 있지만, 새로운 가능성을 예고하는 큰 성과임에는 틀림이 없다.

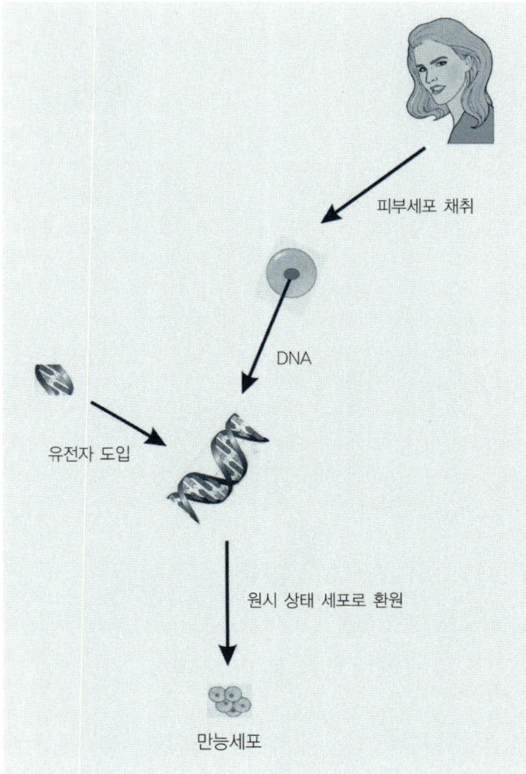

〈그림 8-10〉 피부세포에 다른 유전자를 삽입하여 만능세포를 만드는 과정

7) 생물 복제의 잠재력과 생명윤리

최초의 복제 포유동물인 돌리가 1996년 영국의 로슬린연구소의 윌머트(Ian Willmut, 1944~) 박사팀에 의해서 태어난 이후, 다른 많은 복제 생물이 만들어졌다. 복제 생물은 체세포 핵을 채취하여 핵이 제거된 난자에 넣고, 어느 정도 배양을 한 후에 대리모의 자궁에 착상시키는 과정을 통해 만들어진다(그림 8-11).

예전에는 이미 성장한 동물에서 채취한 세포는 이미 특정 구조와 기능

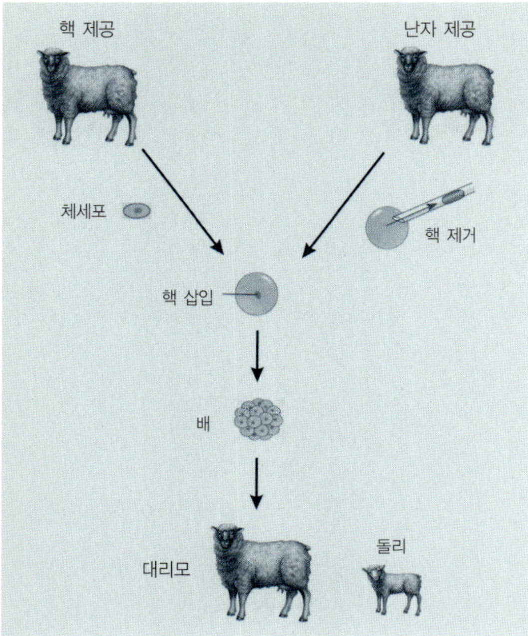

〈그림 8-11〉 복제양 돌리가 탄생하게 된 과정

을 갖는 세포로 분화되었기 때문에 수정란처럼 완전한 개체로 발생되는 것이 불가능하다는 것이 과학자들의 공통된 생각이었다. 그러나 체세포 핵을 이용한 생물 복제의 성공은 이러한 오랜 생각을 바꾸게 한 획기적인 사건이었다. 현재는 소 · 염소 · 돼지 · 토끼 · 고양이 · 족제비 · 개 · 말 · 늑대 등의 복제 연구가 성공을 거두었으며, 외국의 한 연구팀은 인간의 복제까지 성공했다고 발표하여 생명윤리와 인간의 존엄성에 대한 논란을 일으키기도 하였다.

우수한 품종인 가축의 유전형질을 유지시키기 위해 전에는 선택적 교배를 하였는데, 이 방법을 사용하면 수정란이 만들어지는 과정에서 한 생물의 유전자가 다른 생물의 유전자와 섞이게 된다. 반면에 생물 복제의 기술을 이용하면 체세포 핵 전체를 이용하므로 한 생물의 유전자를 다음 세대에 100% 그대로 유지시키는 것이 가능하다. 유전자 변형 생물의 방법으로 만들어진 귀중한 제약생물(의약품 성분을 분비하도록 유전자가 도입된 생물) 등을 유지하기 위해서도 이러한 생물 복제 기술이 응용될 수 있다.

또한 이미 멸종된 생물을 복원하는 연구도 이 생물 복제 기술을 사용하여 시도되고 있다. 시베리아의 영구동토에서 잘 보존된 매머드의 사체가 발견되면서 이러한 연구가 가속화되고 있다. 매머드의 사체에서 체세포 핵을 추출하고, 이를 핵이 제거된 코끼리의 난자에 삽입한 후, 어느 정도 배양을 하여 대리모 코끼리의 자궁에 착상시켜서 매머드를 태어나게 한다는 계획이다. 영화 「쥬라기 공원」에서는 공룡의 피를 빨아먹은 모기가 호박 속에 보존된 것을 이용하여 공룡의 체세포를 얻어서 공룡을 복제한다고 그려지고 있는데, 현재로서는 공룡의 체세포 핵을 파괴되지 않은 채로 얻기가 매우 어렵다는 것이 과학자들의 정론이다. 만약에 이러한 멸종 동물의 복제가 성공한다면 자연 생태계는 어떻게 될까? 아마도 현재의 생태계가 파괴되고 새로운 생태계로 변화한 후, 다시 평형상태를 유지하게 되겠지만 큰 혼란이 생길 것만은 분명하다(그림 8-12). 이러한 것을 방지하기

〈그림 8-12〉 박물관에서 공룡의 화석을 보는 것과 거리에서 살아 움직이는 공룡과 마주치는 것은 전혀 느낌이 다를 것이다.

〈그림 8-13〉 똑같이 생긴 사람들을 면접하게 되는 날이 올지도 모른다.

위해서 복제된 생물을 동물원에 가두어 놓을 수 있으나, 동물원이 완벽한 안전장치가 될 수 없다는 것이 문제로 대두된다.

인간을 복제하는 것은 더욱 큰 문제가 될 수 있다. 손상된 장기를 기증받아서 장기이식을 하는 환자들이 많이 있으나, 유전형질이 많이 다르면 거부반응을 일으키게 된다. 그래서 유전형질이 비슷한 가족이나 가까운 친척의 장기를 이식받는 것이 좋지만 신장처럼 2개씩 있는 장기가 아니라면 이식이 불가능한 경우가 대부분이다. 자신의 복제 인간을 만들면 이론적으로는 거부반응이 전혀 없는 가장 이상적인 장기를 생산하는 것이 가능하지만, 복제된 인간도 똑같은 생명 존엄성을 가지고 있으므로 그러한 목적으로 이용한다는 것은 가장 우려할 만한 일이다. 그러므로 대부분의 나라에서 인간의 복제를 법으로 금지하고 있다. 그럼에도 불구하고 캐나다의 종교 단체인 라엘리안 무브먼트가 설립한 클로네이드(Clonaid)사에서는 '이브(Eve)'라는 이름을 가진 세계 최초의 복제 아기가 출생했다고 언론을 통해서 전했으며, 다른 나라의 일부 과학자들도 인간 복제를 시도하고 있다고 알려져 있다. 만약에 이러한 인간 복제가 무분별하게 이루어진다면 어떤 일이 일어날까? 아마도 인간의 가치와 존엄성은 사라지고 모든 인간은 공장에서 만들어낸 상품처럼 취급될지도 모른다(그림 8-13).

장기 이식을 위해 인간을 복제하는 것의 윤리적 문제는, 사람의 유전자를 다른 동물에게 이식하여 그 동물로 하여금 사람의 장기를 생산하게 하는 방법에 의해 어느 정도 완화될 수 있다. 현재는 흰쥐를 이용해 사람의 귀를 생산하게 하는 것이 성공을 거둔 정도이나, 앞으로는 다양한 장기와 조직을 생산하게 될 것으로 판단한다. 또한 세포배양을 통해서도 어느 정도 필요한 세포와 조직을 얻을 수 있는 기술도 개발되었는데, 이 기술을 이용하여 피부 · 연골 · 인대 · 간 · 신장 · 췌장 등의 조직을 부분적으로 생산하는 데 성공을 거두고 있다.

제9장 첨단 기술과 미래

1. 나노테크놀로지

나노란 10억분의 1을 의미하는 것으로 1나노미터는 10억분의 1미터의 크기로 대변되는데 이 크기를 다른 크기와 비교하면 수소 원자의 열 개 정도 크기이고, 전형적인 박테리아의 1000분의 1, 곤충핀 끝의 백만분의 1의 크기이다. 나노 기술은 분자의 크기인 대충 100나노미터까지 다루면서 이 구조에서 물질의 물리적·화학적 영향을 조절하는 능력을 갖추는 기술이다. 현재 나노 기술에서 취급하는 분야는 다양한데 그중에 대표적인 것을 보면 다음과 같다. 먼저 재료 부분에서는 탄소나노 튜브, 나노 자성체, 나노 화합물이 있으며, 기계 부분에서는 마이크로 로봇, 생명과학 분야에서는 신약 개발이 포함될 수 있어서 그 분야는 무궁무진하며 학제간 종합 기술 분야로 나타난다. 바로 극미세 우주를 지향하는 퓨전 과학이라 할 수 있다. 나노 기술을 미세 세계를 구현하는 방식으로는 크게 두 가지 방식이 있

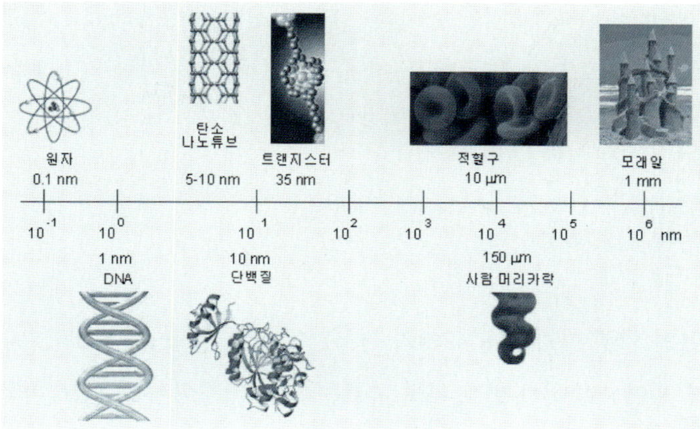

〈그림 9-1〉 나노 규모에서 비교

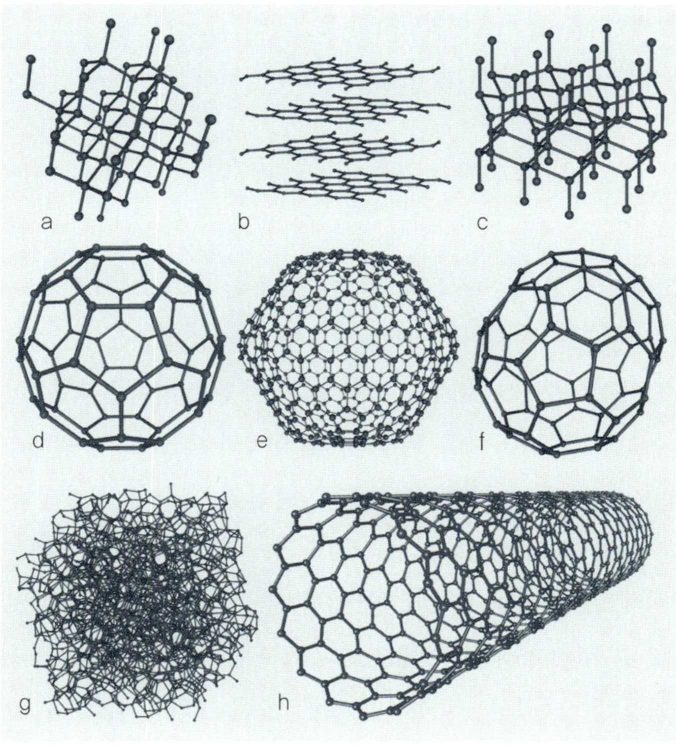

〈그림 9-2〉 나노 수준에서 다양한 형태로 결합한 탄소

는데 톱다운(top-down) 방식은 조각가처럼 깎아내거나 표면에 덧붙이는 것으로 마이크로칩이 가장 좋은 예이고 다른 방식은 바텀-업(bottom-up) 방식으로 탄소 나노 튜브처럼 스스로 구조를 조립하는 형식이다.

1) 탄소 나노 튜브

1991년 일본 전기회사(NEC)의 연구원인 이지마(Sumio Iijima, 1939~) 박사가 우연히 발견한 탄소 나노 튜브는 최대 직경이 수십 나노미터에 불과하면서도 강도는 강철의 100배, 전기 전도도는 구리와 동일하다. 이것은 초소형 전자제품과 컴퓨터 시장을 주도할 미래형 반도체이다. 현재 기술상의 장벽이 하나둘 허물어지면서 본격 상용화가 곧 가능할 것으로 예상된다. 특히 가장 많이 기대되는 분야는 반도체 메모리 분야이다.

2) 나노 응용 분야

반도체 저장 분야인 나노 자성체는 손톱만한 디스켓에 수백만 장의 문서를 저장할 수 있는 분야로 자성을 띤 나노 입자들을 촘촘히 집적해서 만든다. 입자가 자성을 띠지 않을 때는 0, 전기가 통해 자성을 띠면 1이 되어 2진법으로 정보를 저장한다. 자성을 가진 입자의 최소 크기는 현재 10나노미터 정도이다. 나노 재료는 배터리에 어떤 물질을 넣으면 오랫동안 쓸 수 있을까 하는 것처럼 산업화가 용이한 새 나노 화합물을 만들어 내는 분야이다. 이밖에도 여러 가지가 있지만 가장 간단하게 나노 과학 기술로 상용화한 분야는 현재 자외선 차단용 나노 재료 화장품이라든가 자동차 타이어에 탄소를 박아 윤활성을 높이고 마모를 덜어주는 타이어 코팅용 나노 재료 카본 블랙 등을 들 수 있다. 또한 은 콜로이드 형태에서는 항균 방충, 탈

취의 기능으로 자외선이나 전자파를 차단하는 곳에 응용되고 있다.

나노 클러스터와 같은 복합 구조의 형태에서는 거대 표면적을 이룸으로써 고효율 선택제 촉매제로 쓰이는 등 복합 기능을 지닌 신물질로서 나노 물성을 실제적으로 구현한 것이라 여겨진다.

3) 만능 분자 어셈블러

미국의 컴퓨터 과학자인 드렉슬러(Kim Eric Drexler, 1955~)는 미래에 만능 분자 어셈블러(molecular assembler)가 실용화되어 모든 물질의 분자 구조를 자유자재로 조립하여 어떠한 분자구조의 물질도 만들 수 있을 것이라고 주장하였다. 이는 미래에 생각할 수 있는 나노 과학 기술로서 마이크로 머신이 가능할 것이라는 생각을 갖게 한다. 이는 만능 로봇으로서 인공지능을 가지며 자유롭게 작동하고 자기복제가 가능할 수 있으리라고 추측하게 된다. 실제로 생명체의 어셈블러로서 세포내에서 리보솜이 존재하고 있다. 현재에도 마이크로 머신에 대한 연구가 진행 중이며 의료 분야에의 응용을 기대하고 있다. 또한 인체 내의 대장균에 나노 크기의 모터를 부착하여 나노 로봇을 개발하는 일이 구상 중에 있다. 만일 나노 로봇이 등장하게 된다면, DNA의 문제점이 발생할 때 나노 크기에서 치료가 가능하게 될 것이며 암세포를 파괴할 수 있는 가능성도 충분히 상상할 수 있다.

〈그림 9-3〉 드렉슬러

4) 나노 과학이 던지는 잠재적 위험

나노 과학이 실용화되는 속도는 예상보다 빨라 나노 과학 기술이 가지고 있는 잠재적인 위험에 대해서 조심스럽게 고려해야 할 단계이다. 잠재적인 위험 중에서 환경이나 생물에 미칠 영향을 따져 보아야 한다. 2003년에 NASA와 화학 관련 회사인 듀퐁(DuPont)이 공동으로 추진한 연구에서 탄소 나노 튜브를 용액의 형태로 쥐의 폐 조직에 주입하였더니, 폐에서 응집 현상이 일어나 폐 조직이 손상되었음이 보고되었다. 또 2005년에 미국 남부 감리교대학의 독성학자인 에바 오베르되르스터(Eva Oberdörster) 박사는 탄소 나노입자인 버키볼이 포함된 용액이 어류의 뇌세포 조직을 손상시킬 가능성을 제기하였다.

이처럼 위험의 잠재성에 대한 연구나 문제점들에 대한 보고가 이어지면서 장밋빛 같던 나노 과학 기술에 대한 염려가 점차 나타나고 있다. 나노 입자가 위험한 것은 크기 때문이다. 자연계에 존재하는 입자들은 뇌로 들어가지 못하지만 크기가 작은 나노 입자가 들어가는 것은 막을 수가 없다. 크기가 작아 기도에서 걸러지지도 않고 바로 폐 세포로 들어간다. 게다가 크기가 작을수록 화학반응을 하는 표면적이 넓어져 없던 독성이 나타날 수도 있는 것이다.

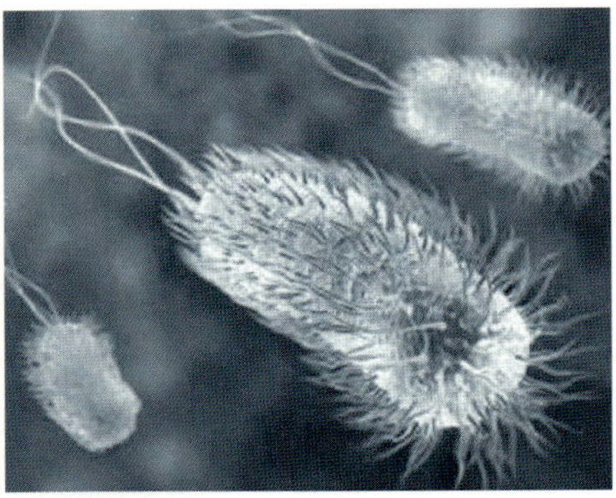

〈그림 9-4〉 대장균에 나노 모터를 부착한 경우

2. 사이보그

사이보그(cyborg)란 뇌 이외의 부분, 즉 수족이나 내장 등을 교체한 개조 인간을 말하며 생물과 기계장치의 결합체를 뜻한다. 이 사이보그라는 단어는 어원이 cybernetic과 organism의 두 단어를 합성한 것이다. 현재 이에 대한 실현으로 이미 근전류로 움직이는 의족이나 의수 등 생체 기능을 대행하는 로봇을 개발하여 활용하고 있으며, 인공 심장을 이식하는 등 사이보그에 준하는 활용이 활발한 실정이다. 그런데 사이보그에서 가장 중요한 부분은 바로 인공두뇌라 할 수 있다. 인공두뇌를 실현하는 것으로서 스스로 생각하고, 공부하고, 주어진 문제를 해결하기도 하는 제5세대 컴퓨터가 개발되고 있으나, 한편으로는 인간의 지적 활동을 대행하는 기계(컴퓨터)로 인간의 뇌를 대치한다는 것은 현실적으로 불가능하다고 여기는 견해도 있다. 인공두뇌는 인간의 두뇌 기능을 수행하는 인공 시스템으로서 인간의 뇌처럼 생각하는 컴퓨터를 말한다. 기계가 인간과 똑같이 생각할 수 있으려면 보고 듣고 추론하고 행동하는 능력을 가지고 있어야 하며, 단순하게 프로그램화된 지시에 따라 임무를 수행하는 것이 아니라, 스스로 판단하고 배우는 학습 능력이 필요하다.

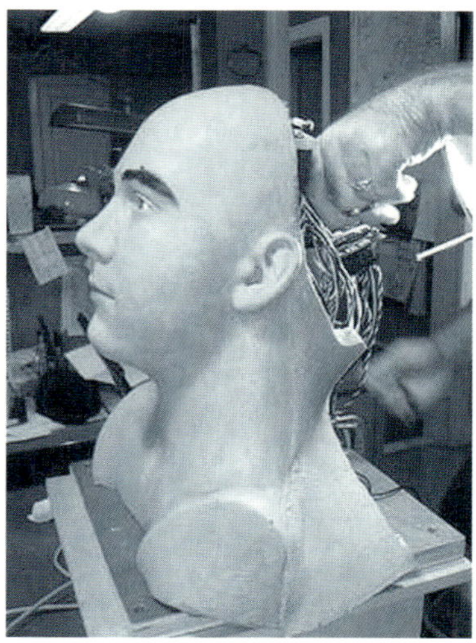

〈그림 9-5〉 인공두뇌 로봇

공상과학 영화 같은 데에서는 이미 여러 형태의 가상적인 사이보그를 소개하고 있다. 사이보그에는 사람과 같은 지능을 소유하는 것이 숙제로 남아 있는데 이를 인공두뇌라

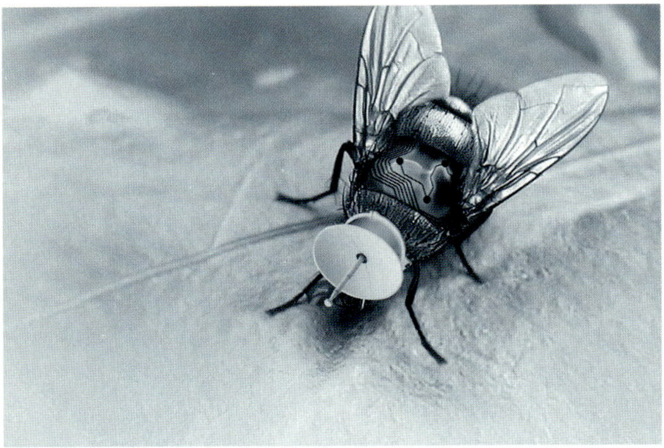

〈그림 9-6〉 곤충 사이보그

한다. 인공두뇌를 실현화하는 다른 예로 인간의 두뇌 구조를 모방한 컴퓨터인 신경망(Neural Network) 컴퓨터를 생각할 수 있다. 생체의 신경세포들의 작용에서 아이디어를 얻어서 패턴 인식 등 인간의 두뇌 작용과 유사한 기능을 가지도록 하자는 것인데 기본적으로는 프로그램이 필요없고 학습에 의해 지식을 습득하며 사람에 가까운 직감적 사고를 가지도록 하는데 있다. 직렬적으로 작업을 수행하는 기존의 컴퓨터는 인간의 뇌세포에서처럼 병렬적으로 정보를 처리하는 것이 불가능한 반면에 이 문제를 해결하기 위해 등장한 인공두뇌는 다양한 정보를 직감적이고 종합적이며 병렬적으로 처리하는 차세대 컴퓨터인 셈이다.

인공두뇌 분야에서 추론 못지않게 중요한 것이 학습 분야이다. 사용자의 특성을 스스로 학습하고, 인공 시스템의 학습 능력을 변화된 환경에 적응한다든가 복잡한 문제를 효율적으로 해결할 수 있는 영역까지 확대하는 것이다. 사무실에서 비서 로봇이 스스로 여러 지식과 정보를 배우면서 모든 일을 처리한다든가, 전자상거래 분야나 정보 검색 분야에서는 좀더 나은 서비스를 위해 컴퓨터가 사용자의 특성을 학습하고 연구를 진행하여 주인이 잠자는 동안 평소 그가 선호하는 상품이나 정보를 분석해서 제공하는 등 상용화되는 예가 많이 있다.

이와 같이 두뇌 연구란 아주 중요하며 뇌 연구의 목표를 뇌질환의 예방 및 치료 기술을 개발하는 데에서 더 나아가 교육 및 학습 방법을 획기적으로 개선하고자 하는 데 두고 있다. 따라서 선진 각국에서는 뇌에 대한 연구를 위하여 여러 목표를 두고 있다. 일본의 경우 21세기를 뇌의 세기(Century of the Brain)로 정하고, 미국은 뇌의 10년 (Decade of Brain)이라고 부르면서 뇌 연구에 박차를 가하고 있으며 유럽은 선진 7개국 G7 HFSP (Application of Neural networks for Industries in Europe)를 선언하고 연구를 추진하고 있다. 뇌, 즉 인공두뇌에 대한 연구는 현대 과학의 마지막 미개척 분야로서 뇌의 기능과 구조를 밝혀내어 궁극적으로는 컴퓨터에 생명체의 기능을 적용하여 인간 노동력을 대체하고자 하는 것이다.

우리나라에서의 인공두뇌에 대한 연구는 다음의 세 단계로 진행되는데 먼저 뇌 정보처리 메커니즘의 이해를 통해 기반 기술의 확립을 목표로 뇌 · 신경정보의 구조와 역할, 행동 · 인지 기능에 대해 이해하며, 두 번째 단계로는 분자 및 시스템 수준의 뇌기능에 대한 이해와 모델을 확장하며, 생물학적 뇌 정보처리에 기반한 응용 기술과 실제로 응용 가능한 신경회로망 소자를 개발하는 것이다. 마지막 세 번째 단계에서는 뇌과학 분야에서 뇌연구를 실제로 응용하기 위한 기반을 제공하고 뇌공학 분야에서 초기형 인공두뇌를 개발하여 다양한 실제적인 응용 시스템을 완성하는 것이다.

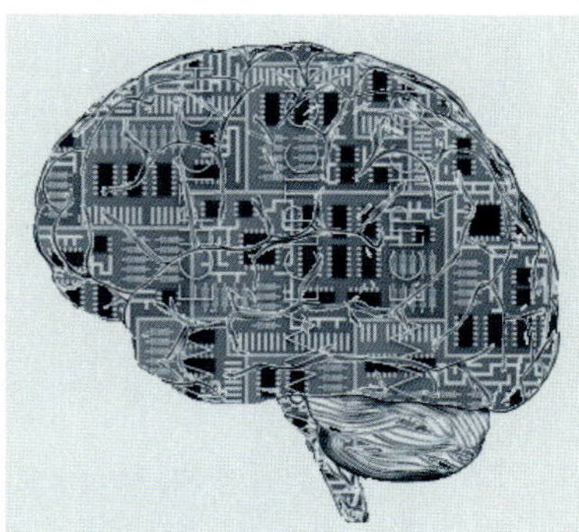

〈그림 9-7〉 인공두뇌가 사람을 대체할까?

영국의 미래학자인 이언 피어슨(Ian Pearson, 1959~) 박사는 2030년쯤에는 컴퓨터와 인간의 두뇌가 결합하는 제3의 혁명이 일어나 사람처럼 생각하는 뛰어난 인공두뇌가 탄생할 것이라고 예견하는 등 가까운 미래에 컴퓨터가 생활의 일부에서 나아가 인간의 신체 일부가 될 전망을 예측하고 있으며 심지어 컴퓨터와 인간이 결합한 새로운 형의 인간이 탄생할 가능성도 예측하고 있다.

3. 원격 이동

원격 이동이라 함은 멀리 떨어진 위치로 순간적으로 물체를 이동시키는 기술을 말하는데 현재는 거시적으로는 아직 시도하지 못하고 있지만 양자 수준에서는 1997년에 오스트리아 인스부르크 대학에서 실험에 성공하였

〈그림 9-8〉 영화에서 소개되는 원격 이동 순간

다. 이에 따라 양자 원격 이동(Quantum Teleportation)이라는 용어를 도입하고 이를 '모르는 양자 상태의 공간 이동'이라 정의하고 있다.

그런데 물리학에서 현재 우리가 이해하고 있는 양자 원격 이동이란 물체가 실제로 움직이는 것이 아니고 단지 한 입자의 상태가 공간상 떨어져 있는 다른 입자로 전이되는 현상으로서 입자 A의 상태를 다른 입자 B로 전이시키는 것이다. 즉 철수가 A의 상태를 철저히 측정해서 그에 관한 모든 정보를 공간적으로 떨어져 있는 영이에게 전달하면 영이는 그 정보를 가지고 입자 B에 그 상태를 재구성하여 A입자를 원격으로 이송에 성공한다는 것이다. 어떤 의미에서는 팩스 기능을 말하며, 거시 세계에서 고전 상태의 원격 이동이 이미 수행되었다고 볼 수도 있다.

어떤 입자의 양자 상태에 관한 정보는 측정을 통해 얻게 된다. 양자 상태에 관한 사전 지식이 없다면 완전한 정보를 얻는 것은 일반적으로 불가능하다. 잘 알려진 측정에 의한 파동함수의 붕괴(Collapse of the wave function) 현상이란 모르는 양자 상태에 대한 완전한 정보를 얻는 것이 사실상 불가능한 상황을 말한다. 그 상태를 공간적으로 고스란히 전이시키는 방법을 제공해 주는 것이 양자 원격 이동이며 그렇기 때문에 양자 원격 이동이 학문적으로도 흥미가 있는 것이다.

양자 원격 이동이 의미를 갖는 또 하나의 이유는 양자 세계에서는 복사 불가 원리(No Cloning Theorem)에 의해서 모르는 상태를 완전히 복사하는 것이 불가능하다. 양자 세계에서 모르는 양자 상태가 완전히 이동되려면 송신 장소의 상태는 깨질 수밖에 없고 그 상태가 대신 수신 장소에서 나타나는 형태가 바로 양자 원격 이동의 형태이다. 양자 세계에서 모르는 상태에 관한 정보가 전달되는 것이다.

양자 원격 이동 실험에 대해서는 미국 IBM의 베넷(Charles H. Bennett)과 그 공동 연구자들이 1993년 발표한 논문에서 최초로 제안하였으며, 1997

〈그림 9-9〉 젤링거

년 오스트리아의 젤링거(Anton Zeilinger, 1945~) 그룹, 이태리의 마티니(F. De Martini) 그룹이 양자 원격 이동의 실험에 성공하였다. 이로써 두 기본 상태로 구성되는 양자 상태의 양자 원격 이동이 가능해졌으며 최근에는 연속 변수로 기술되는 양자 상태를 양자 원격 이동시키는 실험을 추진하고 있다. 또한 양자 상태뿐만 아니라 양자 작용(Quantum Operation)도 양자 원격 이동이 가능한 상황이다. 이는 양자 정보 기술(Quantum Information Technology) 시대에 양자 통신의 주 수단으로서 그 중요성이 부각되고 있다.

미래에는 양자 원격 이동의 중요성이 강조되어 미래에 도래할 양자 정보 기술 시대에 양자 통신과 양자 전산의 기본 수단이 될 것이다. 양자 원격 이동은 양자 상태를 한 도시의 양자 통신센터에서 다른 도시의 사용자에게, 또는 컴퓨터의 한 칩에서 다른 칩으로 이동시켜 주는 양자 전달이 주 방법이 될 것이다. 물론 아직은 이상에 가까우며 실험실의 데모 수준을 넘어서 현실 사회에 응용되려면 해결해야 할 많은 난제가 있다. 그중의 하나가 바로 결잃음(Decoherence)의 문제이다. 일반적으로 양자 상태는 아주 깨지기가 쉬워서 주위 환경에서 잘 격리시켜야 하지만 이것은 현실적으로 어려운 과제이다.

결론적으로 양자 원격 이동은 흥미 있는 학문적 현상이고, 또한 미래의 양자 정보 시대에 양자 통신의 주수단으로서 중요성과 잠재력이 상당히 높다. 그러나 실제로 유용한 응용 단계까지 가기 위해서는 아직도 많은 이론적 · 실험적 연구와 발전이 필요하다.

4. 질서와 혼돈

1) 질서와 혼돈의 본성

예측이 전혀 불가능하다고 생각하는 혼돈 상태인 소위 카오스(chaos) 상태는 질서가 파괴되어 혼돈 상태로 전이하는 과정을 이해하려는 새로운 방법론이다. 이 이론은 현재 급속히 발전되어 복잡한 혼돈 속에서 새로운 질서를 찾고자 하는 과학의 한 분야로 자리잡아 가고 있다. 그러나 예측이 불가능할 것이라던 혼돈 과정을 과학자들이 분석한 결과, 혼돈 상태는 예측이 불가능하고 이해할 수 없는 대상이 아니라 그 속에 이전에는 몰랐던 새로운 규칙성이 있음을 발견하게 되었다. 즉, 이들 혼돈과 질서 사이에 서로 연관된 새로운 질서를 찾게 되었으며 이로부터 과학의 체계를 갖춘 혼돈 과학이 성립하게 되었다. 이러한 혼돈 상태는 초기 값에 관하여 민감하게 반응하고 되먹임(feedback) 현상이 주요하게 작용하기 때문에 소위 '나비효과'라 불리는 현상이 그 특성으로 나타난다. 또한 자기 스스로를 닮아가면서 무한 복사되는 프랙탈 구조를 가지고 스스로 조직할 수 있는 생명력이 바로 카오스의 특성이라 말할 수 있다. 이는 질서 속에 혼돈이 있을 수 있으며 혼돈 속에 질서가 있음을 잘 보여주는 것이라 하겠다.

2) 질서 속의 혼돈, 혼돈 속의 질서

기원전 8세기에 고대 그리스의 시인 헤시오도스(Hesiodos)가 저술한

〈그림 9-10〉 헤시오도스

『신통기*Theogoneia*』에는 여러 신들이 등장한다. 예를 들면 질서정연한 우주가 생기기 이전에 큰 혼돈 상태인 카오스(khaos), 또는 '망망한 허공'이 있는데 이 카오스로부터 에레보스(어둠)와 뉴크스(밤) · 가이아(대지) · 타르타로스(저승) · 아이텔(하늘의 빛, 정기)과 헤메라(땅의 빛, 낮), 질서의 세계인 코스모스(cosmos)가 나온다고 하고 있다. 따라서 카오스는 질서의 우주를 만들어내는 기원이 된다. 고대인에게 우주는 카오스였지만 근대에는 규칙성을 나타내는 행성의 운동으로 우주가 혼돈이 아니라 질서라는 새로운 사고를 하게 되었다. 여기서 혼돈은 예측이 불가능하다는 의미를 내포하고 있으며, 질서가 있다는 것은 곧 예측이 가능하다는 의미와 동일하게 취급할 수 있다.

원칙적으로 물리학은 자연현상을 비교적 간단한 하나의 모형으로 설정하여 설명하며 기본적으로 결정론적 이론이라 하겠다. 이것은 바로 어떤 대상이 있을 때 이 대상의 초기 조건이 정해지면, 일정한 시간이 흘렀을 때에는 이들이 어떤 상태로 변하리라는 것을 정확하게 예측한다는 것을 말한다. 결정론이란 초기 조건이 하나로 결정되면 나중의 상태도 정확하게 한 가지로 결정된다는 의미이다.

3) 실제 세계와 혼돈 현상

실제 세계에는 얼른 보기에 결정론적으로 움직이는 것 같지 않은 현상이 많다. 그와 반대로 질서 있는 현상도 적지 않지만 혼돈스러워 보일 때도 많이 있다. 여기에서 혼돈이라고 부르는 것도 그저 마구잡이(random)의 형태로 주어지는 것이 아니라 놀랄 만한 규칙성이 있음을 의미한다. 실제로 결정론으로부터 얻어지는 결과는 일반적으로 질서가 아니라 혼돈이라 할 수 있다. 따라서 물리학에서는 결정론을 받아들인다 할지라도, 현실적으로는 혼돈 상태인 것이다.

혼돈과 관련한 연구를 수행하는 사람들은 혼돈 현상의 발견이 제3의 혁명이라고 주장하고 있으며 이를 새로운 패러다임으로 여기고 있다. 혼돈 이론은 가까이에는 물리학뿐만 아니라 화학 · 생물 · 수학 · 천문학 · 공학 등과 함께 경제학 · 지리학 · 사회과학 심지어 예술에도 큰 영향을 주고 있다.

여기에서 결정론과 혼돈 이론은 전혀 다른 이론 같지만 결정론적 혼돈이란 말을 다음과 같은 개념으로 정의할 수 있다. 이는 바로 혼돈 현상을 수치적으로 기술하는 것인데 이때 시간을 연속적인 물리량으로 취급하는 것보다는 불연속적인 물리량으로 생각하는 것이 편리하다. 예를 들면 로

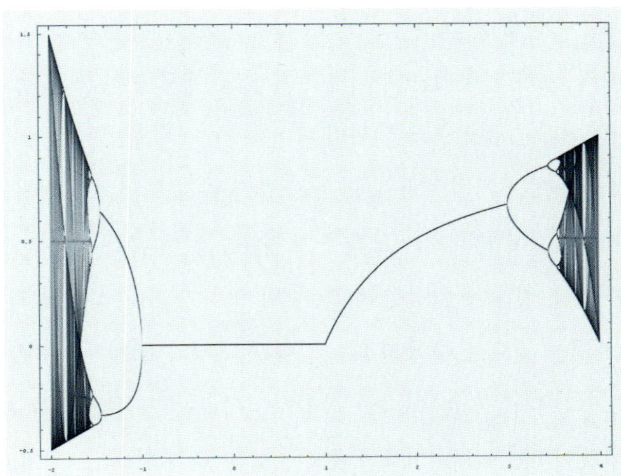

〈그림 9-11〉 로지스틱 맵으로 표현한 갈래치기

지스틱 맵(logistic map)이라는 간단한 형태로 표현된 카오스 과정이 있는데 이것은 완전히 결정론적인 식으로 표현된다. 결국 초기 조건이 정해지면 모든 결과가 정확하게 결정되므로 결정론적 혼돈(deterministic chaos)이라 한다.

4) 혼돈의 의미

우리가 어떤 물리적인 현상에 대해 보통 혼돈스러운 현상이라고 하는 것도 사실은 이미 그렇게 결정되어 있다는 점에서 혼돈스럽지 않다고도 생각할 수 있다. 실제로 아주 미세한 초기 조건의 차이가 있어서 그 결과는 서로 완전히 달라진다. 이를 현실적으로 보면 마구잡이로 다루는 것이라고밖에 할 수 없으나 결정론적 혼돈으로 생각할 수 있다. 초기 조건에 민감하다는 것은 예측이 불가능하다는 의미이다. 로렌츠(Edward IV. Lorenz, 1917~2008)는 1963년 다양한 기상 현상을 설명할 수 있는 기상 모델을 찾으려고 노력하였다. 그는 기상 현상을 흉내내는 간단한 모형으로 방정식을 만들어 컴퓨터를 이용하여 그것을 풀려고 시도하였다. 이 방정식의 해는 계수의 값에 따라 크게 달라지는데 어떤 계수의 값에서는 해가 매우 불규칙한 결과를 나타낸다는 것이 확인되었다.

이처럼 처음에는 거의 같은 값에서 출발한 일기 모델이 초기치의 근소한 차이로 나중에 전혀 달라지는 모습을 보여주는 것이 혼돈 이론의 특징 중의 하나이다. 이를 빗대어 말하는 현상 중의 하나가 소위 나비효과(butterfly effect)라 불리는 것으로 중국의 베이징에서 나비가 날개짓을 하면 미국 동부의 플로리다에서는 어마어마한 허리케인이 유발될 수 있다는 의미로 사용된다. 이것이 바로 아주 미세한 초기 조건으로 인하여 그 결과가 엄청나게 달라진다는 것을 표현한 것이다. 즉 현재의 어떤 물체의 행로에 예기치 않은 문제가 발생하면 미래에 크게 변한다는 것인데 우리가 보통 알고 있는 물리학의 법칙들에서는 잘 볼 수 없는 현상들이다. 보통의 경우에는 이러한 사소한 것들을 무시해 버리는데 실제로는 그런 상황이 다반사로 일어난다. 그러나 어떤 과학적 현상에서는 이런 사소한 것들이 무시되지 않고 쌓이게 되어 소위 되먹임(feedback)이라는 과정을 통해 크게 변화를 주기도 한다. 대개 이러한 것들은 자연현상의 비선형성에 기인한다.

따라서 혼돈 이론은 이러한 결정론적 혼돈의 기반 아래 다음의 특징을 가지고 있다. 그중의 한 예가 바로 혼돈 이론이 근본적으로 가지고 있는 구조로서 '프랙탈(fractal)' 구조가 있다. 앞에서 언급했듯이 모든 것이 혼돈스럽기만한 것이 아니고 그 속에 사실은 놀라운 질서가 있다. 프랙탈은 결정론적 혼돈이 만들어 내는 질서의 구조로서, 아주 복잡한 것처럼 보이지만 간단한 규칙을 가지고 있다. 이 프랙탈이란 용어는 프랑스의 수학자인 만델브로트(Benoit Mandelbrot, 1924~)가 IBM연구소에서 근무하던 중 자신의 연구물을 출간하기 위해 책 제목을 생각하다가 '부러진', '흩어진'의 의미를 가진 라틴어 'Fractus'라는 낱말을 발견하여 만들었다는 설과, 프랙탈 기하학이 정수가 아닌 분수(Fractional) 차원이라는 의미에서 가져왔다는 설이 있다.

〈그림 9-12〉 만델브로트

만델브로트는 1967년 영국에서 발행되는 과학 잡지인 『사이언스』에 영국을 둘러싸고 있는 해안선의 총 길이는 얼마인가라는 제목의 글을 발표하여 어떻게 재느냐에 따라 얼마든지 달라질 수 있다고 주장하면서 아주 복잡한 것처럼 보이지만 간단한 규칙을 가지고 있는 구조에 대한 개념을 세움으

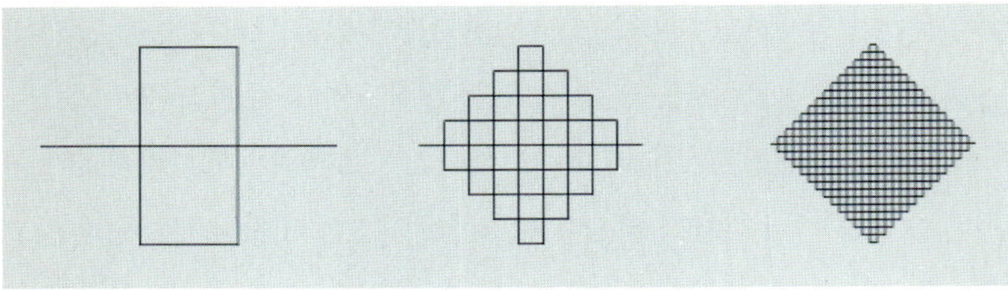

〈그림 9-13〉 페아노 곡선

로써 이에 대한 연구를 촉발시켰다. 일반적으로 프랙탈은 자기 유사성(self-similarity)과 순환성(recursiveness)의 속성을 가지고 있다고 할 수 있다. 이 성질은 프랙탈의 예에서 쉽게 이해할 수 있는데 고사리잎 모양이나 눈 결정 모양, 그리고 코흐 곡선(Koch curve)과 만델브로트 곡선 등에서 그러한 속성이 나타난다. 한편 페아노 곡선(Peano curve)이라는 것을 보면 처음에 1차원을 의미하는 선으로 출발하여 계속 반복적으로 프랙탈 구조를 만들어 나가면 1차원보다도 2차원에 가깝게 면을 구성하고 있어서 페아노 곡선의 차원은 1차원과 2차원 사이의 분수 차원이라고 말하는 것이 낫지 않을까 싶어서 앞에서 언급한 이름을 정하게 되었다는 것이다.

혼돈 이론의 또 다른 특성은 보편성(universality)이다. 이것은 여러 계들의 다양한 혼돈 현상이 많은 경우에 똑같은 정량적인 구조를 가진다는 것을 의미한다. 앞에서 언급한 프랙탈 구조 이외에도 자연계에는 많은 혼돈 현상들을 발견할 수 있다. 먼저 생물계에서 나타나는 혼돈 현상으로는 심장 박동을 전기 신호로 보는 심전도(electrocardiogram: ECG), 뇌의 전기 신호를 보는 뇌파(electroence-

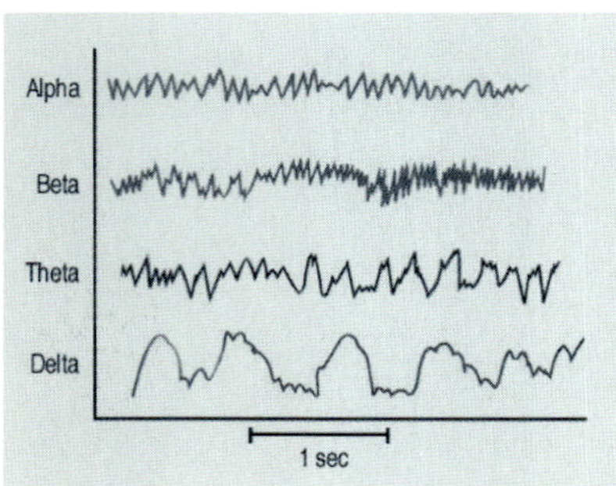

〈그림 9-14〉 EEG로 측정한 뇌파

〈그림 9-15〉 다양한 형태의 프랙탈 구조

phalogram: EEG) 등이 있으며 프랙탈 구조로서는 허파꽈리 모양이 그 예가 된다. 그리고 사회현상으로서는 정치 사회의 변화 과정이 예측할 수 없는 혼돈의 과정을 보이는 것들이 많으며 특히 경제적인 여건이 주기적으로 순환하지 않고 때로는 아주 혼돈스러운데 주식 시세가 그 대표적인 예이다. 이러한 사회적인 현상에서의 혼돈 현상들의 근원이 외부로부터의 강제력에 의한 영향 때문일 수 있겠지만 내재적인 요인도 있다. 따라서 겉으로 보기에는 사회적인 현상이 혼돈 그 자체임에도 불구하고 내부에는 질서가 있을 수 있다.

5) 질서와 혼돈의 조화

혼돈 현상은 인간의 한계성을 느끼도록 해주는 주제이다. 인간이 제아무리 애를 써도 초기 조건을 완벽하게 통제하는 것은 원칙적으로 불가능하다. 질서와 혼돈은 서로 분리할 수 있는 것이 아니라 상호보완적이다. 결정론적인 질서와 달리 혼돈에서는 초기 조건의 조그마한 차이로 완전히 다른

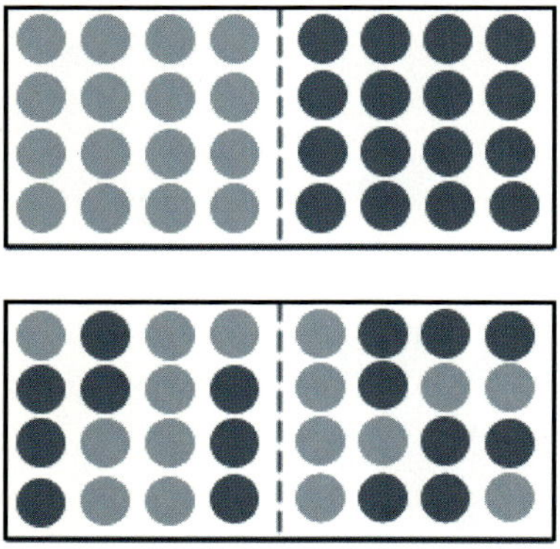

〈그림 9-16〉 질서와 무질서

결과가 나올 수 있으므로 주위 환경 등의 상황 변화에 따라 유연하게 적응해야 한다. 이와 같은 혼돈 이론은 생태계나 사회 상황이 변할 때 대처 방법에 있어서 중요한 역할을 할 수 있음을 알아야 한다.

일반적으로 사회의 경우에는 혼돈스러운 상황이 발생하더라도 시간이 지나면 대체로 안정된 질서의 상태를 회복하게 된다. 만일 너무 질서가 잡혀 있는 사회는 적당히 혼돈스러운 사회에 비해 오히려 외부 상황의 변화에 대한 대처 능력이 떨어지게 된다. 따라서 혼돈은 새로운 가능성을 의미하기도 한다. 카오스란 혼돈과 무질서를 뜻하는 말이지만, 오히려 무질서의 정반대인 질서가 필연적이라는 관계가 성립한다. 카오스는 무한한 질서, 자유롭고 역동적으로 새로운 구조를 풍부하게 자기 조직하는 능력, 창조성을 그 특성으로 가지고 있다고 정의할 수 있다.

노벨화학상 수장자인 프리고진(Ilya Prigogin, 1917~2003)은 다음과 같은 말을 하였다.

> "열역학 제2법칙에 따르면 우주는 비평형 상태에서 평형 상태로 나아가는 경향이 있고 이에 따라 가용 에너지가 줄어들어 엔트로피가 증가하게 되면 결국 우주는 종말에 이르게 된다. 카오스 이론에서는 비평형이나 혼돈을 정상으로 간주하기 때문에 이 이론에 의하면 우주에서의 새로운 창조가 가능하게 된다."

이는 현대 과학과 사회 현상에서는 불확실성이 점차 커지는데 개체가 무질서하더라도 집단적으로는 규칙과 질서가 있으며 위기의 시대에서는 새로운 질서가 가능함을 보여주고 있다. 이와 마찬가지로 생명도 혼란스러운 상태의 분자들이 어느 순간 우연히 모여 열역학적으로 안정적인 상태가 된 것이다.

〈그림 9-17〉 프리고진

21세기는 요소 환원주의, 기계론적 세계관에 기반을 둔 종전의 과학 패러다임을 깨고 생명 패러다임의 틀 안에서 새로운 방향으로 성장해 갈 것이라고 예상하고 있다. 스노우(Charles Percy Snow, 1905~1980)는 불과 반세기 전에 '두 문화 이야기'를 통해 인문사회학과 자연과학 사이에 깊은 골이 있음을 경고하면서 이제는 태어나고 변화하고 사멸하는 모든 현상을 인문 · 사회 · 자연과학의 울타리를 깨고 하나의 지적 영역으로 생명 패러다임의 틀 속에서 발전시켜야 한다고 주장하였다. 이는 우리 사회가 혼돈과 갈등에서 벗어나 생명의 틀 속에서 창조적인 발전을 해나가야 함을 말하는 것이다.

〈그림 9-18〉 스노우

제4부

과학과 미래 사회

제10장

과학과 사회의 문제

1. 전쟁과 과학

인류의 역사는 전쟁의 역사라고 한다. 전쟁은 인류가 저지르는 가장 추악하고 잔인한 범죄인 것은 사실이나 엄연히 우리 사회와 역사의 한 부분으로 항상 존재해 왔다. 그렇다면 전쟁의 승리에 가장 큰 기여를 하는 것은 무엇일까? 바로 무기이다. 고대로부터 군사 장비의 수준은 전쟁의 승패를 갈라놓았다. 상대 국가가 갖고 있지 않는 우세한 무기의 소유는 그 자체만으로도 상대 군을 공포로 몰아넣었으며 이는 곧 승리를 의미하였다. 따라서 전쟁이 존재하는 그 순간부터 무기 개발은 경쟁적으로 이루어져 왔으며 여기에 결정적인 역할을 한 것이 바로 과학이다.

고대 그리스 시대부터 과학자들은 전쟁시 조국을 위해 자신들의 지식을 총동원하여 혁신적인 무기를 만드는 데 주력하였고 국가는 이를 전폭적으로 지원하였다. 예를 들어 아르키메데스는 로마 함대가 시라쿠사를 공격하였을 때 거대한 투석기를 개발하여 1톤이 넘는 돌을 연이어 로마 함대에 쏟아부어 배를 파괴시켰다. 또한 거중기로 적의 배를 물 위에서 끌어올려 바윗돌에 던져 침몰시키거나 가루로 만들어 버렸다. 로마군은 3년 동안 끊임없이 공격을 시도하였으나 그리스의 첨단 무기 앞에서 속수무책이었다.

직접적인 무기 개발 이외에도 과학의 연구 성과는 전쟁에 활용되어 승리를 도왔다. 역사를 훑어보았을 때 각 시대의 가장 강력한 국가는 최첨단의 과학 기술을 보유하고 있었으며, 이는 곧 군사력의 우위를 의미했다. 따라서 정복 야망을 불태우는 군주들은 과학에 아낌없는 지원을 퍼부으며 국가의 군사적 요구에 부응하도록 하였다.

이와 같이 과학 기술과 전쟁은 예로부터 밀접한 관계를 맺고 있었던 것이다. 그러나 오늘날에는 이러한 전쟁과 과학의 관계에 이전과는 질적으로 다른 깊은 우려를 표하고 있다. 과학의 발전으로 인해 무기의 살상력이 상상을 초월하고 심지어 인류의 생존을 위협하기에 이르렀기 때문이다. 이러한 현상은 20세기에 일어난 두 차례의 세계대전을 통해 급속도로 진행되었다.

1) 제1차 세계대전과 과학 기술

제1차 세계대전은 과학 연구 성과가 전쟁의 승패에 결정적인 역할을 한다는 사실을 확실하게 보여주었다. 세계대전이 발발하자 각국은 과학자들을 동원하고 이를 조직화하여 전쟁을 승리로 이끌 수 있는 연구를 하도록 지원하였다. 미국의 경우 국립과학아카데미(National Research Council: NRC)를, 영국은 과학기술연구청(Department of Scientific and Industrial Research: DSIR) 등을 설립하여 국가의 과학 동원 체제를 제도화하였다.

이러한 조직적인 국가 지원에 힘입어 이전에는 볼 수 없었던 새로운 무기가 등장하였고 이는 전쟁의 양상을 바꾸어 놓았다. 제1차 세계대전은 이전의 전투 방식과는 다른 참호전이었다. 이는 기관총 때문에 가능하였다. 기존에는 군인들이 지상에서 총과 대포로 전투를 하며 전진과 후퇴를 하는 방식이었으나, 제1차 대전 당시 독일군은 참호를 파고 그 안에서 기관총으로 상대 군에게 탄환을 발사하였다. 땅속에서 연속적으로 뿜어져 나오는 탄환 앞에서 많은 연합군들이 희생되었고, 더 이상의 전진이 불가능하였다. 이에 연합군은 전차를 개발함으로써 전세를 역전시켰다. 전차의 몸체는 두꺼운 철갑이어서 기관총의 탄환이 뚫을 수 없으며 바퀴는 트랙터처럼 무한궤도로 움직이고 포가 탑재되었다. 따라서 참호까지 쉽게 진격하여 기관총을 제압하고 적에게 공격을 가할 수 있었다. 이는 상대국의 무기에 대응하여 더욱 강력한 무기 개발이 이루어진 사례로 그 후에도 이러한 악순환은 계속되었다.

또한 제1차 세계대전을 계기로 비행기가 철저히 군용화되어 발전하였다. 1903년 라이트 형제에 의해 지면으로부터 몇 미터 높이를 약 12초간 날아올랐던 비행기는 전쟁을 계기로 그 발전이 급속도로 가속화되어 1916년에는 300kg의 폭탄을 적재하고 수백 킬로미터의 거리를 운행할 수 있을 정도로 발전하였다. 이와 같은 사례는 전쟁이 과학 기술의 발전 속도에 어떠한 영향을 미치는지 잘 보여준다. 세계대전과 같은 현대의 큰 전쟁들을 통해 과학 연구의 양상은 크게 바뀌었다. 연구의 재정적 규모가 이전에 비해 비교도 안 될 만큼 커졌으며, 새롭게 생긴 연구 분야도 전쟁과 관련된 영역이 많다.

제1차 세계대전 때에는 독가스가 최초로 개발되고 사용된 것으로 유명하다. 이와 관련한 한 과학자의 사례는 과학과 전쟁과의 관계 그리고 과학자의 역할에 대해 의미심장한 시사점을 제공해 주고 있다. 제1차 세계대전 당시 독가스 사용에 결정적인 공헌을 한 사람은 독일의 과학자 프리츠 하버(Fritz Haber, 1868~1934)이다. 일반적으로 하버는 화학자로서 공기 중의 질소로 암모니아를 합성한 최초의 과학자로 유명하다. 질소는 식물 성장에 필수적인 원소이다. 그 당시 식량 부족 현상을 겪고 있었던 유럽은 질소비료를 얻기 위해서 자연에 존재하는 초석이나 석탄가스에 의존해야 했으나 그 양이 제한되어 있어 수요를 만족시킬 수가 없었다. 하버는 암모니아를 인공적으로 합성하는 데 성공하였으며, 무한정으로 생산되는 암모니아를 이용하여 언제든지 질소비료를 만들 수 있게 되었다. 즉, '공기에서 식량을 생산' 해낸 것이다. 그로 인해 단위 면적당 식량 생산량이 6배나 늘어났으며 수많은 사람들이 굶주림의 고통으로부터 해방되었다.

그러나 그의 암모니아 합성법은 제1차 세계대전의 종식을 지연시켜 더 많은 사람들을 죽음의 고통 속으로 몰아넣었다. 전쟁에 사용되는 화약을 만들기 위해서는 질산염이 반드시 필요한데 독일은 칠레에서 초석을 수입하여 이를 조달하였으나 제1차 세계대전이 발발하자 영국의 해상 봉쇄로 공급로가 차단되었다. 예상으로는 초석이 바닥 나서 독일이 곧 항복해야 하나 이상하게도 독일은 화약을 계속 생산하면서 전쟁을 지속시켰다. 어떻게 그러한 일이 가능하였을까? 그 이유는 독일 군부의 요청으로 하버가 암모니아로부터 질산염을 제조해 계속 공급하였기 때문이다.

하버는 자신의 과학적 재능을 십분 활용한 애국 행위를 여기에서 멈추지 않았다. 조국 독일의 승리를 위해 인류 최초로 전쟁용 독가스를 사용함으로써 화학전에 불을 당긴 것이다. 당시 전쟁성 자원부의 화학 담당 부서장이었던 그는 염소가스를 전쟁에 사용할 것을 제안하였으며 합참의장은 이를 받아들여 하버에게 가스통 제작의 책임을 맡겼다. 염소가스는 공기보다 무거운 녹황색의 기체로서 마시면 눈 · 코 · 입 · 목 · 폐가 부식되어 질식사하게 된다. 하버는 탈진할 정도로 맹렬하게 그 일에 몰두하였으며 1915년 4월 22일, 드디어 벨기에의 이프레스 지역에서 영 · 불 연합군을 향해 염소가스를 사용하였다. 바람이 연합군 쪽으로 불 때 6천 개의 가스 통이 일제히 열렸다. 푸르스름한 죽음의 기체는 연합군의 참호에 이르자 아래로 가라앉았으며 연합군 병사들은 비명과 함께 기침과 피를 토하기 시작하였다. 이어 독일군이 무인지경으로 전선을 공격하였고, 이로 인해 사망자 5천 명을 포함한 1만5천 명의 사상자가 발생하였다.

화학약품의 대량생산 방식을 일찌감치 개발해 왔던 독일과는 다르게 연합군 측은 그러한 기술이 부족하였다. 독일군의 화학전에 충격을 받은 연합군은 염소가스 생산에 박차를 가하였고 똑같은 염소가스로 독일군을 공격하였지만 독일은 이에 맞서 새로운 종류의 화학가스들을 개발하였다. 1차 세계대전 중 약 30종의 화학가스가 12만5천 톤 사용되었으며, 이로 인해 희생된 사망자는 130여만 명에 이른다.

하버는 지적으로 뛰어난 인물이었고 추진력이 강한 애국자였다. 그는 유태인이었지만 독일 국민임을 자랑스러워했고 조국을 위하는 일이라면 물불을 가리지 않았다. 그러나 그의 무조건적이고 맹목적인 행위는 수많은 사람들의 생명을 고통스럽게 앗아 갔다. 더욱이 그가 개발한 유독가스는 제2차 세계대전 당시 유대인 학살의 도구로 사용되었다. 하버가 그토록 헌신하였던 독일이, 그가 사람을 죽였던 방식 그대로, 그의 동족을 처참하게 학살하였던 것이다. 지금도 인류는 언제 화학전이 발생할지 모르는 불안 속에서 살고 있다.

2) 제2차 세계대전과 과학 기술

제1차 세계대전에서 했던 과학의 역할은 제2차 세계대전에서 더욱 극대화되었다. 연합군의 승리는 과학에 의한 것이라고 해도 과언이 아니며 가장 큰 공을 세운 것은 바로 레이더의 개발이었다. 레이더는 비행기에 전자

파를 쏘아 그 반사파로 비행기의 위치와 이동 사항을 파악하는 기술로서 1930년대 영국에서 처음 등장하였으나 제2차 세계대전 당시 독일군의 폭격기를 격추시키기 위해 본격적으로 개발되었다. 이와 함께 전쟁을 종식시킨 무기는 바로 원자폭탄이었다. 이는 전쟁이라는 특수한 상황에서 과학이 무제한의 지원을 받았을 때 어떤 힘을 창출해 낼 수 있는지를 극명하게 보여주었다.

1930년대에 물리학자들은 원자핵 내부의 비밀을 알아내기 위해 노력했으며, 그 과정에서 핵분열의 연쇄반응이 막대한 에너지를 방출할 수 있다는 사실을 알아내었다. 헝가리 출신의 독일 물리학자 질라드(Leo Szilard, 1898~1964)는 핵분열을 이용한 가공할 만한 무기가 만들어질 것이라고 예측하고 나치가 이를 먼저 만들지 못하도록 저지해야 한다고 생각하였다. 그는 아인슈타인에게 미국 대통령에게 핵폭탄을 먼저 만들도록 촉구하는 편지를 써줄 것을 설득하였다. 아인슈타인은 나치가 먼저 핵폭탄을 개발하는 경우 충분히 악용할 수 있다는 생각에 미국의 루즈벨트 대통령에게 편지를 쓰게 되었고, 제2차 세계대전이 본격화되자 루즈벨트 대통령은 원자폭탄 제조를 적극 지원하였다. 이것이 그 유명한 '맨해튼 프로젝트'이다. 소용된 비용은 20억 달러가 넘었고, 동원된 인력만도 거의 12만5천 명에 달했다. 대학 · 산업체 · 연구소 · 군부가 참여한 역사상 유래를 찾아볼 수 없었던 거대한 작업이었다. 맨해튼 프로젝트의 책임자는 오펜하이머(John R. Oppenheimer, 1904~1967)로 그는 뛰어난 리더십을 발휘하여 계획을 추진하였다.

마침내 세계 최초의 핵폭탄 실험이 1945년 7월 16일 뉴멕시코 주 아라모골드 근처의 사막지대에서 실행되었다. 실험은 대성공이었다. 과학자들은 두 눈으로 핵폭탄의 잔혹한 파괴력을 목격하였으며, 그들도 감히 예측하지 못했던 위력에 몸을 떨었다. 이 때 오펜하이머는 "나는 죽음의 신이

요, 세상의 파괴자이다"라고 중얼거렸다고 한다. 일부 과학자들은 원자폭탄 사용에 반대하는 청원서를 제출하였으나 이는 철저히 무시되었다. 원자폭탄의 사용 여부는 이미 과학자들의 손을 떠나 있었던 것이다.

1945년 8월 6일 드디어 핵폭탄이 일본 히로시마와 나가사키에 투하되었고 그 처참함은 이루 말할 수 없었다. 히로시마의 경우 약 7만 명이 사망하였고 13만 명이 부상을 입었으며, 나가사키의 경우 2만 명이 사망하였고 5만 명이 부상을 입었다. 또한 폭파시 발생하는 방사선은 생식세포의 유전자 변이를 유발하여 후손에게 유전적 장애를 발생시켰다. 전쟁을 경험하지 않았던 후손에게까지 비극이 되물림된 것이다.

맨해튼 계획에 의해 원자폭탄이 개발되고 이를 투하한 사건은 많은 과학자들로 하여금 깊은 죄책감을 느끼게 하였다. 원자폭탄이 일본에 투하되었을 때 오펜하이머는 "물리학자들은 죄를 알게 되고 말았다"라고 절규했다. 그리고 아인슈타인의 경우, 그의 편지가 이러한 앞날의 씨앗이 되었고, 또한 그가 순수한 과학적 의도에서 알아낸 이론이 대량 살상 무기의 기초적 개념을 제공했다는 사실로 인해 죽을 때까지 양심의 가책과 고통을 느끼게 된다. 또한 일부 과학자들은 앞으로 인류에게 핵이 어떻게 사용될지에 대해 깊은 두려움을 느꼈다.

그들은 그해 원자과학자연맹(The Federation of Atomic Scientist)을 결성하여 어떠한 경우에라도 핵무기 사용을 방지하기 위해 원자력을 국제적으로 관리하기 위한 정치적 활동을 전개하였다. 이는 여타의 과학자 집단과 통합되어 1946년 미국과학자연맹(The Federation of American Scientist: FAS)이 결성되었다. FAS는 군비 경쟁을 정지시킬 것을 제안해 왔으며, 국제 안보에 관련된 과학 기술 정책 및 공공 정책의 분석과 대안을 제시하고 있다. 특히 국민의 알 권리를 추구하여 일반인에게 과학적 자료와 과학적 시각 그리고 현실 정치에 대한 지식을 알려주고 있다. 처참한 대량 학살을 통한 교훈은 몇몇 과학자들의 양심어린 노력으로 이어졌으나 아직도 과학과 국가, 그리고 전쟁과의 관계는 이전의 상황과 근본적으로 다르지 않다.

3) 끝없는 무기 개발 경쟁

제2차 세계대전 이후, 냉전으로 인한 무기 경쟁은 전시 상황과 별 다를 바 없이 진행되었다. 핵폭탄의 경우 미국이 개발한 후 4년 만인 1949년에 소련이 원폭 실험에 성공하였다. 이에 자극을 받은 미국은 1951년 수소폭탄 개발에 성공하였으며 그로부터 2년 후인 1953년에는 소련이 미국의 독점을 깨뜨렸다. 수소폭탄은 태양에서처럼 수소 원자핵들이 융합하여 헬륨 원자핵을 만들 때 발생하는 에너지를 이용하는 폭탄으로서 핵폭탄의 수백 배에 해당하는 파괴력을 지닌다.

이와 같은 경쟁은 미국과 소련에서만 일어난 것이 아니다. 영국 · 프랑스 · 중국 · 인도 · 파키스탄 등도 차례로 핵무기를 보유하게 되었으며, 그 때마다 국제사회의 판도는 달라졌다. 각국은 인류가 만든 가장 잔혹한 무기를 소유함으로써 정치적 · 군사적으로 우위를 점하고자 했고, 과학 기술은 이러한 요구를 충실히 이행하였다.

군비 경쟁은 핵무기에만 국한된 것이 아니다. 우주 개발에서도 군사적 목적을 달성하기 위한 경쟁이 이루어졌다. 인류의 우주 진출은 소련에 의해 먼저 이루어졌다. 1957년 소련이 인류 최초의 인공위성인 스푸트니크를 발사시킨 것이다. 미국은 소련이 우주에 먼저 진출했다는 것에 대해 자존심이 상했을 뿐만 아니라, 소련이 인공위성을 쏘아올린 기술로 미사일을 발사한다면 미국에 직접적으로 공격을 가할 수 있으며 또한 지구 궤도에 무기를 배치시킬 수도 있다는 위기의식이 팽배하게 되었다. 미국은 우주를 선점하는 국가가 지구를 장악하게 될 것이라는 의식하에 우주 개발에 박차를 가하였다. 그 해 미국항국우주국 NASA가 설립되었고 그 안에 대통령을 의장으로 하는 국가항공우주위원회(National Aeronautics and Space Council)를 창설하여 NASA와 국방부를 연계시켰다. 이로써 우주에서도 미국과 소련 간의 경쟁은 첨예해지기 시작했다. 1958부터 62년에 걸쳐 우주 공간에서 미국은 7차례, 소련은 4차례에 걸쳐 핵실험을 단행하기도 하였다.

그렇다면 냉전이 무너진 오늘날은 어떠한가? 국제사회에서 패권을 쥐기 위한 전쟁은 여전히 지속되고 있으며, 첨단 과학으로 인한 최첨단 무기들은 상상 속에서나 가능했던 기능을 발휘한다. 이러한 상황은 과연 인류에게 무엇을 갖다 줄 것인가? 아인슈타인의 친구들이 아인슈타인에게 "3차 세계대전 때는 어떠한 무기가 사용될 것 같은가?" 라고 묻자 "3차 대전은 어떤 무기가 나올지 모르나 4차 대전은 돌과 방망이로 싸울 것이다" 라고 대답했다고 한다. 지금과 같은 상황이 지속된다면 불행하게도 그의 예측을 피할 수 없을 것이다.

4) 어떻게 대비할 것인가?

과학의 발전으로 인해 심각한 사회문제들이 등장하면서 인류가 과학 기술에 대한 통제력을 상실한다면 파멸을 면할 수 없다는 사실에 공감하기 시작했다. 특히, 전쟁과 과학과의 관계가 돈독해질수록 과학이 인류의 생존을 위협한다는 위기의식은 더욱 증가하였다.

이러한 상황에서 우선, 과학자들이 전쟁에 대해 스스로 바른 길을 가려고 노력하는 것이 지식인으로서의 의무일 것이다. 그러나 이를 인식하고 실천하기란 쉽지 않다. 그들도 사회의 구성원으로서 역사의 흐름과 국가의 정책 아래 존재하며, 조직에 속해 있으므로 상부에서 요구하는 것을 수행하는 일원인 경우가 대부분이다. 이러한 상황에서 자신들이 하고 있는 일에 대한 사회적 책임감이 부재한 상태로 본인의 업무에만 충실할 경우, 그 결과는 주로 국가의 이익에 기여한다는 명분하에 대량 학살이 가능한 무기 개발이나 그에 기반이 되는 기술로 이어질 수가 있다.

또한 일반 사회의 구성원들도 과학과 전쟁과의 관계에 대한 이해를 하지 못한 채 과학 발전을 통한 무기의 살상력 증가에 문제의식을 느끼지 못하고 이를 당연히 여기는 경우가 많다. 얼마 전 이라크전이 발발했을 때도 상상을 초월하는 무기들이 무수히 등장하였다. 신문과 뉴스에서는 이번 전투가 최첨단 무기의 무대가 될 것이라며 최신형 무기들을 최첨단 과학의 꽃이라고 자랑스럽게 소개하였다. 대부분의 시민들은 마치 업그레이드된 컴퓨터 게임을 보듯 새로운 무기들을 흥미진진하게 여겼으며, 이를 가능하게 한 과학을 신기하게만 생각하였다. 최첨단 살상 무기들이 얼마나 많은 사람들을 처참하게 죽음으로 몰아넣을지에 대한 걱정은 너무나도 미흡하였고, 그러한 과학의 역할에 이의를 제기하는 분위기는 더더군다나 아니었다.

과학자들이 맹목적으로 국가의 요구를 수행하고, 게다가 일반인들이 과학의 발전과 무기의 개발을 비판의식 없이 받아들인다면, 이것은 마치 막다른 벼랑을 향해 눈을 감고 달리는 것과 같다. 이를 극복하기 위해서는 과학자를 포함한 사회 구성원 전체가 전쟁의 의미, 그리고 과학과 전쟁과의 관계에 대한 깊은 자각과 통찰력을 지녀야 하며, 서로간에 의사소통이 활발히 이루어져야 한다. 전쟁은 옳지 않다는 명제와 자국의 이익과 생존 사이의 갈등에서 인간의 양심을 지키기 위한 노력을 함께 실행해 나가야 하는 것이다.

2. 문명의 질병 – 비만

1) 비만, 무엇이 문제인가?

최근의 조사에서 여대생의 90% 이상이 다이어트를 해본 경험이 있다고 응답하였으며, 다이어트를 시도한 사람 중 90% 이상이 실패했다는 결과가 나왔다. 이러한 결과는 비만에 대해서 체계적으로 이해하고 과학적인 방법으로 노력하지 않고서는 비만을 해결하는 것이 불가능하다는 것을 반증하고 있다. 일반 사람들은 "비만은 영양 섭취가 과다하고 운동이 부족하여 생기는 것이므로, 식사량을 줄이고 운동을 많이 하면 된다" 정도로 이해하고 있는 경우가 대부분이다. 그렇게 쉽다면 왜 거리에서 그렇게 많은 비만인을 볼 수 있으며, 왜 대부분의 사람들이 다이어트에 실패하게 될까? 비만과 관련된 문제는 실제로 그렇게 간단하지 않고, 유전학 · 진화학 · 영양학 · 사회학 · 심리학 · 의학 · 스포츠 등이 종합적으로 관련된 문제이다. 이러한 비만의 실체를 제대로 파악하고, 문제점을 올바르게 인식하는 것이 성공적 해결의 첫걸음이다.

비만으로 인한 사회 활동의 장애 및 심리 변화

비만은 단순히 뚱뚱하게 보이는 것 이상의 의미를 지니고 있다. 즉 비만인은 다른 사람과 어울리거나 사회 활동을 하는 데 근본적으로 문제가 많이 발생한다는 것이다. 그 첫 번째 이유는 진화론으로 설명을 할 수 있다. 인간은 비정상적인 피부색이나 이상한 모습의 사람을 회피하는 본능이 있다. 이러한 본능은 비정상적인 특징이 어떠한 질병과 관련이 있을지도 모른다는 추측을 하도록 하여, 이런 사람을 피함으로써 질병의 위험을 감소시키는 행동이다. 이러한 행동은 인간이 생존하는 데 유리하여 세대가 거

〈그림 10-1〉 비만인을 멀리하려는 성향은 인간의 진화 과정에서 생겨난 본능이다.

듭됨에 따라서 이와 같은 행동을 유발하는 유전자가 다음 세대에 많이 전달되어 빈도가 높아진 것이다. 엘리베이터에 울긋불긋한 피부 반점이 있는 사람이 타면 다른 사람들이 멀리하듯이, 비만인을 보게 되었을 때도 똑같은 형태의 질병 회피 반응이 나온다는 것은 실험으로도 증명이 되었다. 다시 말하면 인간은 본능적으로 비만인에 대해서 거부감을 느낀다는 것이며, 이러한 이유로 비만인은 정상적인 사회생활을 하는 것이 근본적으로 어렵다는 것이다.

두 번째 이유는 심리학적인 데 있다. 비만인은 외모에 대해서 콤플렉스를 갖는 경우가 많으며, 운동 기능이 약하기 때문에 생기는 자신감의 상실이 크다. 운동 경기는 물론 가벼운 등산이나 레크리에이션에서도 정상인을 따라가지 못하고, 심지어 걸음걸이조차 힘들고 자신 없어 보이는 경우가 많다. 그래서 실제 나이보다 생체 나이와 심리적인 나이가 더 많다고 느끼며 이는 일반적인 노화 현상과 매우 흡사한 것이라고 할 수 있다. 쥐를 이용한 실험에서 비만 집단은 운동이 둔하고, 질병에 잘 걸리며, 평균 수명도 짧다는 것이 알려졌는데, 사람에게서도 같은 결과가 나온다는 것이다. 이러한 점에서 어떤 생물학자는 비만을 가속 성장에 의한 노화라고 정의하기도 한다.

비만으로 인한 질병의 발생

비만을 일종의 노화라고 생각하면, 비만인이 거의 모든 질병에 대해서 정상인에 비해 발병률이 높다는 것은 쉽게 이해된다. 이미 많은 통계 자료에서 비만인은 암 · 관절염 · 동맥경화 · 심장질환 · 당뇨병 · 고혈압 · 뇌졸중 · 담석증 등의 발병률이 높다는 것이 밝혀졌다. 그러나 이러한 통계 자료에 국한되지 않고 비만인은 거의 대부분의 질병에 취약하다는 것에 문제의 심각성이 있다. 또한 여성의 경우 비만이 태아의 기형 발생률을 높인다는 점에서 비만은 자기 자신만의 문제가 아닌 것이다.

비만으로 인한 웰빙의 실종

선진국에서는 오래전부터 '얼마나 부자인가' 보다는 '어떻게 사느냐' 가 중요한 관심거리가 되어 왔다. 친구는 물론 처음 만나는 사람 사이에서도 라이프 스타일이 대화 주제로 등장하는 경우가 많다. 우리나라에서 요즘 많이 사용하는 웰빙(well-being)이란 용어도 이러한 사고방식의 연장선에 있다고 볼 수 있다. '웰빙' 은 물질적 풍요와 더불어 정신적 안정과 여유를 포괄하는 개념이며, '행복' 이란 추상적 개념에 보다 구체적으로 그리고 현실적으로 접근하게 하는 기능을 가진 개념으로 생각된다. 이러한 관점에서 판단해 볼 때, 비만인은 심리적 · 신체적 문제로 라이프스타일이 바람직하지 못하고 결국 웰빙과는 거리가 먼 생활을 하게 될 가능성이 높다. 다시 말하면 다른 어떤 중요한 것을 성취한 사람이라 하더라도 '비만' 이라는 한 가지 이유만으로 행복한 인생을 살기 어려울 가능성이 많게 된다.

2) 비만은 현대인의 숙명인가?

동물원에서 사육되고 있는 동물들은 일반적으로 야생동물에 비해 질병에 자주 걸리고 수명이 짧다. 야생동물에 비해 먹을 것도 풍부하고, 극진한 보살핌을 받고, 걱정거리도 없을 것 같은데 왜 그럴까? 그 이유를 한마디로 압축한다면 비만 때문이라고 할 수 있다. 치타가 가젤이나 토끼를 사냥하는 데도 최선의 노력과 많은 체력을 소모하는데, 그 사냥 성공률은 보통 30% 정도라고 한다. 야생동물은 살기 위해서 이렇게 항상 힘든 사냥을 해야 하는 반면, 동물원의 동물은 운동을 하지 않고도 먹을 것을 쉽게 얻는다. 아이러니컬하게도 이렇게 쉽고 편한 것이 오히려 독이 되어 삶의 질을 떨어뜨리고 수명을 단축시키고 있는 것이다. 우리나라의 마지막 표범도 동물원에서 비만으로 12세에 생을 마감했는데, 이는 야생 표범 수명의 절반에 불과한 것이다.

현대인의 생활은 바로 이렇게 동물원에서 사육되고 있는 동물과 비슷한 점이 매우 많다. 인류의 조상들은 수렵 채취 생활을 하며 야생동물처럼 운동량이 많을 수밖에 없었던 반면에 대부분의 현대인은 음식을 많이 섭취하면서 운동은 매우 부족한 생활을 하고 있다.

영양의 과다 섭취로 인한 비만의 위험

현대인은 식생활면에서 대부분 동물원에서 사육되고 있는 동물처럼 영양을 과다 섭취하고 있다. 과다 섭취된 양분은 그것이 탄수화물이나 단백질이라 하더라도 결국 몸 안에서 지방으로 전환되는 과정을 거쳐서 저장된다. 다시 말하면 양분의 종류에 상관없이 과다 섭취 자체가 문제가 된다는 뜻이며, 현대인의 생활양식을 바꾸지 않는 한 이러한 결과는 필연적이라는 것이다. 특히 청소년이 좋아하는 햄버거 · 감자튀김 · 피자 등은 적정한 1회 식사량보다 훨씬 많은 열량을 지니고 있다는 것을 인식해야 한다.

석기시대에 구할 수 있었던 가장 당분이 많은 과일에 비해 현대인이 즐겨 찾는 초콜릿과 사탕에는 수십 배의 당분이 포함되어 있다. 또한 콜라를 비롯한 많은 음료와 과자 등에는 생각한 것보다 훨씬 많은 당분이 포함되어 있다. 사람이 자연에서 구한 음식에 비해 지나치게 당분이 많은 음식을 선호하는 것은 인류의 진화 과정에서 얻어진 성질로서, 일종의 초정상 자극(supernormal stimulus)에 대한 반응으로 생각된다. 붉은머리오목눈이(일명 뱁새)가 자신의 알보다 훨씬 큰 뻐꾸기의 알을 돌보는 것처럼, 사람이 무작정 더 강한 단맛에 반응하도록 진화된 결과이다. 당분은 열량이 매우 높아서 비만을 유발할 뿐만 아니라 또 다른 문화병이라고 할 수 있는 충치의 큰 원인이 되고 있다.

〈그림 10-2〉 운동은 하지 않으면서 항상 먹을 것만 찾는 현대인은 동물원에서 사육당하고 있는 동물과 같은 운명을 갖게 되기 쉽다.

세계적인 장수마을이라고 할 수 있는 이탈리아의 사르디니아 섬과 일본의 오키나와 섬 사람들의 식단은 대부분 가공 식품보다는 전통 자연식 위주이며, 비타민과 섬유질을 많이 함유하고 열량이 적다는 공통점을 가지고 있다. 이러한 장수촌에는 비만인이 거의 없고, 암을 비롯한 질병의 발병률도 적다. 이러한 조사 결과는 우리가 매일매일의 식단에 특별히 신경을 써야 한다는 것을 시사하고 있다.

운동 부족으로 인한 비만의 위험

인류 조상들의 하루 일과와 우리의 하루 일과는 어떻게 다를까? 많은 다른 점이 있겠지만, 아마도 가장 큰 차이는 운동의 차이가 아닐까 한다. 조상들은 눈만 뜨면 사냥하고, 열매를 따고, 농사를 짓고, 땔감을 구해서 밥을 지었는데, 이 모든 일이 운동의 연속이었다. 생활 자체가 운동이었기 때문에 헬스 클럽도 필요 없고, 아이들도 자연에서 뛰어놀았기 때문에 놀이터가 따로 필요 없었다. 그런데 우리의 현실은 어떠한가? 축구를 하면 좋을 시간에 방안에 앉아서 TV로 축구 중계를 보고 있으며, 그것도 무엇인가를 먹으면서 본다. 지난 월드컵 축구 중계 때 하룻밤에 전국적으로 팔린 치킨 숫자가 200만 마리였으며, 피자 · 햄버거 · 감자튀김 · 팝콘 · 콜라 등도 평소에 비해 훨씬 많이 팔렸다고 한다. 일부 운동선수나 육체노동을 하는 사람을 제외하고 대부분의 현대인은 심각한 운동 부족에 직면해 있다.

인류는 수백만 년 동안의 진화 기간 동안에 항상 운동을 해야만 하는 환경에 적응해 왔고, 이러한 성질이 우리 몸속에 유전자의 형태로 자리잡고 있다. 몸속의 유전자는 운동하라고 명령을 하는데, 우리는 이를 거스르고 있으며, 그 결과는 결국 비만으로 나타난다.

유전형질에 의한 비만 성향의 차이

미국 미시건 대학의 생물학자 닐(James Neel, 1915~2000)은 애리조나주 피마(Pima)족 인디언들의 만성적 영양실조를 치료하기 위한 조치들이 결과적으로는 그들을 비만과 당뇨병으로 내몰았다는 사실에 주목하였다. 그들이 섭취한 식단은 일반인 기준으로 열량이 과다하지 않은 균형 있는 식단이었음에도 어떻게 그러한 일이 일어났을까? 더구나 그들은 일반인에 비해 운동량도 많았다. 그 원인은 진화적인 요인으로 잘 설명이 된다. 즉, 피마족이 사는 곳은 주기적으로 기근에 시달리던 지역인데, 먹을 것이 풍족한 기간에 체지방을 잘 축적하는 형질을 가진 사람은 그런 형질이 없는 사람에 비해 잘 살아남게 되고, 세대를 거듭함에 따라서 이러한 형질을 가진 사람의 비율이 점점 높아져서 지금에 이르게 되었다는 것이다. 이러한 사례는 비만이 사람에 따라 매우 다른 양상으로 나타날 수 있다는 것을 시사하고 있다. 우리 주위에는 피마족 인디언처럼 음식 섭취를 적게 하고 운동을 어느 정도 하는데도 불구하고 살이 찐다고 하소연하는 사람들이 있는 반면에, 소수이긴 하지만 체중을 늘리려고 아무리 많이 먹고 게으름을 피워도 살이 잘 찌지 않는다고 고민하는 사람들도 있다. 물론 이러한 사람들의 말이 100% 정확한 것은 아니지만, 적어도 사람에 따라서 유전적 요인에 따라 비만 성향이 다르다는 것은 알려진 사실이다.

〈그림 10-3〉 영양실조를 치료하기 위해 적절한 열량의 균형 있는 식단을 제공했는데도 비만에 이르는 피마족 인디언

영국의 저명한 과학 학술지인 『네이처』에 실린 논문에서도 사람에 따라 비만 유전자가 다르게 존재한다는 것이 밝혀졌다. 비만에 관계하는 유전자는 인간의 2번, 5번, 10번, 11번, 20번 염색체에 광범위하게 존재한다는 것이 실험적으로 증명이 되었다. 또한 이러한 염색체뿐만 아니라 성염색체 'Y'를 제외한 거의 모든 염색체에 비만 유전자가 추가적으로 분포하고 있을 가능성이 동물 실험을 통해 간접적으로 제기되기도 하였다. 이러한 가능성은 생쥐에게서 비만을 유발하는 유전자와 비슷한 DNA 염기서열(유전자)을 사람도 많이 가지고 있다는 실험 결과에 근거하고 있다. 다시 말하

면, 비만 유전자는 사람 염색체에서 다수 발견되었고, 동물 실험 결과까지 포함하여 추정하면 인간 비만 유전자의 빈도는 훨씬 높을 것이라는 것이다. 이러한 비만 유전자의 분포는 개인에 따라 많이 다르기 때문에 체형 관리 프로그램을 개발하는 데 있어서 반드시 개인차를 고려해야 한다. 그리고 다른 사람이 성공한 방법이라도 나 자신에게는 효과가 없거나 오히려 해가 될 수도 있다는 것을 염두에 두고 자신의 유전적 특성과 생활 환경에 맞는 프로그램을 개발하는 데 초점을 맞추어야 할 것이다.

그렇다면 건강을 위협하고 생존에 불리하게 작용하는 이러한 비만 유전자가 왜 인간의 염색체에 많이 남아 있는 것일까? 다윈의 진화론인 자연선택설에 의하면, 생존에 불리하게 작용하는 비만 유전자라면 여러 세대를 거치면서 인류의 진화 과정에서 점차 사라졌어야 했다. 그러나 이러한 현상을 역으로 해석하면, 이러한 비만 유전자가 아직도 광범위하게 인간에게 남아 있다는 것은 생존에 유리하게 작용해 왔기 때문이라고 할 수 있다. 즉 인류의 조상들은 먹을 것이 항상 풍족한 환경에서 살지 못하고 계절적 요인이나 천재지변 등으로 가끔 기아에 허덕이는 시기를 거쳤는데, 이러한 비만 유전자는 먹을 것이 풍족한 시기에 영양분을 몸에 많이 저장하게 함으로써 기아를 잘 견디고 살아남을 수 있게 하였다고 생각할 수 있다.

즉, 조상으로부터 물려받은 우리의 몸에는 개인에 따라 정도의 차이는 있겠지만 피마족 인디언처럼 기아에 견딜 수 있도록 고안된 유전자 즉 비만 유전자가 있다는 것이다. 그러므로 현대인이 인류의 조상처럼 원시 수렵생활을 할 수 없다면, 비만 유전자에 의한 효과를 억제하기 위해서 반드시 충분하고 꾸준한 운동을 하지 않으면 안 된다는 것이다.

3) 바람직한 체형은 어떤 것인가?

비만 체형이 어떤 것이라는 것에 대해서는 많은 사람들이 의견의 일치를 보이고 있다. 그러나 어떠한 체형이 바람직한 것인가에 대해서는 사람마다 다소 의견이 다르다. 일반적으로 젊은 여성은 표준보다 약간 마른 체형을 선호하고, 남성은 표준보다 약간 몸무게가 더 나가는 체형을 좋아하는 경우가 흔하지만, 개인차가 매우 심해 이러한 경향을 일반화하기 힘들다. 미국에서 조사한 "어떠한 여성의 체형이 가장 매력적인가?"를 알아보기 위한 설문에서는, 몸무게는 표준이며 허리가 날씬한 체형이 가장 매력적이라는 응답이 나왔다. 반면에 마른 체형이나 뚱뚱한 체형이면서 허리가 굵은 사람에 대해서는 가장 낮은 선호도를 나타냈다. 여기서 중요한 것은 체형을 판단하는 데 있어서 체중보다 몸의 전체적인 균형이 더 중요하다는 인식이 지배적이었다는 것이다. 그럼에도 불구하고 대부분 사람들은 체중 줄이는 것에만 몰두하고 자신의 체형이 어떻게 변해 가는지에 대해서는 무관심한 경우가 많다.

바람직한 체형에 대한 인식의 역사적인 변천

산업혁명에 의하여 물질문명이 발달하기 전까지 일반 서민은 영양 섭취를 충분히 하지 못하는 상황이었다. 반면에 귀족들은 육체노동이나 운동도 하지 않으면서, 풍부한 음식을 섭취하여 자연히 비만 체형을 갖게 되는 경우가 많았다. 또한 고구려의 벽화나 서양 중세의 초상화를 분석해 보면 미인은 항상 통통하게 살찐 모습으로 그려진 것을 알 수 있다. 그 당시에 약간의 비만은 오히려 부의 상징이며 사회적 지위를 연상하게 하는 요인으로 작용한 것이다. 그러나 현대에 이르면서 표준 체중이면서 전체적인 균형미를 갖춘 사람을 더 선호하게 되었고, 이러한 경향은 각종 미인대회의 입상자들을 보면 여실히 드러난다. 그러나 최근에는 점차 마른 체형을 선호하는 경향이 일부 생겼으며, 특히 패션모델들의 일반적인 체형은 표준체중에 훨씬 미달하는 경우가 대부분이다. 이러한 패션모델이나 광고 모델들의 마른 체형이 대중매체를 통해 널리 퍼지면서 일반 사람들의 체형에 대한 인식도 그 영향을 받아 많이 변하였다. 이러한 경향에 대한 또 다른 원인은 비만에 대한 과도한 반작용적인 심리로서 나타난 것이라고 할 수 있다.

이렇게 마른 체형에 대한 선호 현상은 거식증으로 사망하는 패션모델이 종종 보도되고, 이른바 '마른 비만'이라는 특수한 병적인 체형에 대한 연구 결과가 발표되면서 최근에 약간 인식이 변하고 있는 추세라고 할 수 있다. 이러한 추세는 앞에서 언급한 미국에서의 설문 조사 결과에서도 볼 수 있는 것이다.

바람직한 체형의 개념

바람직한 체형을 논하는 데 있어서, 그 출발점은 인체의 기능에 대한 논의가 우선되어야 한다. 왜냐하면 아무리 체형이 아름답다고 생각되어도 기본적인 체력과 운동 기능이 부족하거나 건강을 해치게 된다면, 체형을 논하는 것 자체가 의미 없기 때문이다. 역사적 그리고 사회적 변천에 따라 바람직한 체형에 대한 견해가 달라지는 경향이 있었지만, 아마도 근본적인 견해는 진화의 결과로 인간의 유전자에 각인되어 있을 것이란 생각이 든다. 체력과 운동 기능이 뛰어나고 생식 능력이 뛰어난 사람을 배우자로 선택하면 자신의 유전자를 다음 세대에 더 많이 남길 가능성이 많아진다. 다시 말하면 이러한 특성을 가진 사람은 이성에 의해 매력적으로 느껴지게 되고 선택되어 왔으며, 그러한 판단을 하게 되는 경향은 여러 세대를 거쳐 우리에게 전달되어 온 유전형질이라고 할 수 있다.

〈그림 10-4〉 지중해에서 해수욕을 즐기는 사람들. 인간은 체력과 운동 기능이 좋을 것으로 생각되는 체형에 본능적으로 매력을 느끼며, 그런 사람들은 더 즐거운 인생을 산다.

그런데 연구 결과에 의하면, 이러한 인체의 기능적 특성 즉 우수한 체력과 운동 기능 및 생식 능력은 균형미를 갖춘 몸 및 표준에 가까운 체중과 같은 형태적 특성과 밀접한 상관이 있다는 것이다. 그러므로 매력적인 정도를 판단하는 데 있어서 상대방에게 운동 기능 검사 등을 강요하지 않고도 형태적 특성만으로 짐작을 할 수 있다는 뜻이다. 이러한 관점에서 판단하면, 우리는 비만 체형이나 마른 체형 그리고 균형미가 없는 체형에 대해서 기능적인 측면이 부족한 사람이라고 본능적으로 인식하고 매력이 없는 사람으로 느끼는 것이다.

4) 비만의 정도를 어떻게 측정하는가?

비만도를 측정하기 전에 우선 비만도의 의미를 재고할 필요가 있다. 동일한 키와 체중을 가진 사람이라도, 체지방 혹은 근육의 함량에 따라서 체력과 운동 기능이 크게 달라질 수 있다. 이는 단순히 키와 체중만으로 비만도를 계산해서는 큰 의미가 없다는 것을 시사한다. 이러한 점에서 비만도의 가장 정확한 측정 방법은 키와 몸무게를 이용한 계산보다는 신체 각 부위의 체지방 함량을 조사하여 표준치와 비교하는 것이다. 일반적으로 사람의 체지방 함량은 개인적인 편차가 매우 크다.

체지방 함량을 측정하기 위해서 신체 각 부위의 피하지방 두께를 측정하여 종합하는 방법 이외에 여러 가지 방법이 있는데, 정확한 측정값을 얻기 위해서는 비만치료 전문병원에서 단층촬영 장비를 사용하여 신체 내부의 체지방까지 측정하는 방법이 가장 좋다. 특히 건강에 큰 위협이 되고 있는 내장 지방의 양은 단층촬영으로만 파악될 수 있다. 단층촬영에 의해 비만도를 판단하고자 할 때, 몸의 전체적인 지방 함량(체지방율)뿐만 아니라 내장 지방을 포함한 복부 지방의 함량을 별도로 측정해야 비만도를 정확히

〈체지방율의 측정 방법〉

- 캘리퍼(caliper)를 이용한 방법: 신체 여러 곳의 피하지방 두께를 측정하여 통계치를 구함.
- 전기적 측정 방법: 지방의 전기 전도도가 근육에 비해 낮은 것에 착안하여 개발되었으나, 피부의 상태와 신체의 컨디션에 따른 오차가 큼.
- 혈액을 이용하는 방법: 혈액 샘플을 채취하여 혈중 콜레스테롤 등의 지방 함량 측정.
- 단층촬영 방법: 단층촬영 장치로 피하지방 및 내장 지방의 분포를 촬영하여 지방 비율을 계산하며, 정확한 판단이 가능함.

〈체지방율의 정상 범위〉

- 10 ~ 20%

〈체지방율에 의한 비만 판정〉

- 남자 : 25% 이상
- 여자 : 30% 이상

파악할 수 있다. 개인에 따라서 체지방율이 정상이면서 복부 지방은 위험 수준일 경우도 있고, 그 반대일 경우도 있기 때문이다.

이러한 체지방율 측정 방법은 비만도의 본래 의미에 맞게 비만도를 정확하게 판단할 수 있다는 장점이 있는 반면에 시간과 비용이 많이 든다는 단점을 가지고 있다. 그래서 사람들은 더 간편한 방법을 찾게 되었고, 이러한 방법은 키와 몸무게를 이용하여 비만도를 계산하는 것이며, 같은 키라면 체중이 많이 나갈수록 체지방이 많을 것이라는 가정에 근거한다. 이러한 방법의 하나인 표준체중법은 오래전부터 사용되어 왔다. 이 방법은 키에서 100을 뺀 후, 0.9를 곱한 것을 표준체중이라 가정하고, 이를 실제 체중과 비교하는 것이다. 실제 체중이 표준체중의 90~110%라면 정상이라고 판단하고, 80~90%는 저체중, 110~120%는 과체중, 120% 이상은 비만으로 분류한다.

이러한 표준 체중법은 크게 두 가지 문제점이 있다. 첫 번째 문제점은 이 방법이 보통 사람들에게는 잘 적용되지만, 운동선수나 혹은 마른 체형이면서 체지방이 많은 사람 즉 마른 비만인 사람에게는 잘 적용이 되지 않는다는 것이다. 예를 들면 레슬링 선수는 키에 비해 몸무게가 많이 나가기 때문에 계산 결과는 과체중 혹은 비만으로 나오지만, 비만도의 원래 의미에 입각해서 체지방 함량을 측정해 보면 주로 근육으로 된 몸이기 때문에 비만이 아니라 정상으로 판정된다. 두 번째 문제점은 키가 매우 크거나 매우 작은 사람일 경우에도 잘 적용이 안 된다는 것이다. 예를 들면 키가 200cm인 사람의 표준체중은 계산에 의하면 90kg이어서 몸집에 비해 너무 적게 나오고, 110cm인 사람의 표준체중은 9kg으로 역시 너무 적게 나온다.

최근에 많이 사용되고 있는 비만도의 계산 방법인 체질량 지수법은 표준체중법에 비해 키에 따른 오차를 줄일 수 있는 장점이 있다. 이 방법은 현재 국제적으로 널리 쓰이는 방법이지만, 표준체중법처럼 비만도 계산에

키와 몸무게만을 사용한다는 점에서 개인차를 고려하지 못하고 있다. 또한 체질량 지수 계산 결과를 판정하는 기준이 나라마다 다르고, 한 나라 안에서도 기관이나 학술단체마다 다르다는 약점도 가지고 있다. 아래의 예는 우리나라에서 많이 통용되는 체질량 지수 판정 기준의 한 가지 사례를 보여주고 있는데, 미국의 경우는 이와는 달리 남녀 구별 없이 18.5 ~ 24.9를 정상 범위로 인정하고 있는 경우가 많다. 이러한 미국 기준에 의하면 키가 165cm인 여성일 경우 체중이 50.4 ~ 67.8kg 범위가 정상이라는 계산이 나오며, 우리나라의 기준에 의할 경우에는 49.0 ~ 59.9kg 범위가 정상으로 나온다는 것을 알 수 있다. 이러한 문제점에도 불구하고 체질량지수법은 간편하게 비만도를 측정할 수 있다는 점, 그리고 표준체중법보다 비교적 정확하다는 점 등의 장점 때문에 널리 사용되고 있다.

또한 최근에 복부 비만에 대한 일반인의 관심이 높아지면서 복부 비만

〈체질량 지수법에 의한 비만도 계산과 판정〉

- 체질량 지수(BMI) = 체중(kg)/키의 제곱(m^2)

- 체질량 지수의 판정

(남자)
20미만 : 저체중
20 ~ 24 : 정상
24 ~ 26 : 과체중
26 ~ 30 : 비만
30이상 : 고도 비만

(여자)
18미만 : 저체중
18 ~ 22 : 정상
22 ~ 24 : 과체중
24 ~ 28 : 비만
28이상 : 고도 비만

〈복부 비만도의 계산과 판정〉

- 복부 비만도 = 허리 둘레/엉덩이 둘레

- 복부 비만도의 판정

(남자)	1.0 이상일 경우 복부 비만으로 판정
(여자)	0.9 이상일 경우 복부 비만으로 판정

도를 간단하게 측정하는 방법이 널리 사용되고 있다. 이러한 방법에 의해 복부 비만도가 동일하게 나온 사람이라 하더라도 개인에 따라 그 위험도는 크게 달라질 수 있다는 것에 유념해야 한다. 즉, 피하 지방이 많은가 혹은 내장 지방이 많은가에 따라서 그 위험도는 달라지는데, 내장 지방이 많을 경우에 동맥경화 · 고혈압 · 당뇨 · 심근경색 · 뇌졸중 등의 발병률이 더 높아진다. 운동보다 다이어트에 주로 의존하여 체중을 줄인 경우에는 복부 비만도가 낮게 나왔을지라도 내장 지방이 축적된 경우가 흔히 발생한다. 이러한 내장 비만은 단층촬영으로만 정확한 측정이 가능하다.

5) 몸매를 망치는 비결

'몸매를 망치는 비결'이라는 제목이 자극적으로 들릴지도 모른다. 다이어트를 경험했던 여성의 90% 이상이 실패했다는 조사 결과를 앞에서 언급한 적이 있는데, 실제로 이는 다이어트를 시도하기 전보다 상태가 더 나빠졌다는 것을 의미한다. 다시 말하면 몸매를 망치는 비결대로 착실히 실행하지 않고서는 이런 결과가 나올 수 없는 것이다. 아름다운 몸매와 건강한 신체는 누구나 원하는 것이지만, 이에 이르는 길은 그렇게 단순하지가 않다. 우선 사람들이 왜 실패했는지를 알아보는 것이 중요하다.

다이어트에 실패한 사람들의 공통된 특징은 식사량을 줄이는 것에 너무 의존하고, 운동을 게을리하였다는 것이다. 간혹 식사량을 줄이면서 운동도 열심히 하는데 도무지 살이 빠지지 않는다고 하는 사람들을 종종 본다. 그런데 오랫동안 대화하다 보면, 본인은 충분히 운동을 했다고 생각하지만 실제로는 적절한 종류의 운동을 적절한 강도로 충분한 시간을 하지 않았으며, 더구나 장기간에 걸쳐서 습관화될 때까지 하지 않은 경우가 대부분이다. 운동을 하지 않던 사람이 갑자기 운동을 하면 조금만 해도 숨이 차고 힘들어서 충분한 운동이라고 착각하는 것이다. 물론 처음부터 강도 높은 운동을 하는 것은 신체에 많은 무리를 주므로 권장할 만한 일은 아니다. 그러나 평소에 운동을 하지 않았던 사람이라면 처음에 약간 힘들더라도, 점차 운동의 강도와 시간을 늘려 가야 효과를 보게 된다.

누구나 운동이 중요하다는 것에는 공감하지만 운동을 어떻게 해야 하는지에 대해서는 잘 모르거나, 혹은 알고 있더라도 실천하려는 의지가 부족하다. 이를 극복하려고 하지 않고 식사량만 줄여서는 기대하는 효과를 볼 수 없을 뿐만 아니라 오히려 역효과가 나타나게 된다. 이러한 사람들의 체형은 이른바 마른 비만(저체중 비만)으로 대표된다고 할 수 있다. 식사량을 줄이기 때문에 운동을 하지 않더라도 체중이 자연히 줄게 되는데, 본인은 이것을 몸매가 날씬해졌다고 착각하는 것이다. 식사량 줄이는 것에 의한 체중 감소 효과는 단기적으로 효과가 빨리 나타나는 반면에, 체질을 근육 체형에서 점차 지방 체형으로 바꾸는 경향이 있다. 근육 조직은 운동에 의한 자극을 받아 증가하는 성질이 있는데, 식사량만 줄이는 경우에는 오히려 근육 조직의 분해가 일어난다. 즉 섭취하는 영양분이 줄었다는 변화가 몸에 비상체제를 유발하여 에너지를 소비하는 대표적 조직인 근육을 분해하는 생리 작용이 일어나서 앞으로 닥쳐올지도 모를 기아 사태에 대비하

〈그림 10-5〉 내장 지방이 많은 마른 비만은 피하지방이 많은 스모 선수보다 더 심각하다.

는 체질로 변화된다. 근육량이 줄어들기 때문에 자연히 상대적으로 체지방율은 높아지며, 간혹 폭식이라도 하면 여분의 영양분이 지방으로 더 쉽게 전환되는 경향이 있다. 또한 세포의 생명 활동도 둔화되어 에너지를 덜 소비하는 체질 즉 몸의 기초대사량이 낮아지는 체질로 변한다. 일단 이러한 체질로 변화되면 체력이 저하되고 무기력증이 나타나며, 질병에 취약해지고 피부가 거칠어진다. 또한 현기증 · 변비 · 월경불순 · 불임 · 골다공증 등을 유발한다는 것도 잘 알려진 사실이다.

식사량 줄이는 것에 의존하는 체중 감소의 또 다른 문제점은 이른바 요요 현상이다. 체질이 에너지 저소비형으로 바뀌어 다이어트를 시도하기 전과 똑같은 식사량만 섭취해도 이전보다 훨씬 살이 쉽게 찌게 된다. 그러므로 요요 현상에 의하여 이전의 체중으로 복귀되는 정도에서 그치지 않고 체중이 더 늘어나는 경우가 많다. 그러므로 이렇게 실패하는 체중 감량은 아예 시도를 하지 않은 것보다 훨씬 더 나쁜 결과를 낳는 것이다.

그리고 식사량 줄이는 것에 의존하는 체중 감소의 가장 큰 문제점은 아마 내장 비만이 아닐까 한다. 운동을 지속적으로 하는 사람은 내장기관의 운동도 활발해져서 내장 지방이 별로 없으며, 식사를 많이 하더라도 여분의 영양분이 내장 지방이 아니라 피하지방으로 저장된다. 일본 씨름인 스모 선수의 경우 체중이 많이 나가는 것이 경기에 절대적으로 유리하기 때문에 식사량을 엄청나게 유지하여 복부 비만도가 높지만 이는 주로 피하지방 때문이며, 단층촬영을 해보면 예상외로 내장 지방의 양이 적고 정상인과 비슷하다는 것을 알 수 있다. 이는 지속적인 훈련을 통해 높은 운동량을 유지하기 때문에 내장 지방의 축적이 일어나지 않은 것이다. 반면에 식사량 줄이는 것에 의존하여 체중을 감량한 경우 체지방율이 증가하면서 특히 내장 지방이 많아진다. 내장 지방은 혈관 내로 잘 녹아 들어가서 혈관을 타고 흐르면서 동맥의 내부에 쌓이는 경향이 있으며 동맥경화증 · 고혈압 등 여러 가지 성인병의 원인이 된다. 또한 내장 비만은 체력 저하로 인한 무기력증, 의욕 상실증, 우울증 등으로 발전하는 경우가 많이 있으며, 일반적인 비만에 비해서 노화 현상의 증상과 더욱 비슷하다.

식사량 줄이는 것에 주로 의존한 사람들은 체중이 적게 나가서 자신은 날씬하다고 착각하지만, 실제로 몸의 균형미는 찾아볼 수 없는 상태가 된다. 어느 비만 클리닉 전문가는 "나는 여태까지 굵어서 날씬하고 매력적인 몸매로 변한 사람을 본 적이 없다"라고 말했는데, 마른 비만인 사람들 대부분은 내장 지방 때문에 허리가 굵은 편 즉 복부 비만도가 높은 편이다. 아무도 팔다리와 상체는 야위고 피부에는 탄력이 없으면서 엉덩이 둘레와 허리 둘레가 비슷한 사람을 보고 매력적인 몸매라고 하지는 않을 것이다.

6) 몸매를 가꾸는 비결

몸매를 가꾸는 비결은 논리적으로 판단할 때, 몸매를 망치게 되는 원인의 분석을 바탕으로 고안될 수 있을 것이다. 강한 의지를 가지고 노력하지 않으면 안 된다는 것을 많은 사람이 알면서도 실패하는 이유는 비만의 심각성에 대한 이해가 충분치 못한 것에 기인한다. 그러므로 무엇보다 비만에 대한 체계적인 이해를 기반으로 대책을 세우는 것이 중요하다.

비만 현상 및 비만의 위험성에 대한 과학적인 이해

많은 사람들이 비만의 원인과 결과에 대해서 잘 알고 있다고 생각하지만, 실제로는 비만에 관한 전문가들조차도 밝혀내지 못한 것이 많이 있다. 그러므로 비만에 대하여 잘못된 선입견이나 자만심을 버리고 탐구하는 자세로 관련 지식을 쌓아가는 것이 필요하다. 비만 치료를 위해서는 강력한 의지가 필수적인데, 이러한 강력한 의지는 마음만 먹는다고 저절로 되는 것이 아니라 비만의 위험성에 대하여 사실적이고 과학적인 이해를 할 때만 가능하다. 비만은 한마디로 노화와 매우 유사한 증상으로서 앞에서 언급한 각종 질병뿐만 아니라 심리적인 자신감 상실, 사회적인 소외감, 바람직하지 않은 라이프 스타일을 갖도록 한다. 비만 여성의 경우에는 기형아를 낳을 확률도 증가할 뿐만 아니라 자녀를 비만에 이르게 할 가능성도 많아

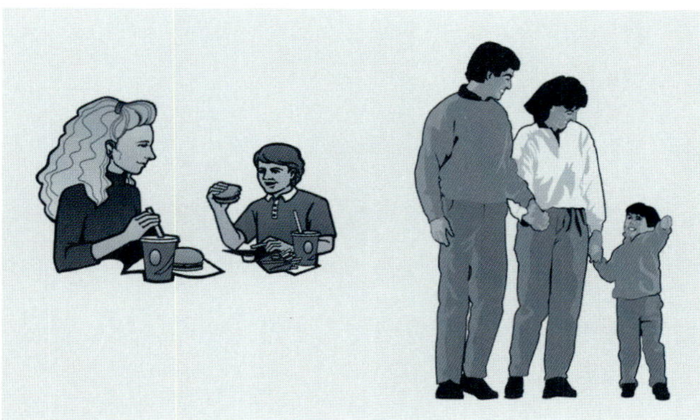

〈그림 10-6〉 자녀는 부모의 식습관과 라이프 스타일에 따라 비만 여부가 결정되는 경우가 많다. 패스트푸드는 열량이 높을 뿐만 아니라 트랜스지방의 함량이 높아서 비만을 쉽게 유발한다.

진다.

최근 조사된 우리나라의 통계자료에 의하면, 모친이 비만일 경우 자녀의 56%가 비만으로 나타났으며, 부친이 비만일 경우 자녀의 40%가 비만인 것으로 나타났다. 이러한 결과에는 유전적인 요인도 있지만, 자녀가 함께 생활하는 비만 부모의 라이프 스타일을 닮을 수밖에 없는 환경적인 요인이 더 많이 관여하는 것으로 생각된다. 어린이 비만은 지방세포 수가 커지는 성인 비만과 달리 지방세포 수가 많아지는 비만 현상인데, 비만 치료를 한 어린이라 하더라도 지방세포의 수는 거의 그대로 유지되면서 크기만 작아진다. 그래서 일시적으로 살을 뺀 어린이라 하더라도 조금만 운동을 게을리하거나 과식을 하면 지방세포에 지방이 축적되어 세포 크기가 원래대로 회복되면서 곧바로 다시 살이 찌는 결과를 낳는다. 또한 어린이 비만은 성인 비만으로 이어질 확률이 60 ~ 80%에 이른다는 통계 결과도 발표되었다. 비만은 자신의 인생을 망칠 뿐만 아니라 결국 자녀의 출산과 그들의 인생에도 악영향을 준다는 점에서 인체의 노화 과정에서 나타나는 문제보다 실제로는 더 심각한 것이다. 그러나 이를 바꾸어 말하면, 비만을 치료하여 균형미 있는 체형을 유지한다면 실제 나이보다 더 젊고 건강하고 즐거운 삶을 누릴 수 있다는 뜻이기도 하다.

아름다운 체형을 위해서는 운동이 핵심

비만을 치료하기 위하여 운동이 중요하다는 것에는 거의 모든 사람이 동의하지만, 어떠한 운동을 어떻게 해야 하는지에 대해서는 의견이 다른 경우도 많다. 여기서는 대부분의 전문가들이 동의하고 있는 운동 방법 위주로 간략히 소개하고자 한다.

(1) 유산소 전신 운동

인체 내의 근육 움직임은 에너지를 필요로 하고, 에너지를 얻기 위해서는 영양분을 산화시켜야 한다. 영양분의 산화 과정은 산소를 필요로 하기 때문에, 거의 모든 운동은 엄밀한 의미에서 유산소 운동이라고 할 수 있다. 심지어 운동을 전혀 하지 않고 가만히 앉아서 쉬고 있어도 생명 유지를 위한 에너지를 얻기 위해서 지속적인 산소 공급이 필요하다. 그럼에도 불구하고 모든 운동을 유산소 운동과 무산소 운동으로 구분하는 이유는 산소 소비 정도가 체중 관리에 중요하기 때문이다. 아령 운동과 같은 신체의 일부분만을 사용하는 대부분의 근육 운동은 산소와 영양분의 소비가 상대적으로 적기 때문에 무산소 운동이라 하며, 이러한 운동은 체중 감량 효과가 적은 반면 특정 부분의 근육을 단련하는 데는 효과적이다. 반면에 달리기 · 수영 · 스키와 같은 전신 운동은 산소와 영양분의 소비가 많은 유산소 운동으로서 체중 감량 효과도 크고 신체의 균형미를 가꾸는 데 효과적이다.

많은 사람들이 유산소 운동만을 강조하는 경향이 있는데, 실제로는 무산소 운동을 병행하는 것이 더 효과적이다. 중요한 것은 보디빌더와 같은 특별한 목적이 없는 한, 유산소 운동을 위주로 하는 것이 바람직하다는 것이다. 유산소 운동은 건강의 중요한 바로미터라고 할 수 있는 심폐 기능을 향상시키는 데도 효과가 좋으며, 이러한 운동 습관이 있는 사람은 감기에도 잘 걸리지 않는다. 이러한 유산소 운동은 최소한 이틀에 한 번 정도 40분 이상 하는 것이 효과적이다. 왜냐하면 유산소 운동을 시작한 후, 처음에는 혈당이 에너지원으로 사용되고, 상황에 따라 다르지만 보통 20분 정도 경과한 후에 소모된 혈당을 보충하기 위하여 체지방이 사용되기 때문이다. 그러므로 매일 20분 동안 유산소 운동을 하는 것보다 이틀에 한 번씩 40분 동안 유산소 운동을 하는 것이 더 효과적이다. 또한 운동 강도를 낮게 하여 오래하는 것이 필요한 노약자도 있으나, 대부분의 경우에는 운동 강

〈그림 10-7〉 체중 감량과 균형미가 우선적인 목표라면, 아령들기 같은 무산소 운동보다 달리기 · 스키 · 수영 같은 유산소 전신 운동이 훨씬 효과적이다.

도를 충분히 유지하여 땀이 나고 숨이 찰 정도로 하는 것이 효과적이다. 비만 치료를 위해 어떤 운동을 하면 좋을지 모르는 사람에게는 이 유산소 전신 운동 한 가지만으로도 충분한 효과를 기대할 수 있다.

(2) 허리 운동

우리가 야생동물이나 인류의 조상처럼 항상 몸을 움직여야만 하는 생활을 한다면, 생활 속의 유산소 운동만으로도 신체의 균형미와 체력을 유지하는 데 아무런 문제가 없다. 그러나 운동선수를 제외한 현대인은 정도가 다르기는 하지만 모두 근본적으로 운동 부족 상태에 있다. 유산소 전신 운동을 매일 한다 하더라도 충분한 시간을 하기 어려운 상황이며, 우리의 신체 부위에 따라 운동 부족의 영향이 크게 발생하는 곳도 생기게 된다. 특히 허리는 팔 다리에 비해 운동 부족에 의하여 지방이 축적되기 쉽다. 그러므로 유산소 운동을 한 후에 허리 운동을 추가로 하면 더 효과적이다. 이러한 허리 운동은 방법에 따라 무산소 운동의 경향을 많이 띨 수도 있고, 서양 요가라고 할 수 있는 필라테스의 경우에는 유산소 운동의 성격을 많이 띠기도 한다. 중요한 것은 무산소 운동인가 유산소 운동인가가 아니라 허리 근육을 충분히 사용하는 운동을 하면 된다는 것이다.

허리는 체형미의 포인트로서, 사람들은 허리가 굵은 사람에 대해서 본능적으로 매력을 느끼지 못한다. 왜냐하면 이러한 사람은 복부지방이 많은 사람으로서 신체 기능이 전반적으로 저하되었을 것이라는 것을 무의식적으로 느끼는 유전적 메커니즘을 우리가 가지고 있기 때문이다. 예전에는 허리 운동의 방법으로서 윗몸일으키기를 많이 권하였으나, 이 방법은 간혹 허리에 무리가 갈 수 있고, 장시간 운동을 지속하기 어렵다는 단점을 가지고 있다. 이러한 단점 때문에 최근에는 윗몸일으키기 대신에 누워서 양다리를 교대로 들어 올리는 동작이 더 많이 활용되고 있는 추세이다. 이러한 동작을 약간 변형한 동작, 즉 엎드려서 양다리를 교대로 뒤로 들어올리기, 옆으로 누워서 다리를 옆으로 들어올리기 등을 병행하면 훨씬 효과가 좋다.

(3) 식습관의 변화

체중을 감량하고 체형미를 가꾸기 위해서는 운동을 하는 것이 핵심이지만, 올바른 식습관이 따르지 않는다면 운동의 효과가 반감된다. 올바른 식습관의 요점은 "식사량을 약간 줄이되 균형 있는 식사를 해야 하며, 지나치게 식사량을 줄여서 단기간에 큰 체중 감량 효과를 보려 해서는 안 된다는 것이다." 식사량을 지나치게 줄일 경우, 운동을 할 의욕과 기력이 없어지며, 결국 운동을 포기할 가능성이 많아지기 때문이다. 또한 균형 있는 식사를 하지 않을 경우, 특정 영양소 결핍 현상이 나타날 가능성이 많다. 요요 현상 없이 다이어트에 성공하고 체형미를 잘 가꾼 사람들은 의외로 식사량이 생각만큼 적지 않았다. 즉 운동 위주의 체중 감량이 성공하기 위해서는 어느 정도의 식사량 유지가 필수적이라는 것이다.

(4) 라이프 스타일의 변화

바람직한 라이프 스타일은 인생의 목적이 될 수도 있고, 체중 감량과 체형미 유지의 수단이 될 수도 있다는 점에서 중요하다. 이러한 라이프 스타일은 여가 시간을 집에서 DVD 시청하면서 보내기보다는 자연 속에서 여러 사람들과 어울려서 운동을 즐기는 것이 대표적인 것이라고 할 수 있다. 스키 · 수영 · 등산 · 승마 · 스쿠버다이빙 등 여러 가지 전신 운동 중에서 자신의 적성에 맞는 것을 선택하여 즐기면, 운동량이 크게 늘어나게 된다. 또한 이러한 운동이 자신의 취미로 자리잡게 되면 평생 운동하는 습관을 기르는 데 도움이 되며, 정신적인 스트레스 해소에도 좋기 때문에 생활의 질을 향상시킬 수 있는 것이다.

〈그림 10-8〉 자연을 벗삼아 운동을 즐기는 것은 라이프 스타일의 향상에도 기여하고 체형미와 체력 향상에도 좋다.

제11장

불치병의 정복은 가능한가? –암과 AIDS

1. 암의 생물학

1) 현대인은 왜 암에 잘 걸리는가?

암은 현대인에게 있어서 가장 두려운 질병 중의 하나이다. 그 이유는 예전에 비해 점차 많은 사람들이 암에 걸리고 있으며, 일단 발병하면 사망률이 높다는 데 있다. 통계자료를 분석해 보면 실제로 수십 년 전만 하더라도 암으로 사망하는 사람이 많지 않았는데, 최근에 많아졌다는 것을 알 수 있다. 의학이 발달하고, 위생 시설이 더 좋아졌음에도 불구하고 이러한 결과가 나타나는 이유는 무엇일까?

노령 인구의 증가는 암 발생률의 증가와 밀접한 상관이 있다

암 발생률은 나이에 따라 큰 차이가 난다는 것이 알려졌다. 즉 나이가

많을수록 암에 잘 걸린다는 것이며, 이러한 경향은 거의 모든 나라에서 나타날 뿐만 아니라 동물에게서도 나타나는 현상이다. 암은 세포 내의 DNA가 손상되었을 때 생기는데, 나이가 들면서 DNA가 손상될 확률이 높아지며 동시에 손상된 DNA를 복구하는 능력도 감소된다. 현대인은 의학의 발달, 위생 시설의 확충, 식생활의 개선 등에 의하여 평균 수명이 예전에 비해 획기적으로 증가하였으며, 이는 바로 노령 인구의 증가를 의미한다. 그러므로 최근 암 발생률의 증가는 노령 인구의 증가에 큰 영향을 받고 있다고 해석할 수 있다.

비만은 암 발생률을 크게 높인다

최근 국내에서 120만 명의 큰 표집을 대상으로 한 연구 결과에 의하면, 비만인은 정상인에 비해 3.5배까지 암 발생률이 높은 것으로 알려졌다. 또한 비만의 정도가 높을수록 암 발생률도 증가한다는 것이다. 이는 비만에 의한 증상이 대체로 노화에 의한 증상과 일치한다는 점을 생각하면 설명이 잘 된다. 특히 체질량 지수(BMI)가 28을 넘어서면서 암 발생률이 크게 증가한다는 것이 조사 결과 나타났다. 현대인은 운동 부족과 영양분의 과다 섭취로 비만이 증가하고 있으며, 이는 곧 암 발생률을 증가시키는 원인으로 작용하고 있다.

환경 오염은 발암 물질과의 접촉 기회를 늘린다

발암 물질은 오염된 대기와 물 등에 광범위하게 포함되어 있는데, 낮은 농도에서는 별로 문제가 되지 않으나 점차 그 농도가 높아져 가고 있는 추세이다. 특히 공업 지대와 대도시 지역은 이러한 경향이 더 많이 나타나며, 대기 오염 증가가 폐암 발생률 증가와 직접적인 관련이 있다는 것도 알려진 사실이다. 그러므로 물질문명의 발달에 따른 환경 오염의 증가가 근래의 암 발생률 증가에 일부 기여하고 있는 것이라고 할 수 있다.

현대 사회는 스트레스를 높여서 암 발생률을 증가시키는 경향이 있다

현대 사회는 이전의 사회와 비교해서 매우 복잡한 구조이며 변화가 심하기 때문에 인간이 적응하는 데 어려움을 초래하는 경우가 많다. 이러한 부적응은 결국 정신적인 스트레스를 유발하며, 그 결과로 암 발생률을 높인다는 것은 잘 알려져 있다. 정신적인 스트레스는 우리 몸의 생리적 평형을 깨뜨려서 건강을 악화시키는 요인으로 작용하며, 각종 질병에 대한 저항력을 떨어뜨리기도 한다.

2) 암을 정복하기 위한 첫걸음 – 암에 대한 과학적인 이해

현대인이 건강한 생활을 누리기 위해서는 암에 대한 과학적인 이해가 필수적인 시대가 되었다. 암에 대해서 과학적으로 이해하는 것은 암을 예방하고 정복하는 첫걸음이라고 할 수 있다.

암은 특정 세포의 무제한적인 증식이다

사람의 몸을 이루고 있는 세포는 수정란의 세포분열에 의하여 만들어진 것이다. 우리 몸의 부위에 따라 세포분열의 정도가 다르고 적절하게 조절되기 때문에 사람의 형태가 나타난 것이며, 만약 이러한 조절 작용이 없다면 사람의 모양이 둥근 공 모양의 세포 집합체에 지나지 않게 될 것이다. 다시 말하면, 우리 몸의 모든 세포는 언제 얼마만큼 분열을 하고 언제 분열을 멈추어야 할지를 스스로 알고 있다. 암세포는 이러한 세포분열 조절 메커니즘이 깨진 상태이며, 따라서 무제한적인 분열을 하는 특성을 가지고 있다.

암세포는 미분화 · 비정상 세포이다

우리 몸의 각 기관이나 조직은 특정 기능을 수행하기 위해 최적화된 형태의 세포로 되어 있다. 예를 들면 적혈구는 산소를 쉽게 운반하고 좁은 혈관 속을 잘 통과하기에 적합한 형태이며, 신경세포는 신호를 전달하기에 적합한 형태로 되어 있다. 세포분열에 의해 새로 생겨난 어린 세포가 긴 시간에 걸쳐서 이렇게 특정한 형태로 변화하는 과정을 분화(differentiation)라고 한다. 그러나 암세포는 빠르게 분열하기 때문에 세포가 분화될 시간이 충분치 못하여 미분화된 상태 즉 대체로 공처럼 둥근 모양을 하고 있다. 또한 이렇게 분화가 안 된 상태여서 정상적인 기능을 수행하지 못한다. 예를 들면, 혈액암이라고 할 수 있는 백혈병에 걸린 사람은 정상인에 비해 백혈구가 많지만, 몸에 침입한 병원균을 잡아먹지 못하는 비정상적인 백혈구가 대부분이다.

암세포는 유전정보가 교란된 돌연변이 세포이다.

세포분열 조절 메커니즘은 각 세포의 DNA에 기록되어 있는 유전정보이다. 이러한 유전정보가 기록된 DNA가 손상되면 세포분열 조절 메커니즘이 붕괴될 수 있으며, 이러한 세포는 정상적인 세포와 유전정보가 다른 돌연변이 세포인 것이다. 다시 말하면, 암세포는 세포 수준의 돌연변이라고 할 수 있다.

암 조직은 모노클론(monoclone)이다

암세포의 집합체를 암 조직이라고 하는데, 이 암 조직을 이루고 있는 모든 세포는 처음에 하나의 세포로부터 출발한 것이다. 처음에 하나의 세포에서 세포분열 조절 메커니즘이 붕괴되는 돌연변이가 일어나고, 이 세포가 무제한적인 분열을 거듭하면서 암 조직으로 성장하는 것이다. 그러므로 암 조직을 이루고 있는 세포들은 처음의 돌연변이 세포와 동일한 유전정보를 가지고 있는 집단인데, 이러한 동일 유전자형의 집단을 모노클론(monoclone)이라 한다.

3) 암을 발생시키는 원인은 무엇인가?

암을 일으키는 원인을 잘못된 식습관, 바이러스 감염, 작업 환경, 음주, 흡연 등으로 분류하는 경우도 있지만, 이러한 분류는 서로 중복되는 면이 있어서 합리적이라고 볼 수 없다. 암은 결국 세포의 DNA를 변화시키는 것이므로 이러한 DNA를 변화시키는 방법을 기준으로 분류하는 것이 더 과학적이다. 그러나 이러한 발암 요인이 없는 경우에도 암은 얼마든지 발생할 수 있다는 것을 인식해야 한다. 살아 있는 세포는 항상 세포분열을 하고 이 과정에서 DNA가 복제되는데, DNA 복제의 우연한 실수로 암세포가 발생할 수 있는 것이다.

발암물질

국제암연구센터(International Agency for Research on Cancer)에서는 발암성 정도를 기준으로 화학물질을 다음과 같이 5가지로 분류한다.

① 인간에게 암을 유발하는 물질
② 인간에게 암을 유발할 가능성이 높은 물질
③ 인간에게 암을 유발할 가능성이 어느 정도 있는 물질
④ 암의 유발과 관련된 충분한 정보가 없는 물질
⑤ 인간에게 암을 유발하지 않는 물질

이러한 분류 체계에 의하면, ①·②·③에 해당하는 물질은 발암물질이라고 할 수 있다. 특히 ①은 인체 관련 데이터가 증거 자료로 뒷받침되는 경우로서 매우 위험한 물질이다. 담배에는 이러한 종류의 발암물질이 약 20가지 들어 있으며, 그 대표적인 것이 벤조피렌(benzopyrene)이다. 또한 자동차의 배기가스, 불에 탄 음식, 알코올이 분해되는 과정에 생기는 물질, 공장 폐수 등에서 발암물질이 광범위하게 발견되고 있다. 이러한 발암물질은 DNA의 특정 부분과 결합하여 DNA의 정상적인 복제를 방해함으로써 결국 DNA를 손상시키고 암을 유발한다.

방사선

핵물질로부터 나오는 방사선이나 엑스레이·자외선 등은 강한 에너지를 가지고 있으며, DNA를 자르는 경향을 가지고 있다. DNA가 잘린다는 것은 유전정보가 교란된다는 것을 의미하고, 이러한 유전정보 교란은 암으

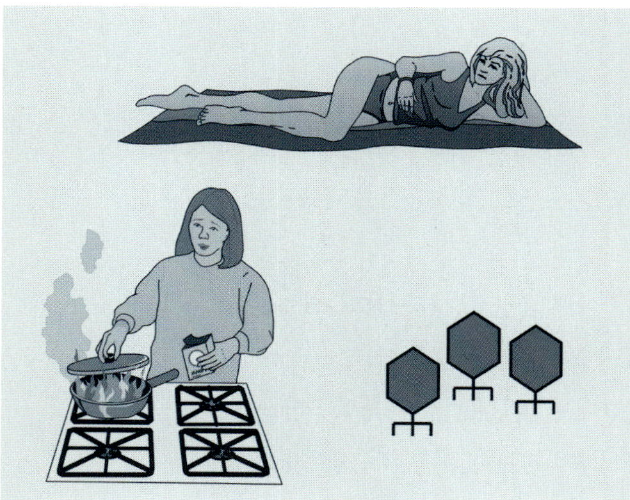

〈그림 11-1〉 강한 햇볕은 피부암을 유발하는 경향이 있으며, 불에 탄 음식은 발암물질을 포함하고 있을 가능성이 많고, 바이러스는 세포 내 유전자를 변형시키는 경향이 있다.

로 이어질 수 있는 것이다. 일반적으로 빛은 파장이 짧을수록 에너지를 많이 가지고 있으며, 암을 유발할 가능성도 높다. 예를 들면, 자외선보다는 엑스레이가 더 위험하고, 핵반응에서 나오는 감마선은 엑스레이보다도 더 위험하다. 원자폭탄 투하 지역이나 핵발전소 폭발 지역에서 기형아나 암 발생이 높은 것은 강한 감마선에 의해 DNA가 많이 파괴되기 때문이다.

바이러스

바이러스는 대부분 유전자를 DNA가 아닌 RNA 형태로 가지고 있으며 세포에 비해 매우 작다. 생물과 무생물의 특징을 동시에 가지고 있으며, 스스로 복제를 하지 못하고 숙주세포에 침입하여 숙주세포의 유전자 복제 메커니즘과 단백질 합성 시스템을 이용하여 자신을 복제한다. 이러한 과정에서 바이러스의 RNA가 DNA로 변화되어 숙주세포의 DNA와 결합하게 되는데, 이 때 숙주세포의 DNA가 변화되는 경우가 있으며 이러한 변화를 형질전환(transformation)이라 한다. 이러한 DNA 변화는 숙주세포의 돌연변이를 의미하며, 이는 암세포가 만들어질 수 있다는 것을 말한다.

4) 암의 진단

암은 조기에 발견될 경우 완치율이 높은 반면에 말기에 발견되면 치사율이 매우 높아진다. 그래서 암에 대하여 경각심을 갖는 것이 중요하다. 그러나 지나치게 암 발생 가능성에 대하여 걱정을 하고 암 검사를 자주하는 것은 좋지 않다는 것이 최근에 알려졌다. 유전적 혹은 환경적 요인이 암을 유발할 가능성이 어느 정도 있다고 판단될 경우에는 주기적인 암 검사를 하는 것이 좋지만, 건강한 생활을 하고 있는 사람이 지나치게 자주 암 검사를 하면 오히려 암 검사 과정에서 스트레스를 받아 건강에 영향을 줄 수도

〈그림 11-2〉 암을 진단하는 여러 가지 방법

있다는 것이다.

암을 진단하는 방법에는 여러 가지가 있는데, 정확한 진단을 위해서는 몇 가지 방법을 병행하여 사용하기도 한다. 피부암이나 유방암은 손으로 만져 보아도 1차 진단이 가능한 경우지만, 이러한 방법에 의해 암으로 의심된다고 생각되면 현미경을 사용한 조직 검사 및 세포 배양 검사 등을 통해 단순한 종양인지 암 조직인지를 판단해야 한다.

암 조직은 세포분열이 활발하고 물질과 에너지를 많이 소모하므로 일반적으로 주위의 정상적인 조직에 비해 온도가 약간 높은 경향이 있다. 그러므로 암 조직은 우리 몸의 체온 분포를 촬영하여 질병을 진단하는 '적외선 체열 영상 진단법'으로 1차 진단이 가능하다. 즉, 적외선 체열 영상을 분석하여 특정 부위의 온도가 비정상적으로 높다고 판단되면 암 조직일 가능성이 있으며, 이 경우 조직 검사 등의 정밀 검사를 추가로 하는 것이 좋다. 적외선 체열 영상 진단 이외에도, 엑스레이 촬영이나 단층촬영도 암을 진단하는 데 유용한 영상 진단 방법이며, 이러한 영상 진단 방법은 암 검사뿐만 아니라 다른 질병의 진단에도 널리 사용되고 있다.

5) 암의 치료

암을 치료하는 방법에는 수술, 방사선 치료, 항암제 투여 등의 방법이 있는데 완치율을 높이기 위해 세 가지 방법을 동시에 사용하는 경우가 일반적이다. 수술은 암 조직을 떼어내는 것인데, 이 때 암세포가 조금이라도 남아 있으면 재발될 가능성이 많다. 그래서 암 조직보다 더 큰 부위를 도려내는 경우가 일반적이다. 또한 암 조직으로부터 주변의 혈관으로 암세포가 흘러나와서 몸의 다른 부위까지 번지는 경우가 있는데, 이를 전이(metastasis)라고 하며 일단 전이가 일어나면 재발할 가능성이 많다. 전이가 일어난 경우는 암이 말기일 가능성이 많은데, 암의 조기 발견이 중요한 것도 바로 이 전이가 일어나기 전에 치료하는 것이 재발을 줄이고 완치율을 높일 수 있기 때문이다.

방사선은 암을 유발하는 요인인데, 아이러니컬하게 암의 치료에도 사용된다. 방사선을 암 조직에 강하게 투사하면, 암세포의 DNA가 파괴되어 더 이상 생명 활동을 유지할 수 없게 된다. 이 때 새로운 암세포가 발생될 수도 있으므로 항암제 투여 등으로 새로운 암세포를 조기에 파괴하는 것이 중요하다. 그러나 과도한 항암제 투여는 독성을 나타내기도 하고, 인체의

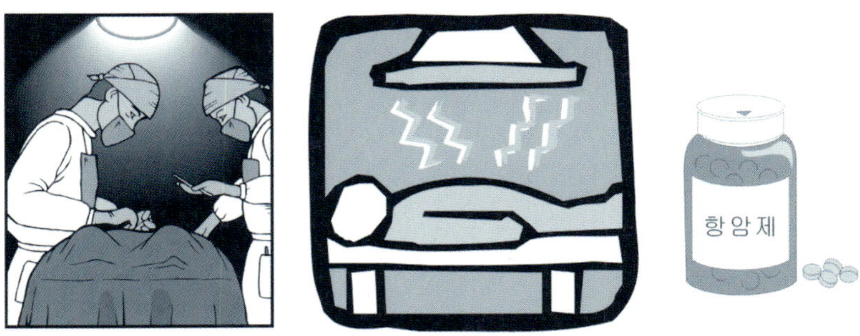

〈그림 11-3〉 암의 기본적인 치료법에는 수술, 방사선 치료, 항암제 사용 등이 있다.

면역 기능을 떨어뜨리는 부작용을 가져오므로 주의해야 한다.

또한 최근에 암을 치료하는 새로운 방법으로 부상하고 있는 것이 식이요법이다. 대부분의 병원에서는 이 방법을 사용하지 않으나 멕시코의 '오아시스병원' 등은 이러한 식이요법에 의한 암 치료로 세계적으로 유명해지기도 하였다. 식이요법의 기본은 항암 성분이 많이 포함된 식품을 섭취하는 것인데, 육류보다는 과일과 야채가 주된 식단이다.

녹차 · 토마토 · 귤 · 레몬 등은 세포에서 생명 활동의 결과 계속 생성되는 유해물질인 자유기(free radical)를 무력화시킴으로써 DNA 손상을 방지하는 기능이 있다. 또한 마늘에 포함된 한 성분은 전발암물질(procarcinogen)을 발암물질(carcinogen)로 바꾸는 역할을 하는 1단계 효소(phase I enzyme)를 억제함으로써 발암물질의 생성을 방지한다. 마늘 생산량이 많은 지역은 대부분 장수마을이라는 것도 통계적으로 증명이 되었는데, 이러한 결과도 마늘의 항암 기능과 관련이 있을 것으로 추측된다. 브로콜리와 콜리플라워 등에 있는 한 성분은 발암물질과 결합하여 발암물질의 기능을 정지시키는 역할을 하는 2단계 효소(phase II enzyme)의 생성을 촉진함

〈그림 11-4〉 항암 성분을 가진 과일과 야채는 식이요법을 통한 암 치료에 사용된다.

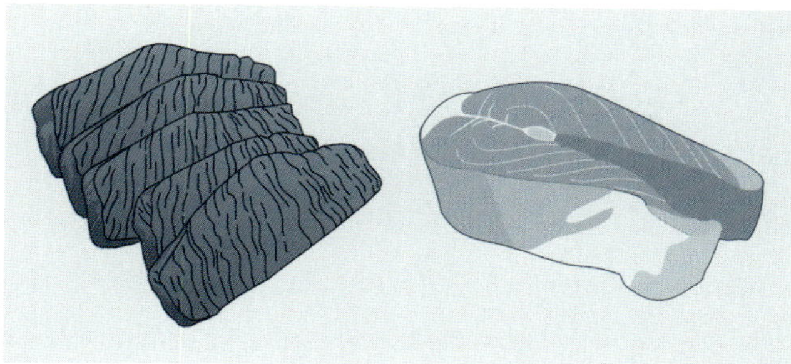

〈그림 11-5〉 육류에 포함된 omega-6 지방산은 암 발생률을 높이고, 생선에 포함된 omega-3 지방산은 omega-6 지방산을 대체함으로써 암 발생률을 낮춘다.

으로써 항암 기능을 나타낸다는 것이 알려졌다. 또한 생선 · 콩 · 포도 등에도 항암 성분이 많이 포함되어 있다는 것이 과학적으로 증명되었다. 식이요법에 의한 암의 치료에서는 잡곡밥에 과일과 야채가 풍부한 식단을 만들고, 육류보다는 생선을 섭취하도록 권장한다. 이러한 식이요법 하나만으로 암이 치료되는 경우도 있지만, 일반적으로는 수술 · 방사선 · 항암제 등의 방법과 함께 사용된다. 중요한 것은 식이요법에 의한 방법은 암을 치료하는 데뿐만 아니라 암에 대한 저항력을 높여서 암을 예방하는 데도 효과적이라는 것이다. 그러나 항암 식품이 좋다고 해서 과도하게 섭취하면 비만으로 이어져서 오히려 암 발생률을 높일 수 있다는 것을 염두에 두어야 할 것이다.

2. AIDS의 정체와 건강

1) AIDS의 정체는 무엇인가?

에이즈는 20세기 이후 인류가 겪고 있는 최악의 전염병으로 전염 속도와 치사율이 매우 높은 질병이다. 1981년에 최초의 환자가 확인된 에이즈는 1982년에 후천성면역결핍증(AIDS: Acquired Immune Deficiency Syndrome)으로 명명된 매우 짧은 역사를 가지고 있는 전염병이다. 1984년에는 이 질병을 일으키는 병원체인 인체 면역결핍 바이러스(HIV: Human Immunodeficiency Virus)가 발견되었다. 그런데 1970년대에 채취하였던 혈액 샘플에서도 HIV가 나중에 발견된 것으로 보아 아마도 1960년대에 인간이 최초로 에이즈에 걸렸을 것이라는 이야기가 설득력을 얻고 있다.

에이즈는 면역력이 없어져서 생기는 질병이므로, 어떠한 병균에 감염되었느냐에 따라 여러 가지 다른 증상을 보인다. 따라서 HIV가 발견되기 이전에 에이즈로 사망한 사람들은 에이즈가 아닌 다른 질병으로 진단되었을 것이라고 생각된다. 그렇다면 어떻게 인간에게 에이즈라는 무서운 전염병이 생기게 된 것일까? 과학자들은 아마도 아프리카에 살고 있는 녹색원숭이(긴꼬리원숭이)로부터 옮겨왔을 것이라는 생각을 하고 있다. 그렇게 생각하는 이유는 녹색원숭이가 많이 살고 있는 지역인 아프리카의 탄자니아 · 우간다 · 케냐 등지에 에이즈 환자의 밀도가 높다는 것, 녹색원숭이에게서 HIV와 유사한 바이러스가 발견된다는 점 등이다.

그렇다면 어떻게 녹색원숭이로부터 인간에게 바이러스가 옮겨졌을까? 이에 대해서는 몇 가지 가설이 있을 뿐 아직 증명된 것은 없다. 즉, 녹색원숭이의 이빨을 사용하여 문신을 하는 과정에서 옮겨졌을 가능성, 녹색원숭이를 식용으로 먹는 과정에서 옮겨졌을 가능성 등이 거론되고 있다.

녹색원숭이에게는 아무런 해를 주지 않는 바이러스가 왜 인간에게는 이렇게 치명적일까? 녹색원숭이도 수백만 년 전에는 이러한 바이러스에 취약했으나 오랜 진화 과정을 통해 이 바이러스에 면역력이 있는 개체만 살아남아서 현재에 이르렀다고 생각된다. 반면에 인간에게는 최근에 감염된 이 바이러스에 대한 준비가 전혀 되어 있지 않은 상태라는 것이다. 아마도

〈그림 11-6〉 녹색원숭이와 접촉을 많이 하는 지역에서 에이즈 환자의 비율이 높은 것은 에이즈의 기원과 관련이 있을 것이라는 추측을 하게 한다.

면 훗날에는 에이즈 바이러스에 취약한 대부분의 인간이 죽고, 돌연변이에 의해 에이즈 바이러스에 대한 면역력을 우연히 갖게 된 극히 일부의 후손이 번성하게 된다면 인간도 녹색원숭이처럼 에이즈 바이러스에 의한 피해를 입지 않게 될지도 모른다. 그러나 그러한 과정이 진행되기 전에 효과 있는 대책을 세우는 것이 현명한 길이다.

2) AIDS 병원체 HIV의 특성

1970년대에 사망한 사람들 중에 이름 모를 병으로 죽거나 괴질로 죽었다고 생각되는 사람들 중의 일부는 아마도 에이즈에 걸려 사망했을 것이라는 판단이 든다. 에이즈의 정체를 몰랐을 때는 대책을 세우는 것이 거의 불가능했지만, 현재는 에이즈 병원체인 HIV에 관한 연구가 많이 진행되었기 때문에 효과적인 대책을 세우는 것도 가능하다. 인체 면역결핍 바이러스인 HIV는 인간의 림프세포의 일종인 T세포에 침투하기 위해서 먼저 세포

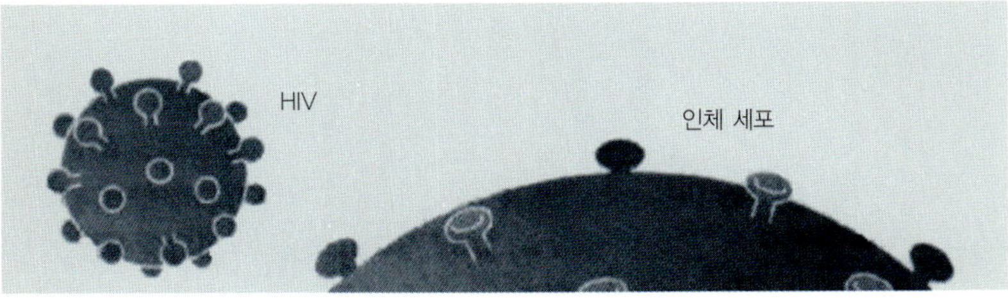

〈그림 11-7〉 HIV 표면에는 인체의 T세포의 표면에 있는 단백질과 결합할 수 있는 구조가 있다(HIV를 실제보다 크게 나타냈음).

표면에 달라붙는다. HIV가 인간의 많은 세포 중에서 T세포만을 공격하는 것은 T세포 표면에 있는 특정 단백질(HIV receptor)과 결합할 수 있는 구조가 HIV 표면에 있기 때문이다.

HIV는 T세포 내부로 침투하여 그 속에서 매우 많은 수로 복제된 후, T세포를 파괴하고 밖으로 나오는데 그 번식 과정을 요약하면 다음과 같다.

1단계: T세포에 달라붙은 후, T세포 속으로 HIV의 유전자 RNA가 들어간다

HIV는 단백질로 이루어진 껍질 내부에 유전물질 RNA를 가지고 있다. 이러한 HIV가 혈액 속의 면역 관련 세포인 T세포와 결합한 후, T세포 속으로 자신의 RNA를 들여보낸다. RNA는 DNA와 달리 이중나선 구조가 아니라 한 가닥으로 이루어진 분자 구조를 하고 있다.

2단계: RNA에서 DNA로의 변화

한 가닥인 RNA는 T세포 내의 역전사 효소(reverse transcriptase)를 이용하여 두 가닥의 DNA로 변화되는데, 이러한 과정을 역전사(reverse transcription)라고 한다. 이렇게 부르는 이유는 사람의 DNA의 유전정보가 발현되는 과정에서 DNA로부터 RNA로 유전정보가 복사되는 이른바 전사(transcription)가 일어나는데, 이 전사 과정과 반대이기 때문이다.

3단계: 역전사로 만들어진 DNA가 T세포의 DNA와 결합

HIV에서 유래한 DNA는 숙주세포인 T세포의 DNA와 결합한다. 이러한 결합이 일어난 상태에서는 HIV에서 유래한 DNA만을 분리하여 제거하는 것이 기술적으로 불가능하다.

4단계: DNA 유전정보가 RNA에 복사되는 과정이 일어난다

세포핵 속에 있는 DNA의 유전정보가 발현되기 위해서는 우선 DNA에서 RNA로 유전정보가 복사되어야 한다. 복사된 RNA는 핵 밖으로 나가서 RNA의 유전정보대로 단백질 합성이 일어나도록 한다. 이 단백질 합성 과정에는 세포질 속의 여러 가지 효소와 소기관들이 관여한다.

5단계: RNA 정보대로 합성된 단백질은 단백질 분해효소에 의해 잘라진다

합성된 단백질에는 HIV의 RNA에서 유래한 유전정보대로 합성된 것이 포함되어 있다. 이러한 단백질은 HIV의 합성에 사용되기 이전에 우선 일정한 단위로 잘게 잘라지는 과정을 거친다. 이 과정에 관여하는 효소는 단백질 분해효소(protease)이다.

6단계: RNA와 단백질 조각들이 합쳐져서 HIV가 완성된다

단백질 조각들이 RNA를 둘러싼 채로 결합을 하게 되면 HIV가 만들어진다. 처음에 침입한 HIV는 한 개에 불과하다 해도 세포 속에서 만들어지는 새로운 HIV는 수천 개에 달할 수 있다.

7단계: 새로 만들어진 HIV가 세포막을 뚫고 나온다

수천 배로 증식된 HIV는 세포막을 파괴하면서 밖으로 나오게 된다. 그리고 밖으로 나온 HIV는 새로운 T세포를 감염시킨 후 증식 과정을 반복하

게 된다.

3) AIDS의 발병과 전염

아프리카에서 발생했다고 생각되는 에이즈가 서방 세계에서 크게 문제되기 시작한 것은 1980년대 들어서부터이다. 처음에는 일부 선진국의 남자 동성연애자들 사이에서 번지기 시작하였으나 점차 이성간의 성 접촉에 의한 감염이 일반화되기에 이르렀다. HIV가 혈액 속의 T세포에서 증식하기 때문에, HIV에 감염된 혈액을 실수로 수혈하는 과정에서도 감염되는 사례가 많이 보고되었다. 지금까지 HIV가 발견되는 곳을 정리하면 다음과 같다.

① 혈액

② 정액

③ 모유

④ 여성 분비물

불행 중 다행이라 할 수 있는 것은, 우연히 발생할 수 있는 암과는 달리 에이즈는 HIV가 발견되는 곳만 조심하면 대부분 예방할 수 있다는 것이다. 그러나 HIV 보균자라 하더라도 에이즈 발병까지의 잠복 기간이 평균 8년이나 되므로 겉으로 표시나지 않는 HIV 보균자를 조심하는 일이 쉬운 것은 아니다. 혈액 샘플을 채취하여 HIV검사를 해봐야 알 수 있다는 것은 매우 번거로운 일이며, 더구나 이러한 혈액검사도 완벽하지 않고 어느 정도 오차가 있다는 것이 알려졌다. 일부 국가에서는 처음에 HIV 보균자를 격리 수용하기도 하였으나 일상적인 가벼운 신체 접촉, 수영, 음식, 모기 등에 의해서는 HIV가 옮겨지지 않는다는 것이 알려진 후에는 격리 수용의 윤리적 문제가 대두되기도 하였다.

〈그림 11-8〉 HIV는 수영, 가벼운 신체 접촉, 모기, 음식 등을 통해서는 전염되지 않는다.

에이즈 환자가 가장 많은 곳은 아프리카의 사하라사막 이남 지역이며, 동남아시아 · 남아메리카 · 북아메리카도 비교적 환자 비율이 높다. 우리나라 · 일본 · 중국 등의 동아시아 지역은 환자 비율이 낮은 편이었으나 최근에 빠른 속도로 증가하고 있다는 것이 큰 문제이다. 현재까지 알려진 에이즈 감염자는 전 세계적으로 4,000만 명 이상이며, 이 중에서 이미 2,000만 명 이상이 사망하였다. 에이즈 전염을 막기 위해 대부분의 나라에서 HIV 보균자를 특별히 관리하는데, 문제는 등록이 안 된 HIV 보균자 수가 상당히 많다는 것이다. 우리나라의 경우 등록된 보균자는 수천 명 수준이지만, 실제 보균자는 그보다 10배 정도 많을 것이라는 것이 전문가들의 추측이다.

HIV가 침투하여 에이즈가 발병하기까지는 평균 8년 정도 걸리는데 개인의 건강 상태와 체질에 따라 많은 차이가 난다. 이 과정을 자세히 기술하면 다음과 같다.

1단계: 급성기(acute phase)

HIV 침입 후 1주일 정도를 말하는데, 이때는 발열 · 발한 · 두통 · 기침과 같은 증상이 나타난다. 이 증상은 감기 증상과 매우 유사하기 때문에

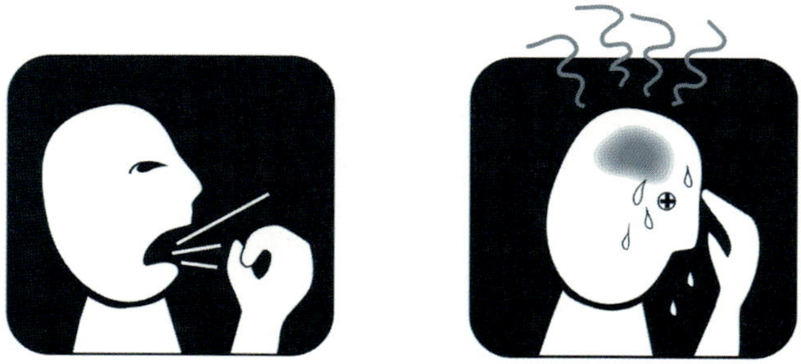

〈그림 11-9〉 HIV가 침입한 초기에는 감기 증상과 매우 유사한 증상이 나타난다.

HIV에 접촉한 대부분 사람들은 감기가 잠깐 지나갔다고 생각하는 경향이 있다.

2단계: 감염기

HIV 침입 후 6~12주 사이를 뜻하는데, 이 시기에는 혈액 속에서 HIV가 빠르게 증식하고, 동시에 HIV에 대항하는 항체도 만들어지는 시기이다.

3단계: 잠복기

이 시기에는 아무런 증상이 나타나지 않는다. 전에는 이러한 이유 때문에 HIV가 활동을 멈춘 것이라고 생각하였으나, 최근에 알려진 바에 의하면 HIV와 T세포 간의 맹렬한 세력 다툼이 있는 상태로서 어느 쪽으로도 크게 기울지 않고 평형 상태가 유지되는 상태이다.

4단계: 림프절 비대기

림프절은 T세포가 많이 모여 있는 작은 기관으로서 몸 안에 여러 개가 있다. 이러한 림프절이 평상시보다 더 커지는 시기이고, 이는 HIV에 대항하는 T세포의 활동이 활발해지기 때문이다. 이러한 림프절 비대기에는 림프절이 1cm 이상 크기가 증가하고 2곳 이상에서 이러한 일이 일어나며 3개월 이상 지속되는 경향이 있다. 일반적으로 팔이나 다리에 상처가 나서 곪으면 림프절이 비대해지는 현상이 일어나는데, 이러한 상처가 전혀 없는데도 림프절이 비대해진다면 HIV 침입을 의심해 보아야 한다.

5단계: 에이즈 관련 복합 증상기(AIDS-Related Complex)

이 시기에는 체중 감소, 설사, 복부 불쾌감, 피부 손상, 점막 손상 등이 관찰되는 시기이다. 체중이 많이 감소하기 때문에 아프리카의 우간다에서는 에이즈를 '말라죽는 병'이라고 부르기도 한다.

6단계: 에이즈 발병기

몸 안의 면역을 담당하는 T세포가 HIV에 의해 많이 파괴되어 질병에 대한 면역력이 매우 낮아진 상태이다. 이 시기에는 몸 안에 어떠한 병균이 침입하는가에 따라 증상이 다르게 나타난다. 예를 들면 저개발국에서는 상하수도 등의 위생시설 부족으로 소화기계 질병이 많이 발생하고, 선진국에서는 대기 오염 등에 의하여 폐렴이나 결핵 같은 호흡기 질환이나 피부 질환이 많이 나타난다. 에이즈의 정체가 늦게 밝혀지게 된 이유도, 에이즈가 한 가지 증상을 나타내는 게 아니라 지역이나 사람에 따라 다양한 질병의 증상을 보이기 때문이었다. 일단 에이즈가 발병하면 1년 이내에 사망하는 경우가 일반적이다.

4) AIDS의 치료와 예방

에이즈는 현재 특효약이 거의 없는 불치병으로 알려진 전염병이다. 에이즈 치료제를 개발하기 어려운 이유는 다음과 같다.

① HIV는 자신의 유전자를 숙주세포의 유전자와 결합시키는데, 이 상태에서는 이를 분리하여 제거하는 것이 불가능하다.

② 항원이 HIV의 단백질 껍질에 존재하여 한 가지 치료제가 대부분 한 종류의 HIV에만 작용하며, HIV가 돌연변이를 일으키면 약효가 없어진다.

③ HIV 침입 후 보통 8년 정도 지나서 발병하기 때문에 개발되는 치료제의 평가가 어렵다.

위와 같은 어려움에도 불구하고 현재까지 몇 종류의 치료제가 개발되어 사용되고 있다. 이러한 치료제는 HIV 증식 과정의 특정 부분을 방해하는 것이며, 몇 가지 치료제를 동시에 사용하는 이른바 칵테일 요법을 사용할 경우 치료 효과가 증대한다는 것이 알려졌다. 미국 식품의약청(FDA)의 첫 공인을 받은 에이즈 치료제 AZT는 HIV RNA의 역전사 과정을 방해하는 작용을 함으로써 HIV의 증식을 막는데, 이 치료제는 값도 비싼데다가 6~12개월 정도 사용하면 저항성 돌연변이 HIV가 생겨서 약효가 없어진다는 단점이 있다. 또한 정상적인 세포의 DNA 복제까지 방해하여 적혈구의 생산 부족으로 인한 빈혈 등이 부작용으로 지적되고 있다.

또 다른 치료제 CD4 toxin은 HIV 단백질 껍질에 있는 결합 부위를 감싸서 HIV가 T세포에 달라붙지 못하게 하는 방법으로 HIV 증식을 억제한다. 이러한 치료제 이외에도 약 20가지의 치료제가 미국 식품의약청(FDA)의 공인을 받아 사용되고 있으나 완치율은 매우 낮은 상태이다. 그러므로 치료보다는 무엇보다 예방에 힘써야 할 것이다. 에이즈는 병원체의 특성이 비교적 잘 알려져 있고, 감염 경로도 잘 알려져 있으므로 정확한 지식을 쌓고 올바른 행동만 한다면 대부분 예방이 가능하다.

제12장

우주의 신비

1. 우주의 기원과 역사

인간은 하늘을 동경했던 아득한 옛날부터 우주를 신비한 곳으로 여겨서 이를 이해하고자 애썼으나 신화의 수준을 벗어나지 못하였다. 20세기 들어 나타난 현대 우주론은 아인슈타인의 일반상대론으로 설명이 되었다. 일반상대론은 중력이 아주 강한 곳에 적합한 이론으로서 뉴턴 이론으로 설명할 수 없는 상황을 이해할 수 있도록 해준 새로운 중력 이론이다. 특별히 이 일반상대론으로만 설명이 가능한 것이 바로 블랙홀과 우주론이다. 블랙홀은 커다란 별이 수명을 다해 죽어가며 아주 작은 크기로 수축되어서 중력이 너무 강해 빛조차 빠져 나오지 못하는 검은 구멍과 같은 별을 말하는데 중력이 매우 강한 천체의 예이다. 아인슈타인을 비롯해서 당시에는 우주가 정지해 있으리라는 믿음이 주를 이루었으나, 오히려 아인슈타인이 만들었던 일반상대론은 동적인 우주 모형을 뒷받침하였고 우주의 구조들이 진화하는 과정을 밝혀 주었다. 바로 이것이 빅뱅(Big Bang), 즉 대폭발 이론이다.

1) 빅뱅과 초기 우주

빅뱅(대폭발) 우주론에서는 우리의 우주는 태초(150억~200억 년 전)에 하나의 불덩어리로서 커다란 폭발에 의해 시작되었다고 본다. 이에 대한 여러 가지 증거 중 가장 처음 제기되었던 것으로는 허블(Edwin Hubble, 1889~1953)이 은하를 관측한 결과였다. 1929년에 허블은 은하들이 서로 후퇴하고 있음을 발견하였는데 멀리 있는 은하가 더 빠른 속도로 후퇴하고 있다는 것을 알게 되었다. 이는 우주가 팽창하고 있음을 보여주는 증거가 되었다. 이후 또 다른 증거로는 1964년에 펜지아스(Arno Allan Penzias, 1933~)와 윌슨(Robert Woodrow Wilson, 1936~)이 마이크로파 잡음을 감지한 것인데 이는 태초에 있었던 큰 폭발(빅뱅)로부터 팽창 이후의 에너지가 분포된 것으로서 이것이 바로 우주의 배경을 이루는 복사에너지에 해당하는 것이다. 이 발견은 우주 대폭발을 지원하는 강력한 증거가 되었다.

〈그림 12-1〉 허블

〈그림 12-2〉 펜지아스와 윌슨

2) 인플레이션

여러 가지 증거와 이론적인 뒷받침으로 강력한 지지를 받고 있던 대폭발 이론은 몇 가지 약점을 가지고 있었다. 그중의 하나는 극도로 균일했던 초기 우주가 불규칙한 구조로 진화할 수 있는 이유를 대폭발 이론은 제대로 설명해 주지 못하였으며 초기 우주론의 가설에서 나타나는 잔해가 발견되지 않는 이유 또한 설명하지 못하였다. 그리고 우주가 평편성과 균질성을 상실한 이유도 설명하지 못하는 약점이 있었다. 이를 설명하기 위하여 구스(Alan Guth, 1947~)가 1979년에 인플레이션(Inflation) 이론을 주장하였는데 그 우주 진화 시나리오는 다음과 같다.

우주가 탄생한 지 10^{-35}초가 지난 후에 우주는 아주 급격한 팽창 단계인 소위 인플레이션(급팽창) 시기를 거친다는 것이다. 처음 태어난 소립자보다도 작았던 우주가 높은 에너지를 가지며 급격히 팽창하게 되는데 이 시기가 끝나면 자연스럽게 감속 팽창하는 시기가 도래하게 된다.

따라서 팽창 직후부터 우주가 진화되는 과정을 표준 우주 시나리오로 정하고 있다. 우주의 대폭발 직후 10^{-43}초까지는 현재의 물리학으로도 설명하지 못하는 유일한 기간이다. 이 기간은 물리학의 모든 이론을 하나로 통

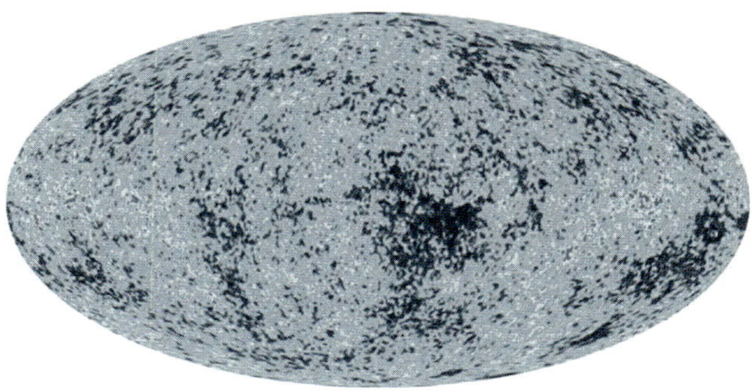

〈그림 12-3〉 인플레이션 모형을 지지하는 우주 배경 복사 사진

일하는 통일장 이론으로써만 설명할 수 있는데 바로 우주의 시간과 공간이 결정되는 시기라고 할 수도 있다. 대폭발 이후 10^{-35}초가 지난 때에는 앞에서 언급한 대로 우주가 아주 커지는 급팽창의 시기로서 소위 인플레이션이라 부른다. 이 때는 우주의 크기가 최대 10^{60}배 정도까지 커지는 시기이다. 대폭발 후 10^{-4}초 때에는 쿼크가 양성자 등의 형태를 구성하기 시작한다. 그 이전까지는 따로 존재하던 것이 이제 에너지를 얻고 핵자를 구성하게 되는 것이다.

이후부터는 인플레이션이 끝나고 감속팽창하게 되는데, 또한 입자와 반입자의 결합이 끝나고 남은 입자들이 물질을 형성하게 된다. 이후 1분 정도 지나면 뜨거웠던 우주는 충분히 식어서 양성자와 중성자가 결합하게 되는데 수소 등의 가벼운 원소의 핵을 구성하게 된다. 이후 30만 년이 지나면 우주의 온도는 떨어지고 전자는 핵과 결합하여 원자를 형성한다. 이때부터 복사는 멀리까지 여행하게 되는데 이들이 우주 배경 복사를 이루게 된다. 실제로 우리가 빛(전자기파)으로 관측하는 모습들은 바로 대폭발 후 30만 년 이후의 모습들인 셈이다.

2. 우주의 구조

아인슈타인의 일반상대론으로 결정되는 우주 모형은 프리드만(Alexander Friedmann, 1888~1925) · 로버트슨(Howard Percy Robertson, 1903~1961) · 워커(Arthur Geoffrey Walker, 1909~2001)의 우주 모형이다. 이때 가정하고 있는 사실은 우주는 먼지로 이루어져 있고 공간적으로 균질하며 어느 방향으로든지 같은 등방성을 가지는 대칭적인 구조에서 출발한다는 것이다. 이 조건에 따라 세 가지의 모형을 취하는데 이것을 바로 빅뱅 우주 모형이라 한다.

이 모형들은 우주 속에 포함되어 있는 물질의 양에 따라 구별되는데 우주의 물질 분포량이 어느 임계값보다 크면 물질 자체의 중력으로 닫힌 우주 모형이 되어 빅뱅 이후에 팽창하다가 다시 수축(대격돌: Big Crunch)하는 과정을 거치게 된다. 그리고 우주의 물질이 임계값과 같으면 평평한 우주 모형으로서 빅뱅 이후에 팽창하다가 종국에는 팽창이 정지하는 우주 모형이다. 또한 우주의 물질 분포량이 임계값보다 적으면 열린 우주 모형으로서 빅뱅 이후에 계속 팽창하는 모형이다.

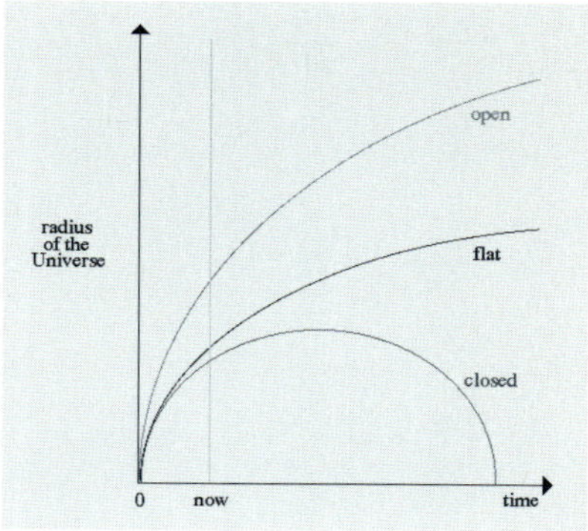

〈그림 12-4〉 우주의 세 가지 모형

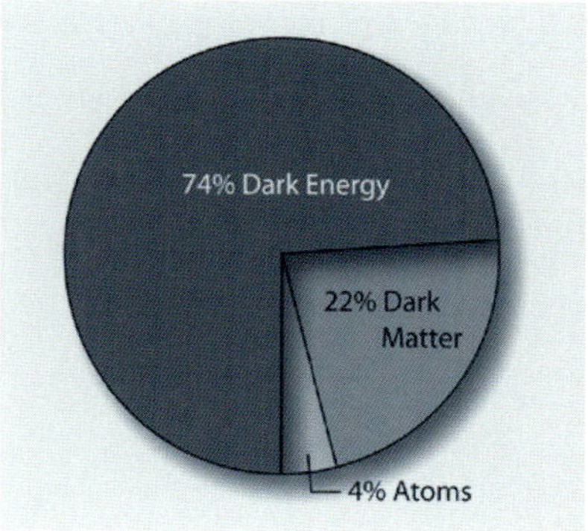

〈그림 12-5〉 우주의 구성 물질

망원경에 의한 관측 결과로 우주의 물질 분포량을 측정하면 임계값보다 훨씬 미달하지만 은하들의 운동을 관측하면 우리가 관측하지 못하는 물질들이 있을 것으로 보아 이를 '암흑 물질'이라 칭하고 있다. 그리고 최근의 관측 결과에 의하면 현재의 우주는 다시 가속 팽창하고 있다는 증거를 보여준다. 이를 뒷받침하는 물질을 '암흑 에너지'라 부르는데 가장 최근의 관측 결과 우리의 우주가 74%의 암흑 에너지, 22%의 암흑 물질, 4%의 일반 물질로 이루어져 있음을 알 수 있다. 따라서 우주의 대부분을 차지하는 암흑 에너지와 암흑 물질의 정체를 이해하고 그 본질을 밝히는 문제가 무엇보다도 중요하다.

3. 우주 탐험

1) 우주 탐험의 역사

우주를 향한 인간의 호기심은 우주를 탐색하려는 욕망과 이를 실현하기 위한 끊임없는 노력에 의해 과학 기술의 발달을 가져왔다. 역사적으로 보면 우주 탐색은 로켓의 발달로부터 시작되었다고 할 수 있다. 로켓은 화약을 발명한 중국에서 11세기 초에 최초로 발명되었으며 13세기에는 병기로서 실용화되다가 13세기 후반 유럽에 전파되었다.

1900년대 초에는 미국의 고다드(Robert Hutchings Goddard, 1882~1945) 박사가 로켓 공학을 연구하였고 폰 브라운(Werner von Braun, 1912~1977)은 1944년에 영국의 런던 폭격에 사용된 로켓 V-2를 개발하였다. 소련이 1957년 10월 4일 인류 최초의 인공위성인 스푸트닉 1호 발사에 성공하자 미국에서는 자신들의 과학 교육에 문제가 있다고 판단하여 소위 '스푸트닉 쇼크'라는 이름 아래 과학 교육을 일대 개혁하기에 이르른다.

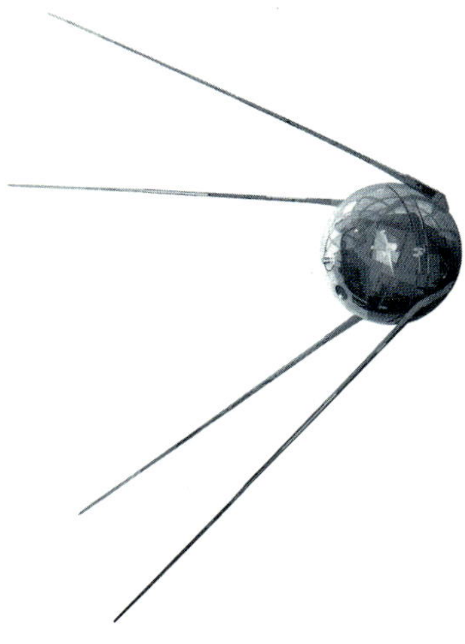

〈그림 12-6〉 스푸트닉호

이어 우주 개발 연구에 박차를 가해 1958년 1월 31일에는 익스플로러(Explorer) 1호라고 이름 지은 인공위성 발사에 성공하였고 종국에는 아폴로(Apollo) 11호를 통해 1969년 달에 첫발을 내디디게 된다.

〈그림 12-7〉 인간의 첫 달착륙(아폴로 11호)

2) 우주 탐사선

그동안의 우주 탐사선 발전 역사를 살펴보면 미국의 경우 나사에서 1961년부터 달 착륙 프로그램으로 아폴로계획을 수립 진행하였다. 이후 1968년 12월 21일 아폴로 8호가 처음으로 달의 궤도에 진입하였고, 1969년 7월 20일 닐 암스트롱(Niel Alden Armstrong, 1930~) · 에드윈 올드린(Edwin Eugene Aldrin, Jr., 1930~)이 인간으로서는 처음으로 달에 발을 내딛는 역사적인 사건이 일어난다. 이 아폴로계획은 1972년까지 다섯 번의 추가 달착륙 프로그램을 수행하였다.

〈그림 12-8〉 미국의 우주 왕복선

〈그림 12-9〉 화성에서 작업 중인 패스파인더

그리고 갈릴레오 프로그램은 목성 탐사를 목적으로 하여 우주선들을 1989년 10월 18일 발사하여 1995년 12월부터 2년 동안 목성의 대기, 위성, 주위의 자기장의 분포를 탐색하였다.

보이저 프로그램은 1970년대 후반부터 1980년대까지 외행성인 목성 · 토성 · 천왕성 · 해왕성을 탐험하는 프로그램이었는데 1989년 8월 25일 보이저 2호는 해왕성에 아주 가깝게 접근한 후 현재는 태양계 밖을 여행하고 있다. 화성에 최초로 소저너라는 로봇을 보낸 우주선은 패스파인더호로서 1997년 7월 4일 3개의 태양 전지판을 열고 화성에 도착한 후에 규산염 함유 암석과 유황이 풍부하게 포함된 암석의 존재를 발견하였다.

그리고 1981년에 처음 발사된 미국의 우주왕복선은 재사용이 가능한 세계 최초의 우주선이었다. 지금까지 100여 회 비행을 수행하면서 많은 업적을 이루었으나 1986년 1월에 챌린저호, 2003년 2월에는 컬럼비아호의 폭발 사고로 아직 이를 대체할 우주왕복선이 없는 형편이다.

4. 외계 생명

1) 외계 생명체에 대한 역사

외계 생명체의 존재에 대한 논란은 오래 전부터 있었다. 예를 들어 1600년경 지오다노 브루노(Giordano Bruno, 1548~1600)는 우주에 생명체가 존재하는 또 다른 세계가 있다고 주장하였으며, 영국의 공상과학 작가인 웰스(Gorge Orson Welles, 1915~1985)와 미국의 작가 버로스(Edgar Rice Burroughs, 1875~1950)는 외계 생명체가 등장하는 소설을 출판하기도 하였다. 그리고 이탈리아의 천문학자 스키아벨리(Giovani Schiabelli) 등은 화성에서 문명의 흔적을 찾았다고 주장하기도 하였다. 초기에 대부분은 화성 등의 행성에서 외계 생명을 찾으려 노력하였으나 실패를 거듭하였다.

〈그림 12-10〉 브루노

2) 생명의 기원

생명의 기원에 대한 이론에 대해서는 여러 가설이 있지만 종교적으로는 창조설과 대치되어 거부감이 일기도 했다. 오랜 기간의 연구와 노력으로 실마리를 잡아가기는 하지만 이에 대한 확실한 증거나 이론은 아직 없는 실정이다.

최초의 생명 출현 시기에 대해서는 여러 가지 설이 있다. 생명의 기원으로 먼저 들 수 있는 것이 오스트레일리아와 아프리카에서 발견된 35억 년 전의 스트로마톨라이트(Stromatolite) 암석에 있는 미화석이다. 또 하나는 그린란드 이슈아 층군에서 발견된 38억 년 전의 화석과 부근의 아킬라섬에서 발견된 38.5억 년 전의 화석이 그 예이다. 그리고 1996년에 캘리포니아 대학의 분류학자들은 원핵과 진핵 생물의 공통 조상이 20억 년 전에 분기했다는 학설을 발표하기도 했다.

한편 이와 다르게 지구에서 가능한 생명 기원설로는 그 예를 네 가지 정도 들 수 있는데 자연발생설, 오파린설, 특수 환경 기원설, 외계 유입설 등이 있다. 그중에서도 자연발생설은 17세기까지 서구 사람들이 믿었던 생명의 기원에 관한 이론이었으며 이것은 만일 적절한 조건만 만족하게 되면 무생명체에서 생물체가 생성된다는 것인데, 이는 1862년 파스퇴르(Louis Pasteur, 1822~1895)의 실험에 의해 무너지게 된다.

〈그림 12-11〉 밀러

그리고 과학적 자연발생설이라 할 수 있는 오파린설은 1938년에 당시 소련의 오파린(Alexander Ivanovich Oparin, 1894~1980)이라는 학자가 『생명의 기원』이라는 저서에서 원시 대기에서 탄소는 산화 상태(CO_2)가 아닌 환원 상태(CH_4)로 존재하는데 이것이 다른 종류의 물질들과 반응하여 여러 가지 유기 화합물을 생성하고 이 유기 화합물의 생성 과정에서 자외선과 반응하여 생명체를 생성한다고 주장하였다. 이를 확인하기 위해 1951년 시카고 대학의 유레이 교수 실험실의 대학원생이었던 밀러(Stanley Lloyd Miller, 1930~2007)는 간단한 실험 장치로 오파린의 가설을 증명하였다. 이를 '밀러의 실험'이라 한다. 이후 여러 학자들의 실험으로 확인되고 있으나 아직은 원시 대기 등에 대한 해석에서 많은 문제가 남아 있다.

특수 환경 기원설은 대양 아래 깊고 뜨거운 곳으로부터 생명이 발생하였다는 열수공(hydrothermal vent) 이론이다. 이는 초기 원시 시기에도 혜성과 운석으로부터 보호를 받을 수 있었으며 철과 니켈 화합물 등이 광물 형태로 화학적 환원력이 존재하였기에 가능성이 높은 이론이다. 그리고 스웨덴의 화학자 아레니우스(Svante August Arrhenius, 1859~1927)는 미생물의 세포나 배아·종자 등 많은 입자가 태양풍을 이용해 우주 공간을 여행할 수 있다고 주장함으로써(Panspermia설) 외계 유입설의 효시가 되었는데 그밖에도 1990년대 이래로 외계 지능 탐사 계획에 참여하는 키바(Christopher Chyba)는 작은 혜성, 운석 및 성간 티끌 입자가 우주로부터 지구에 물과 기체를 운반했다는 가설을 주장하였다. 또한 최근에 혜성에 대한 연구 결과 혜성의 얼음에 유기화합물이 풍부하다고 알려지고 있고 1986년 지오토(Giotto) 프로젝트에서는 우주선에 장착된 촬영기에서 핼리 표면의 석탄 같은 검은색 물질을 찾아내는 등 상당히 신빙성이 높은 것으로 알려지고 있다. 그리고 1999년 에른프론드는 고리가 많은 방향족 탄화수소가 우주에서 가장 풍부한 유기물질이라 주장하는 등 지구의 생명이 외계로부터 유입되었다는 설이 끊임없이 제기되고 있다.

3) SETI(Search for Extraterrestrial Intelligence) 프로그램 및 기타

1959년에 미국의 과학자인 거세프 코코니(Giuseppe Cocconi, 1914~) 와 필립 모리슨(Philip Morrison, 1915~2005)은 『네이처』지에 게재된 논문에서 전파 송수신 장비를 사용하여 몇광년 떨어진 곳까지 신호를 주고받는 것이 가능하다고 주장하면서 수소에서 방출되는 파장이 21cm인 전자파가 그에 적합한 주파수라 제시하였는데 이것이 SETI(Search for Extraterrestrial Intelligence) 프로그램의 기폭제가 되었다. 이후 1960년 미국 천문학자인 드레이크(Frank Donald Drake, 1930~)가 거대 규모의 SETI 계획을 주창하고 지름 26cm의 전파 망원경을 버지니아 주의 그린 뱅크(Green Bank)에 설치하여 외부에서 오는 신호 탐지가 가능한 수신 장치를 장착하는 오즈마(Ozma) 계획을 수립하고 수행하였다. 드레이크는 1961년에 다음과 같은 드레이크 방정식을 만들었는데 이는 우리의 은하에 고등 생명체가 존재할 수를 결정하는 것으로 SETI 프로그램을 정당화하기 위해서 설정되었다. 이 식은 다음과 같다.

$$N = N_* f_p n_e f_l f_i f_c f_L$$

여기에서 N_*는 우리의 은하에 항성이 존재하는 수, f_p는 항성이 행성을 거느릴 확률, n_e는 하나의 항성에 생명이 유지될 행성의 수, f_l은 n_e에서 생명체가 진화할 확률, f_i는 f_l 중에서 고등 생명체가 진화할 비율, f_c는 f_i에서 서로 의사소통할 비율, f_L은 의사소통하는 고등 생명체가 사는 동안 행성이 살아 있을 비율이다. 그러나 이들 값을 구하기 위해서는 실제로 엄청난 정보가 필요하기 때문에 구체적으로 최종값을 산출하기란 어렵지만 대충 N 값을 10 정도로 산출하여 우리 은하에 10개 정도의 행성에 고등 생명체가 존재할 것이라고 기대하고 있다.

〈그림 12-12〉 오즈마 망원경

〈그림 12-13〉 아레시보의 전파 망원경

1974년에는 푸에르토 리코의 아레시보(Arecibo)에 설치된 직경 300m짜리 전파 망원경에서 최초의 메시지가 송신되는데 이는 천문학자이자 대중과학 저술가인 칼 세이건(Carl Sagan, 1934~1996)과 드레이크가 이끄는 연구팀에 의해 추진된 프로젝트이다. 그 메시지는 25,000광년 떨어진 헤라클레스 자리의 M13성단을 향해 발사되었다. 그러다가 1993년에 대표적 SETI 프로그램인 고화상 전파 탐사(HRMS)가 미국 상원에 의해 중지되었는데 드레이크 박사는 이 탐사를 계속하기 위해 새로운 SETI 협회를 만들고 민간 기금을 모으기 시작하였으며 태양계와 비교적 가까운 곳에 위치한 태양과 비슷한 별 1,000개를 탐사하는 '피닉스 계획(Phoenix Project)'을 수립하기도 하였다. 그러나 1996년에 미국의 프랑크 티플러(Frank Tipler, 1947~)는 SETI가 시간 낭비일 뿐이라고 주장하면서 만일 외계 문명이 존재했다면 그들은 벌써 지구에 있었을 것이라는 반대 의견을 제기하였다. 현재 몇 개의 탐사 계획이 진행 중인데 그중에 하나인 아르고스(Argos) 계획은 국제 조직인 SETI 연합이 전 세계에 있는 전파 수신자들을 하나로 묶기 위해 추진 중인 계획이다.

그밖에 우주 탐사선인 1972년 파이어니어 10호, 1973년 11호에는 파이어니어 플래크(Pioneer Plaque)라 불리는 금도금판으로 만든 우주인에게 보내는 메시지가 탑재되어 발사되었는데 이것은 태양계를 벗어나 다른 별을 향해 계속 날아가고 있다. 이 메시지는 태양계, 남녀 인간의 모습, 우주에서의 지구의 위치, 우주에서 가장 많은 분포를 가진 원소인 수소의 스펙트럼 등을 소개하고 있다. 이들은 지금 태양계를 벗어나 이 메시지를 받을 외계

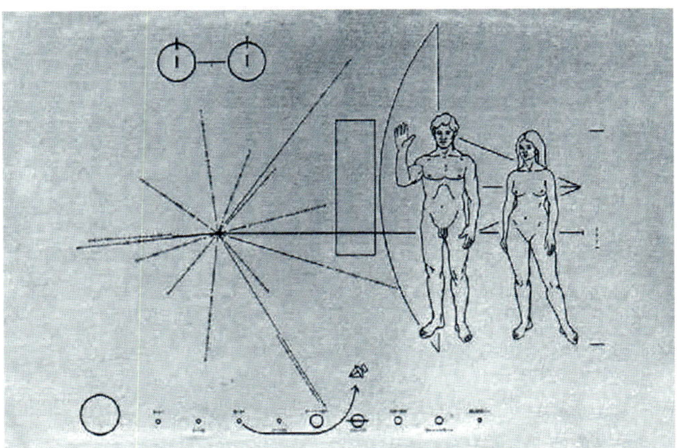

〈그림 12-14〉 Pioneer Plaque

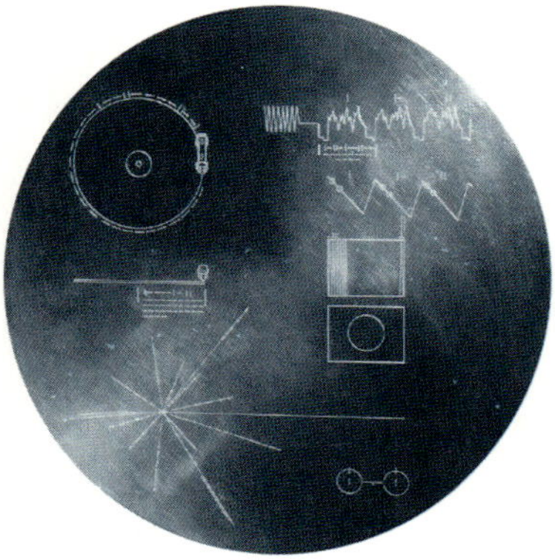

〈그림 12-15〉 보이저 골든 레코드 표면

생명을 찾아 여행을 하고 있다.

1977년에는 보이저 골든 레코드(Voyager Golden Record)가 보이저 1, 2호에 실려 40,000년 후에 도착하게 될 1.6광년 떨어진 뱀자리에 있는 별을 향해, 또 다른 하나는 1.7광년 떨어져 있는 안드로메다좌에 있는 별을 향해 날아가고 있다. 여기에는 음성 정보가 실려 있으며 표지에 이를 재생할 방법에 대한 그림이 새겨져 있고 55개국의 인사말, 여러 가지 자연의 소리, 음악 등이 실려 있다.

4) 우리는 외톨이인가?

과연 우주에 인간과 같은 고등 생명체가 존재하고 있는지에 대해 지금도 여러 가지 연구가 진행되고 있다. 그중 우리의 은하계 내에서 혹은 은하계 외에서 지구와 유사한 행성을 찾는 계획도 수립되어 진행되고 있다. 이 중 가장 강력한 것이 유럽우주청[ESA]이 지구에서 150만㎞ 떨어진 곳에 망원경을 설치하기 위해 추진 중인 다윈(Darwin) 프로젝트이다. 6개의 망원경이 동원되는 이 계획은 생명체가 살 수 있을 만한 천체를 찾으려는 것이다. 이토록 드넓은 우주에 인간만 고등 생명체로 존재한다는 것은 우주 공간의 낭비라는 말처럼 다른 고등 생명체가 있을 것이라는 상상은 너무나도 당연하지만 이에 대한 반대 의견도 만만치 않아 논쟁거리가 되고 있다.

제13장

과학과 인간의 미래

1. 과학의 발달과 그 한계

뉴턴에 의해서 물리학의 발전이 있은 후부터 과학은 기하급수적으로 발전하여 높은 성과를 보여 왔다. 그 눈부신 발전은 20세기에 들어서 상대론 · 양자론 같은 물리학의 급진적인 발전뿐만 아니라 우리가 발을 디디고 서 있는 대륙이 움직인다는 대륙이동설로써 우리들의 사고에 변혁을 가져왔다. 한편 진화론에서 출발하였던 생명과학은 20세기 후반부터 발전의 가속화가 빨라져 인간 복제를 가능케까지 하는 위대한 업적을 이루었다. 이는 인류로 하여금 엄청난 변화를 겪게 하였을 뿐만 아니라 21세기의 기술이 어쩌면 지난 세기의 변화보다 더 큰 폭으로 세상을 바꾸어 버릴 것이라는 믿음을 갖도록 하였다.

따라서 앞으로 50년 후 또는 100년 후의 과학 기술의 수준과 우리의 삶을 예측하는 미래에 이들이 우리의 삶을 어떻게 바꾸어 놓을지 또 어느 분야에서 획기적인 진보를 이룰지 조심스럽게 살펴보고 미래를 조망하고 이해할 수 있는 통찰력을 갖는 것이 중요하다.

물리학의 경우 100여 년 전에 이미 아인슈타인의 상대성 이론과 하이젠베르크를 비롯한 여러 학자들에 의한 양자역학은 과학에 있어서 새로운 통찰력을 갖도록 해주었다. 이들은 그 이전까지 전혀 상상하지도 못했던 아주 빠른 고속의 범위와 원자나 전자 같은 아주 작은 범위, 혹은 우주 같은 거대한 극한의 범위까지 과학으로 해석함으로써 인간의 탐구 영역을 이 세상에 존재하는 모든 것으로 확대하였다. 또한 새로운 시각으로 이 세상을 보도록 하여 현대물리학이라는 거대한 탑을 이루어 이로 인한 엄청난 기술의 진보를 가져오게 하였다.

그러나 그후 100년이 지난 현재 상대론과 양자론은 고전이라 할 시대에 접어들었으나 이들을 대체할 새로운 이론이나 발견은 나오지 않고 있으며 외견상으로는 과학이 절정을 눈앞에 두고 있다는 생각이 들지만 과학자들은 역설적으로 과학의 한계와 위기를 느끼고 있다. 할 일이 없다는 것과 하고자 하는 일에 더 이상 진전이 없다는 것이 이를 뒷받침해 준다. 예를 들어 이론물리학자들은 모든 물리학의 법칙들을 하나의 법칙으로 설명하고 싶어한다. 소위 통일장이론에 대해서는 아인슈타인 이후로 100년 가까이 학자들이 매달려 왔고 초끈이론 같은 이론이 나와 통일장이론으로 자처하고 있지만 절대적인 신임을 받지 못하고 있는 실정이어서 아직도 요원한 형편이고 가능성이 보이질 않는다.

우주론의 경우 스티븐 호킹(Stephen W. Hawking, 1942~)과 같은 천체물리학자들의 주장은 때로는 공상과학 소설처럼 취급되어 버릴 수 있는 부분들이 많다. 관측 데이터가 많은 것도 아니고 실험실이 우주 전체가 되어야 하는 특수 상황이기 때문에 이론적인 측면이 강해서 그렇게 취급당하기 일쑤이다. 예를 들면 우리의 우주가 여러 우주들 중의 하나라는 평행우주론이라든가, 우주가 계속 팽창과 수축을 반복할 것이라든가, 우리가 언젠가는 은하계의 웜홀 속으로 미끄러져 들어가서 다음 순간에는 극히 멀리 떨어진 다른 은하로 나온다는 이야기, 타임머신을 따라 과거나 미래로 여행한다는 식의 이야기 같은 것이다. 따라서 실험적으로 검증이 불가능하고 심지어는 이론적으로도 해결될 수 없으며 따라서 엄밀한 의미에서는 과학이라고 이야기할 수 없는 그런 종류의 이야기라고 치부하고 있다.

하지만 미국의 경우에 최근의 천체물리학이나 우주론적 관측에 대한 노력은 어마어마한 예산과 수백 · 수천명의 학자들이 컨소시엄을 이루어 물적 · 인적 자원을 투입하면서 이루어지고 있다. 앞에서도 언급하였지만 NASA의 소위 '비욘드 아인슈타인(Beyond Einstein)'이라는 프로젝트는 우주 초기부터 블랙홀까지 극한의 우주를 관측하고 검출하자는 큰 그림에서 21세기의 우주과학 연구를 추진하고 있다. 이전의 우주론의 실험 불가능성과는 다른 차원과 각도에서 수행되는 이 연구가 마무리되는 시점에는 어느 정도 정답에 가까운 힌트를 얻을 수 있지 않을까 생각한다.

〈그림 13-1〉 'Beyond Einstein Project' 중 거대 실험 장치인 중력파 측정 장치 LIGO

또한 거대 하드론 충돌기(Large Hadron Collider: LHC)는 유럽의 CERN에서 세운 입자 가속 및 충돌기로, 스위스 제네바 근방에 설치되어 2008년 9월에 가동을 시작하여 가속된 입자의 에너지가 7TeV의 크기에 도달하면 세계 최대, 최고 에너지의 입자 가속기가 되리라고 본다. LHC 프로젝트의 총 비용은 건설비, 유지 보수비, 실험 예산비를 포함하여 60억 유로 정도이다. 이를 통해 학자들은 물질의 기본 입자, 암흑 물질, 암흑 에너지 등에 관한 수수께끼가 풀릴 것으로 기대하고 있다.

〈그림 13-2〉 LHC

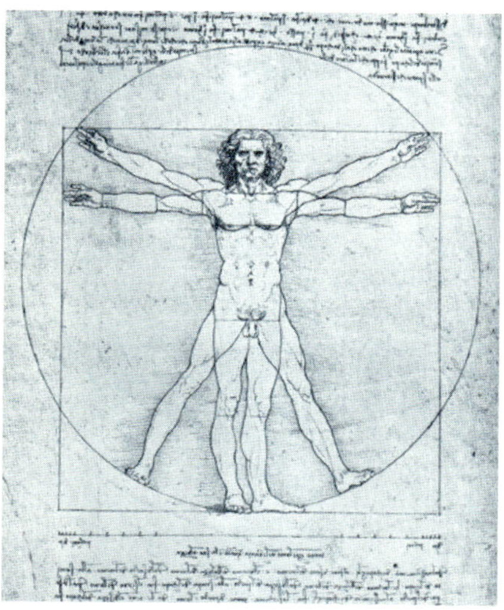

〈그림 13-3〉 다빈치가 그린 신체의 구성 비율

다윈은 진화론에서 자연선택설의 근거를 다음의 관찰에서 구하고 있다. 식물과 동물은 주위 환경이 지탱할 수 있는 정도보다 많은 수의 후손을 생산하는데 이 후손들이 부모와 다를 뿐만 아니라 후손들 동세대에서도 서로 조금씩 다른 변이가 존재한다는 것이다. 따라서 이러한 변이에 의해 어떤 개체가 살아남는지 결정된다는 것이다. 자연은 변이를 일으켜서 살아남기에 좀더 적합해진 개체, 다시 말해서 번식할 수 있을 만큼 오랫동안 생존할 수 있고 적응된 변이를 그 후손에게 물려줄 수 있는 개체를 선호하고 선택하는 경향이 있다는 것이다. 하지만 진화의 방향을 우연으로만 설명하고 있어서 이것은 여러 가지로 공격을 받고 있다. 또한 소위 missing link의 존재는 진화론의 비판론자들로 하여금 공격의 빌미를 제공하고 있다.

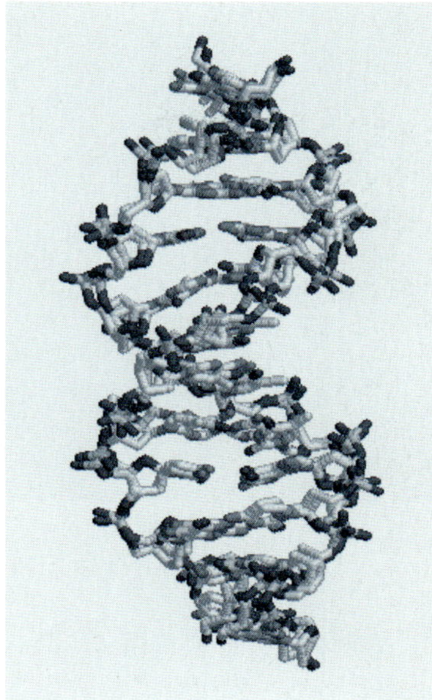

〈그림 13-4〉 3차원 DNA 모형

진화론이 발표된 이후에 이를 대체하려는 이론이 나오기도 하고 수정된 진화론으로 설명하기도 한다. 드프리스(Hugo de Vries, 1848~1935)는 큰달맞이꽃에 대한 연구를 수행하던 중 돌연히 나타난 형질이 자손에게 유전된다는 돌연변이 형질의 유전설을 발표하였다. 이 드프리스의 돌연변이설에 다윈의 자연선택설이 합쳐져서 어느 생물체내에 작은 돌연변이가 있을 때 만일 이 형질이 경쟁자들보다 생존에 유리할 경우 여러 세대를 거쳐 유전되다가 수백만년이 지나면 다른 종으로 진화한다는 신다윈설이 나오기도 하였다. 또한 버클리대학의 골드슈미트(Richard B. Goldschmidt, 1878~1958)와 하버드대학교의 굴드(Stephen J. Gould, 1941~2002)는 수백만년 동안 서서히 변화하다가 수세대에 갑작스럽게 도약하여 새로운 종의 생물이 생긴다는 소위 '괴물 이론'을 내놓기도 하였다.

이것은 지금까지 논의 중인 선천성과 후천성에 관한 논란과 어느 정도 관련이 있다고 보겠다. 어떠한 형질이 유전에 의해 결정될 수도 있고 환경에 의해 결정되는 경우도 있으므로 이를 실현코자 했던 20세기의 예로는

〈그림 13-5〉 첫 복제 동물 돌리

제2차 세계대전 때 독일 나치즘의 아리안족에 대한 집착과 소련의 사회주의 개조론의 실패 사례들이 이를 잘 보여주고 있다. 앞으로 이 후천성(학습)과 선천성(본능)에 대한 논쟁은 가까운 시기에 끝을 맺어야 할 것 같다. 그러나 이는 사회적 진화론의 연구에 기틀을 마련하였다고 볼 수 있다.

그렇다면 현대 과학의 위치는 어디에 있는가? 이론물리학의 끝이라 할 우주론의 개선이라든가 통일장이론의 개발을 위해 많은 노력을 기울이고 있으며 양자중력이론이나 초끈이론의 발달을 이야기할 수도 있지만 아직은 문제점을 안고 있고 이것이 최종인지는 좀더 두고 보아야 할 것이다. 또한 생명과학의 발달은 생명의 복제라든가 생명의 창조 가능성을 보여주는데 여기에는 과학자의 윤리의식이 요구되기도 한다.

과학과 기술은 순기능과 역기능을 함께 내포하고 있고 이에 대한 가치를 비교하도록 요구하고 있다. 예를 들어 과학 기술의 발달은 인간 복제 문제, 환경 문제, 지구 온난화 문제 등을 야기시키지만 한편으로 환경과학기술(ET)을 통해 오히려 이러한 문제들을 해결할 가능성도 가지고 있다.

2. 현대사회의 과학 기술과 인간

고대부터 현대에 이르기까지 서양 과학은 주로 과학의 개념 · 법칙 · 이론을 중심으로, 다시 말하면 과학의 내용과 과학적 방법을 중심으로 변천해 왔다. 그렇지만 20세기 후반부터 21세기로 넘어오면서 과학의 외적인 면들에 대한 관심이 높아지고 이에 대한 활발한 활동이 있게 되었다. 역사 · 철학 같은 인문학뿐만 아니라, 정치 · 경제 · 사회 등의 사회학적인 분야에서도 과학과의 관련성에 중점을 두기 시작했다. 더군다나 현대의 과학적인 관점은 생명의 패러다임 속에서 새로운 관점으로 자리매김되면서 과학과 사회는 새로운 관계를 설정하게 되었다.

1) 현대사회에서의 과학

현대사회에서의 과학의 위치나 역할은 여러 가지 측면에서 이전과는 전혀 다른 양상을 띠고 있다. 우선, 현대 과학은 너무나도 전문화 · 세분화되어 있어서 일반인들은 그 내용이나 원리를 전혀 이해할 수가 없고, 심지어 과학자들도 자신의 전공 분야가 아닌 다른 분야에 대해서 충분히 이해하지 못하는 경우가 허다하다. 따라서 현대사회에서의 과학자 사회는 전체 과학자들의 사회가 아니라 세분화된 전문 분야의 과학자 사회라고 하는 것이 더 맞는 말이다.

또한 현대사회에서 과학자 사회는 제도적으로 확고한 위치를 차지하고 있다. 높은 교육을 받은 피고등 교육자로서 활동하고 사회의 리드로서 정부와 민간 기업으로부터 막대한 예산을 받아 교육과 연구에 투

〈그림 13-6〉 지구

입하는 등의 대우를 받고 있다. 우리나라의 경우 1997년 경제위기를 겪으면서 한때 과학자들에 대한 대우가 낮아지기도 했지만 과학자들의 전문성에 관한한 절대적이라 할 만큼 그 신뢰도가 높다.

따라서 과학자나 과학은 현대사회에서 큰 힘을 가지고 있으므로 그 효용 가치가 매우 높다고 할 수 있다. 그것은 과학 자체가 가지고 있는 물질적 힘의 영향력이 크다는 것에도 그 가치를 인정할 수 있으며 과학적 방법이 가지는 합리성과 논리성이 효과적이라는 데 가치를 둘 수도 있다. 최근에는 이 합리성으로 인하여 사회과학을 포함한 타 분야들도 자연과학의 방법을 표방하여 학문 문야에 과학이라는 용어를 도입하는 추세이다.

과학은 현대사회를 구성하는 중요 요소이며 사회를 변화시키는 원동력이다. 현대사회는 바로 첨단과학 기술 사회라고도 할 수가 있는데 이는 인간 생활에 직접 간접으로 엄청난 영향을 주고 있기 때문이다. 더구나 최근의 정보화 사회는 기존의 사회에 대한 가치관을 바꾸는 기폭제 역할을 하고 있으므로 그 영향력은 상상할 수 없을 만큼 폭넓고 속도 또한 빠르다.

2) 과학 기술의 양면성: 가능성과 문제점

현대사회에서는 과학 기술이 인간 생활에 영향을 끼치고 있음을 부인할 수 없는데 긍정적인 측면에서 그 가능성이 점차 증대하고 있는 실정이다. 우리의 삶을 지배하고 있고 사회 · 경제 모든 면에서 과학과 기술의 영향력은 커져 가고 있다. 과학과 기술의 발달은 기존 제품의 생산과정을 혁신하여 새로운 제품을 생산함으로써 삶의 질을 높이는 데 중요한 역할을 하고 있다. 특히 1차 산업의 혁신은 이용이 가능한 자원과 물품을 확대시키고 생명공학 및 의술의 발달은 우리 인간의 건강을 증진시키거나 질병을 치료하고 수명을 연장시키는 데 결정적인 역할을 하고 있다. 또한 교통과 통신

수단의 발전은 유통과 교류, 전자통신을 통한 자료의 처리능력에 대한 혁신을 가져오며 나아가 미래의 우주여행을 앞당길 수 있게 하였다. 그리고 정보와 자료를 처리할 능력의 발전으로 컴퓨터의 혁명을 가져오게 되고 나아가 컴퓨토피아(computopia)나 유비쿼터스(ubiquatas) 등의 세상을 현실화할 수 있게 되었다.

하지만 과학과 기술의 발달은 앞서 언급한 장점만 가져오는 것이 아니라 항상 다른 문제점을 수반하게 된다. 가장 많이 들 수 있는 예로는 환경오염으로서 대기 오염, 수질 오염, 방사능 오염, 환경호르몬 등이 있으며 최근에는 온실 기체와 관련하여 지구 온난화 문제 등이 대두되고 있다. 과학과 기술의 발달은 또한 에너지와 자원의 고갈을 유발시킨다. 식량이나 대체에너지의 개발은 자연의 훼손을 가져오며 종의 다양성을 무너뜨리게 된다. 그리고 첨단 무기 개발에 의한 전쟁 위협, 급속한 도시화 현상으로 인한 주택난이나 교통난, 인터넷을 비롯한 정보 처리의 대량화 · 편리화로 인해서 사생활 침범의 사례가 나타나는 등 많은 문제를 야기하고 있다. 또한 과학 기술의 발달은 인류에게 식량 문제를 해결해 주기도 했지만 한편으로는 새로운 질병이 나타날 수 있는 빌미를 제공해 주었다는 것도 부인할 수 없다.

3) 사이비 과학(Pseudo-science)

과학의 사회성은 이미 앞에서 언급한 바 있으며 과학 윤리 측면에서 다루고 있는 부분은 여러 가지가 있다. 과학의 윤리를 다루는 면에서는 생명윤리, 연구 윤리, 과학자 규범, 사이비 과학 등이 있는데 이중 사이비 과학은 과학이 아니면서 과학인 척하는 점성술 · UFO · N-ray · Poly-water · cold fusion 등 이념이나 문화 상업적인 목적으로 치우친 나머지 제대로 검증되지 않으며 그 과정이 모호하거나 과장되는 경우를 말한다. 특별히 어느 실험으로 발견된 경우에는 반드시 재현성이 뒤따라야 하는데 이것은 그렇지 못한 경우이다. 일부에서는 기과학이라 칭하는 것이 이에 속한다고 하는 견해가 있다. 일반인과 과학자들 사이에 소통이 이루어지지 않을 경우에 또는 일부 과학자들의 욕심이 과할 경우에, 일반인들을 현혹시키거나 거짓 과학을 믿도록 만드는 경향이 나타난다. 따라서 일반인들은 과학에 대한 올바른 이해와 믿음을 가짐으로써 이에 대한 대비를 해야 할 것이다. 이들의 예를 간단히 살펴보면 다음과 같다.

N-ray

N-ray는 프랑스 과학자였던 르네 블롱들로(René-Prosper Blondlot, 1849~1930)가 1903년에 발견했다고 한 광선인데 나중에 환영을 본 것으로 밝혀졌다. 당시 낭시대학에서 연구하고 있던 르네는 X-선 빔 가운데 있던 섬광 흔적에서 전기적 섬광의 밝기의 변화를 보고 이를 광선의 새로운 형태로 여겨 N-ray로 이름붙였다. 그러나 재료를 바꾸어 시도했지만 다른 어느 누구도 이를 재현할 수 없었다.

Poly-water

Poly-water는 1960년대에 많은 과학적 논쟁을 불러일으켰던 소위 물의 가상적 중합체(polymer)의 형태이다. 이것은 나중에 허구로 밝혀졌으며 오늘날에는 과학의 병리적인 현상의 예로 거론되고 있다. 러시아 코스트로마에 있는 정부가 운영하는 작은 연구 실험실에 근무하던 소련의 물리학자 니콜라이 페디야킨(Nikolai Fedyakin)은 좁은 석영 모세관 안으로 응축되는 성질을 측정하였다. 이후 모스크바의 물리화학연구소의 표면물리실 실장인 보리스 데랴긴(Boris Derjaguin, 1902~1994) 또한 이를 개량한 형태의 물의 중합체를 발견하였다고 주장하면서 영국과 미국에 소개하였다. 과학계는 흥분 상태였는데 일부는 이를 재현했다고 주장하기도 했으나 일부는 실패하였다. 많은 이론들이 이를 설명하기 위해 제안되었으나 이의 응용성에 대해서는 논란이 많았으며 공상과학 소설의 소재가 되기도 하였다. 그러나 일부에서는 이의 신빙성에 의문을 제기하였고 특히 물의 오염과 관련해서 문제가 있는 듯 여겨졌다. 이후 벨연구소의 데니스 루소(Denis Rousseau)에 의해 핸드볼 경기 후 흘린 땀에서 동일한 현상이 발견됨으로써 poly-water는 결국 생물학적 불순물에 불과하다는 것이 밝혀졌다.

Cold fusion(저온 핵융합)

저온 핵융합이라고 하는 cold fusion은 원래 핵융합 반응이 극한의 고온에서만 이루어지는데 이 한계를 극복하기 위해 핵융합 반응이 일어나는 환경의 온도를 낮추려는 연구를 말한다. 그러나 실제로 이 연구가 성공한 적은 없었는데 1989년 미국의 유타대학의 두 화학자가 상온에서 성공했다고 언론에 공개 발표하는 등 관심을 끌었으나 어느 누구도 같은 상황에서 재현하지 못했기 때문에 그들의 연구 결과는 인정받지 못하고 하나의 해프닝으로 끝나게 되었다.

〈그림 13-7〉 1989년 당시 cold fusion 해프닝을 다루었던 타임지 표지

4) 과학 기술에 의한 인간 생활의 침해 및 속박

과학 기술의 발달은 기계화와 자동화를 가속시키고 있으며 이로 인해 인간의 일을 기계가 대체해 가고 있는 상황이다. 이는 기계가 인간의 위치를 침범하는 것이 아닌가라는 의문을 가지게 하며, 나아가 인간이 기계에 예속될 것 같은 두려움까지 느끼게 한다. 이러한 예들은 공상과학 소설이나 영화에서 많이 다루어졌기 때문에 충분히 예측할 만하다. 그러나 아무리 과학 기술이 발전하고 기계의 능력이 뛰어나다 하더라도 결국 인간의 설계와 조종에 의해 움직이기 때문에 크게 염려할 것이 못 된다는 의견이 있기도 하다.

그리고 다른 각도에서 보면 과학과 기술의 발달은 인간에게 편리함을 가져다주기보다는 은연중에 집단적인 과학 기술의 수용을 요구하는 데에까지 이르러 개인을 무시하고 수용을 원치 않는 사람들에게는 불편함을 줄 뿐만 아니라 개인을 억제하거나 제한하게 된다.

이러한 문제점들 때문에 어떤 측면에서는 과학 기술과 인간 사이의 거리가 점차 멀어지는 현상이 생기게 된다는 지적도 있다. 이는 바로 과학 자체가 고도의 전문화를 이룸으로써 과학자들을 단순히 전문 기능인의 수준으로 전락시키면서 넓은 안목을 갖지 못하게 하는 한편, 과학의 기능이나 영향, 그리고 과학 자체가 가지는 중요성을 전혀 인식하지 못하거나 무관심하게 만든다. 결국 과학자들이 정치적 · 사회적 · 윤리적 문제에 무관심하다는 것이 바로 인간이 과학 기술로부터 소외당하는 상황을 유발시키는 것이다. 과학 기술과 인간의 유리 상태는 과학 기술이 인간으로부터 독립함을 의미하는가? 또한 그것은 저절로 이루어지는가? 그렇다면 인간의 편리함과 행복을 주 무기로 내세우는 과학과 기술이 오히려 불안감과 공포감을 조장하며 불신과 혐오감만 키워 주고 있는 것은 아닌가?

3. 과학과 인간의 미래

공상과학 소설이나 공상과학 영화를 보면 미래 사회에서 과학과 인간과의 관계를 예측하고 평가를 요구하고 있는 것을 많이 볼 수 있다. 우주를 여행하며 외계 생명체와 조우하거나 새로운 생명을 창조한다든지 생명체를 복제하기도 하고 유전자 해독이 끝난 유전정보를 통해 질병과 외부 환경으로부터의 취약점을 미리 인식하기도 하는 등 인간의 무한한 잠재 가능성을 보여주는 여러 형태의 상상력을 볼 수 있다.

한편으로는 핵전쟁을 통해 지구가 멸망한다든지 지구 온난화와 같은 기상 이변이나 외계 천체와의 충돌로 혹독한 환경의 시련을 겪는다든지 하는 어두운 예측도 있다. 심지어는 기계나 동물이 인간을 지배하는 새로운 시대가 올지도 모른다고 상상하기도 하는데 이는 모두 미래의 과학 기술이 얼마나 부정적인 방향으로 인간을 이끌어 갈지에 대해서 우려하고 있는 예이다.

이와 같이 지금까지 발전해 온 과학 기술의 긍정적인 면보다는 부정적인 면과 어두운 면만을 생각한다면 과학과 기술은 더 이상 발전하지 말아야 한다는 결론에 이른다. 다시 말하자면, 과학 기술의 발전으로 야기되는 어두운 면에 대한 불안감과 공포감을 떨쳐 버리기 위해서는 인간의 행복을 위해서 오히려 과학의 진전을 억눌러야 한다는 판단에 이를 수도 있다는 말이다.

그러나 과학 기술에 대해 이렇게 지레 포기해 버리기보다 먼저 해야 할 일이 있다. 과학자가 아닌 일반 사람들은 우선 먼저 과학 기술에 지나치게 예속되어 있는 상태에서 과감하게 벗어나야 한다. 인간이 모든 일상생활에서 의존할 뿐만 아니라 어떤 면에서는 지배당하고 있는 기계로부터 벗어나야 한다. 그리고 인간의 존엄성까지 해칠 수 있는 통제 수단이라든가 기계의 소유와 관련된 집단화의 문제를 피해야 한다. 또한 현재의 과학 기술이 인간 생활에 미치는 영향에 관심을 가짐으로써 과학과 기술이 앞으로 발전되어야 할 방향이나 목표를 설정하는 데에 적극 참여해야 한다. 일반 시민들은 과학 기술의 사용자로서, 적절한 관리자이자 감시자로서, 또 국가에 세금을 지불하는 주체로서 과학 기술이 사용되는 방향과 이의 장단점을 인식해야 할 것이다. 현재 특정 집단에서 개발하고 있는 과학이나 기술의 내용이 장차 우리의 환경이나 생활을 위협하는 요소를 내포하고 있지나 않은지, 인간의 가치를 제대로 인정하고 있는지 비판적인 시각으로 살펴보아야 할 것이다.

한편 과학 기술에 대한 지식을 직접 생산해내는 과학 기술자들도 사고의 폭이 좁은 전문 기능인의 위치에서 과감하게 벗어나야 한다. 이전의 기계론적인 과학관에 사고를 가두었던 상태로부터 벗어나서 과학 기술이 사회의 전반적인 요소에 큰 영향을 미친다는 것을 인식하고, 현대의 과학 기술이 가지는 정치적 측면이나 사회적 측면뿐만 아니라 윤리적 문제에도 관심을 가져야 한다. 과학 기술자들은 전문인이 갖추어야 할 지식과 안목에 덧붙여 사회적인 문제와 인간과의 관련성을 포함시키는 폭넓은 사고의 훈련을 받아야 한다. 이와 더불어 과학과 기술은 과학 기술 종사자만의 것이 아니라 그 기술을 사용하는 일반인의 것이라고 생각하고 이들에게 그 내용을 이해시키고자 부단한 노력을 기울여야 한다.

인간의 본성이 무엇인지에 대해서는 다양한 각도에서 서술되고 있다. 도덕적인 관점에서는 성선설과 성악설로 평가하기도 하고 사회학적인 관점에서는 이와는 다른 각도에서 바라보고 있다. 오늘날 사회생물학에서의 유전자 결정론은 유전자가 생물의 외형 · 습성 · 행동은 물론 사회적 관습과 문화에까지 영향을 미친다는 입장을 취하면서, 독자적인 지위를 누리던 인간의 본성과 행동에 대한 기존의 인문사회과학적 입장과는 다른 시각을 가지고 있다.

인간은 본래 변화하면서 생명의 연속성을 나타내는 점이 특성이라고 할 수 있다. 그리고 인간은 단순성과 질서를 추구하여 사회를 구성하는데, 이 중에서 가장 본질적인 것은 바로 개념을 형성하려는 마음이며 이들 모든 속성은 인과적으로 서로 얽혀 있다. 인간은 의식이 발달하면서 바로 '문명'을 이루었지만, 한편으로는 그것에 머물지 않고 지속적으로 발전하는 존재이다. 이것은 인간에게 윤리의식과 소위 '문화'가 있다는 의미이며 바로 이러한 방식으로 우리 삶을 구성해 나간다는 것이다. 따라서 어떤 의미에서는 인간의 삶 자체가 문화라고 할 수도 있다.

미래는 과학에 의해 좌우될지도 모르지만 과학이 가지는 속성이 기계론적인 관점에서 유기체적인 관점으로 변화하는 21세기에는 이들이 인간의 특성과 상호작용하여 새로운 희망을 던져줄 수 있다. 과학이 발전함으로써 인간의 삶의 질이 향상되고 과학에 의해 야기될 부정적인 면이 오히려 과학에 의해 해결되도록 함으로써 과학은 인간의 미래를 보장해 줄 것이다.

우리의 지구는 원시 생명체부터 시작하여 특정 생물들이 주도권을 서로 잡으며 50억 년 동안 존재하고 있다. 그중에서도 공룡이 지배하던 시기는 약 2억 년 정도이며, 현생 인류로서 인간이 지배하기 시작한 지는 이제 10만 년 정도, 역사시대는 1만 년에 불과하지만 인간은 과거 어떤 생명체보다도 지적인 존재로서 문화를 형성하고 과학 기술을 사용하고 있다. 이러한 인간이 과학을 통하여 지속적으로 발전하고 이 푸른 행성 위에서 가능한 한 오래 존속하기 위해서는 과학과 인간, 즉 과학과 문화가 공존하는 새로운 형태의 틀을 형성해야 할 것이다. 인간의 삶을 윤택하게 해주는 과학을 이해하고 이를 올바르게 적용하는 과학 문화 속에는 과학에 의한 인간의 미래가 어둡지 않고 더욱더 밝아진다는 의미가 내포되어 있다.

참고문헌

김영식, 『과학혁명 : 근대과학의 출현과 그 배경』, 민음사, 1984.

김영식 · 임경순, 『과학사신론』, 다산출판사, 1999.

김영식 · 박성래 · 송상용, 『과학사』, 전파과학사, 1992.

김용운, 물리학과 첨단기술, 2001년 1/2호.

박대홍, 『날씨를 알면 내일이 보인다』, 한겨레신문사, 1994.

반기성, 『날씨토픽』, 명진출판(주), 2000.

오진곤 편, 『과학과 사회』, 전파과학사, 1993.

오하마 가즈유키 저, 전영석 역, 『현대과학의 30가지 화제』, 아카데미서적, 1997.

이영기, 『상식 밖의 과학사』, 새길, 1995.

이인식 외, 『과학이 세계관을 바꾼다』, 푸른나무, 2000.

이인식 외, 『현대과학의 쟁점』, 김영사, 2001.

이중원, 「양자 이론의 완전성과 실재론」, 물리학과 첨단기술, 2000년 6월호.

이해웅, 「양자원격이동」, 물리학과 첨단기술, 2001년 5월호.

이희승, 『국어대사전』, 민중서림, 1994.

조희형 · 최경희, 『과학교육총론』, 교육과학사, 2000.

홍성욱, 『과학은 얼마나』, 서울대학교출판부, 2004.

Bodanis, D. 저, 정은영 역, 『E=mc²』, 생각의 나무, 2001.

Davis, P. 저, 김동광 역, 『시간의 패러독스』, 두산동아, 1997.

Glick, J. 저, 박배식 역, 『카오스』, 동문사, 1993.

Hawking, S. and Penrose, R. 저, 김성원 역, 『시간과 공간에 관하여』, 까치, 1997.

Lloyd, G. E. R. 저, 이광래 역, 『그리스 과학사상사』, 지성의 샘, 1996.

Losse, J. 저, 최종덕 · 정병훈 역, 『과학철학의 역사』, 한겨레, 1986.

Penrose, R. 저, 김성원 · 최경희 역, 『우주 양자 마음』, 사이언스북스, 2002.

Perutz, M. F. 저, 민병준 · 장세헌 역, 『과학자는 인류의 친구인가 적인가?』, 솔출판사, 2004.

Ruelle, D. 저, 안창림 역, 『우연과 혼돈』, 이화여자대학교출판부, 2000.

Spielberg, N. & Anderson, B. D. 저, 이충호 역, 『우주를 뒤흔든 7가지 과학혁명』, 새길, 1994.

Volkman, E. 저, 석기용 역, 『전쟁과 과학. 그 야합의 역사 : 고대 전차에서 핵무기까지 대량살상무기 개발을 향한 전쟁과 과학의 어두운 공생관계』, 이마고, 2003.

Abruscato, J., *Teaching children science*, 5th ed. Englewood Cliffs, NJ: Prentice-Hall, Inc., 2000.

Downs, R. B., *Landmarks in science: Hippocrates to Carson*. Littleton, Colorado: Libraries Unlimited, Inc., 1982.

Hurd, D. P., *Transforming middle school science education*. New York: Teachers College Press, 2000.

Hurd, D. P., *Inventing science education for the new millenium*. New York:

Teachers College Press, 1997.

Isaacs, A., Daintith, J., & Martin, E., *Concise science dictionary.* Oxford: Oxford University Press, 1996.

Kitchener, R. F., *The conduct of inquiry: An introduction to logic and scientific method.* New York: University Press of America, 1999.

Klee, R., *Introduction to the philosophy of science: Cutting nature at its seams.* New York: Oxford University Press, 1997.

Lacey, A. R., *A dictionary of philosophy*, new edition. London: Routledge, 1996.

Mayr, E., *The growth of biological thought.* Harvard University Press, 1982.

Salmon, M. H., *Introduction to logic and critical thinking.* New York: Harcourt Brace Jovanovich, Publishers, 1995.

Ziman, J., *An introduction to science studies.* Cambridge: Cambridge University Press, 1984.

찾아보기

과학, 삶, 미래

펴낸날 1판 1쇄 2009년 2월 28일
2쇄 2010년 2월 5일
지은이 김성원 · 최경희 · 허 명
펴낸이 최민숙
펴낸곳 이화여자대학교출판부
주소 서울특별시 서대문구 대현동 11-1(우 120-750)
등록 1954년 7월 6일 제9-61호
전화 02) 3277-2965, 2966(편집기획)
02) 3277-3164, 362-6076(경영지원)
팩스 02) 312-4312
전자우편 press@ewha.ac.kr
인터넷서점 www.ewhapress.com
책임편집 정경임
디자인 정혜진
찍은곳 한영문화사

ISBN 978-89-7300-821-6 93400

값 15,000원